21 世 纪 高 等 学 校
计 算 机 规 划 教 材

大学计算机

Computer

薛小锋 盛小春 主编

宋乃平 许娴 副主编

人民邮电出版社

北 京

图书在版编目（ＣＩＰ）数据

大学计算机 / 薛小锋，盛小春主编. -- 北京：人
民邮电出版社，2018.8（2020.8重印）
21世纪高等学校计算机规划教材
ISBN 978-7-115-48903-6

Ⅰ. ①大… Ⅱ. ①薛… ②盛… Ⅲ. ①电子计算机—
高等学校—教材 Ⅳ. ①TP3

中国版本图书馆CIP数据核字(2018)第181745号

内 容 提 要

本书根据教育部提出的以计算思维为切入点的大学计算机课程教学改革思路编写而成。本书力图以计算机文化素养培养为主线，在课程内容与教学方法方面有所突破，以达到培养大学生思维能力与学习能力的教学目的。全书分为理论篇和实验篇。理论篇共分为 7 章，主要内容包括计算机与计算思维、计算机硬件系统、计算机软件系统、计算机网络技术与应用、多媒体技术基础、数据库基础、算法与程序设计。实验篇设有 7 个主题实验，内容包括操作系统基础实验、文字处理、演示文稿的制作、电子表格处理、计算机网络基础与应用、Access 的基本使用、算法设计与实现。

本书内容丰富、层次清晰、通俗易懂、图文并茂、实用性强，适合作为高等学校大学计算机课程的教材，也可作为计算机爱好者的自学用书。

◆ 主　　编　薛小锋　盛小春

　　副 主 编　宋乃平　许　娴

　　责任编辑　王亚娜

　　责任印制　焦志炜

◆ 人民邮电出版社出版发行　　北京市丰台区成寿寺路 11 号
　　邮编　100164　　电子邮件　315@ptpress.com.cn
　　网址　http://www.ptpress.com.cn
　　大厂回族自治县聚鑫印刷有限责任公司印刷

◆ 开本：787×1092　1/16
　　印张：14.25　　　　　　　　　　2018 年 8 月第 1 版
　　字数：409 千字　　　　　　　　2020 年 8 月河北第 3 次印刷

定价：40.00 元

读者服务热线：(010)81055256　印装质量热线：(010)81055316
反盗版热线：(010)81055315
广告经营许可证：京东市监广登字 20170147 号

前　言

在信息技术飞速发展的时代，人们的工作、生活都离不开计算机和网络，熟悉、掌握计算机信息处理技术的基本知识和技能已经成为人们胜任本职工作、适应社会发展的必备条件之一。随着计算机信息技术的快速发展和计算机应用的日益普及，我国中小学逐步开设了"信息技术"课程，高等学校入学新生的计算机知识和操作能力有了一定的基础。在这种形势下，"大学计算机基础"课程应该如何组织课程内容和设计合适的教学模式，是摆在我们面前需要着力解决的问题。

根据教育部《关于进一步加强高等学校计算机基础教学的意见》和《高等学校非计算机专业计算机基础课程教学基本要求》，结合《中国高等院校计算机基础教育课程体系 2014》，我们组织编写了本书。

参加本书编写的作者均是多年从事一线教学的教师，具有丰富的教学经验。本书在编写时注重理论与实践的紧密结合，突出实用性和可操作性；在案例的选取上注意从读者日常学习和工作的需要出发；在文字叙述上深入浅出、通俗易懂。

"大学计算机基础"是高等学校非计算机专业的公共必修课程，是学习其他计算机相关技术课程的前导和基础课程。本书兼顾了不同专业、不同层次学生的需要，加强了计算思维、计算机系统、计算机网络、多媒体技术、数据库基础、算法与程序设计等方面的理论知识学习，在实验教学方面又加强了主流软件的使用操作练习，如 Windows 7、Office 2010、Dreamweaver CS5 等。

本书由薛小锋、盛小春任主编，宋乃平、许娴任副主编，陈艳萍、徐蕾、王云霞参编，在本书编写过程中，袁静萍、薛向红、周兵、沈士成、高倩、蒋莲、曹洪波、曹凤雪等教师提出了许多宝贵的修改意见和合理化建议，在此表示衷心的感谢！同时向对本书出版给予热情帮助和支持的各位同仁、专家、一线教师表示诚挚的谢意。

由于编者水平有限，书中的疏漏不足之处在所难免，敬请广大读者不吝赐教、拨冗指正。

编　者

2018 年 6 月

目　　录

第一部分　理论篇

第二部分 实验篇

第一部分

理论篇

第 1 章

计算机与计算思维

世界上第一台计算机（Electronic Numerical Integrator And Computer，ENIAC）诞生于 1946 年。70 多年来，计算机的发展日新月异、应用深入普及，从科学计算到工业控制，从数据处理到图像处理，从社会到家庭，计算机无处不在，其应用之广，影响之深，发展之快，已成为衡量一个国家现代化进程的重要标志。

1.1 计算机概述

随着社会的发展，各种应用领域对先进工具的迫切需要，是促使现代计算机诞生的根本动力。自从第一台数字计算机诞生以来，计算机科学已成为快速发展的学科之一，尤其是微型计算机的出现及计算机网络的发展，使得计算机及其应用已经渗透到社会的各个领域，有力地推动了社会信息化的发展，掌握和使用计算机已成为当今社会人们必不可少的一种技能。

1.1.1 计算机的诞生和发展

计算机技术是人类历史上发展最快的技术之一，它的出现对人类的社会活动产生了巨大的影响，它是一项巨大的技术革命。元器件制作工艺水平的不断提高为计算机的发展奠定了坚实的基础。计算机按其使用的主要电子元器件可划分为 4 代。

1. 第一代计算机（1946—1957 年）

1946 年 2 月，美国出于军事目的由宾夕法尼亚大学研制出世界上第一台电子数字积分计算机（ENIAC），如图 1-1 所示。这台计算机从 1946 年 2 月开始投入使用，到 1955 年 10 月共使用了 9 年多。ENIAC 由 18 000 多个电子管、1 500 多个继电器组成，重 30 多顿，占地面积约 150m²，每小时耗电近 150kW，而每秒却只能进行 5 000 次加法运算。但是，它的出现是人类历史上的一次巨大飞跃，标志着第一代计算机时代的开始，在计算机发展史上是一个重要的里程碑。

ENIAC 体积庞大，并且属于程序外插型，使用起来并不方便。计算机运算几分钟或几小时，就需要用几小时到几天来编制程序。当 ENIAC 的研制接近成功时，数学家冯·诺依曼（见图 1-2）得知这一消息。他在仔细研究过 ENIAC 的优缺点后，在众人的协助下，于 1946 年给出了世界上第二台计算机——离散变量自动电子计算机（Electronic Discrete Variable Computer，EDVAC）的设计方案，该设计方案的主要思想有以下几点。

① 计算机包括运算器、控制器、存储器、输入设备和输出设备 5 个部分。

② 为提高运算速度首次在电子计算机中采用了二进制，并实现了程序存储。

③ 全部运算过程真正实现自动化。

冯·诺依曼所提出的计算机体系结构被称为冯·诺依曼体系结构，一直沿用至今。

图 1-1　ENIAC

图 1-2　冯·诺依曼

第一代计算机的主要特征是采用电子管作为主要元器件。第一代计算机体积大、运算速度低、存储容量小、可靠性差，编制程序用机器语言或汇编语言，几乎没有什么软件配置，主要用于科学计算。尽管如此，这一代计算机却奠定了计算机的技术基础，如二进制、自动计算及程序设计等，对以后计算机的发展产生了深远的影响。其代表机型有 IBM 650（小型机）、IBM 709（大型机）。

2．第二代计算机（1958—1964 年）

第二代计算机的主要特征是采用晶体管作为主要元器件。这不仅使得计算机的体积缩小了很多，同时机器的稳定性也得到了增强，运算速度得到了大大的提高，而且计算机的能耗减小、价格降低。与此同时，计算机软件也有了较大的发展，出现了 Fortran、ALGOL、COBOL 等高级语言，降低了程序设计的复杂性；软件配置开始出现，外部设备也由几种增加到几十种。除了科学计算外，计算机还用于数据处理和事物处理、工业控制等方面。其代表机型有 IBM 7094（见图 1-3）、CDC 7600。

图 1-3　IBM 7094

3．第三代计算机（1965—1970 年）

第三代计算机是集成电路计算机。随着固体物理技术的发展，集成电路工艺已经可以在几平方毫米的单晶硅片上集成由十几个甚至上百个电子元件组成的逻辑电路。第三代计算机的主要特征是使用半导体中小规模集成电路作为主要元器件。第三代计算机已经开始采用性能优良的半导体存储器取代磁芯存储器，在存储容量、速度和可靠性方面都有了较大提高，运算速度提高到每秒几十万到几百万次基本运算。第三代计算机的体积更小，功耗和价格进一步下降，寿命更长。同时，计算机软件技术进一步发展，高级程序设计语言在这个时期有了很大发展，尤其是操作系统的逐步成熟是第三代计算机的显著特点。其中具有影响的是 IBM 公司研制的 IBM-360 计算机系统，如图 1-4 所示。

4．第四代计算机（1971 年至今）

第四代计算机的主要特征是采用大规模和超大

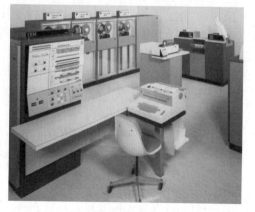

图 1-4　IBM-360

规模集成电路作为主要元器件。第四代计算机的主存储器采用集成度很高的半导体存储器，运算速度可达到每秒几千万次甚至千万亿次基本运算。在软件方面，出现了数据库系统、分布式操作系统等，应用软件的开发得到很大的发展，已逐步成为一个庞大的现代产业，网络软件大量涌现，计算机网络得到了普及。目前使用的微型计算机就是这类计算机。

5. 各代计算机发展的主要特征

各代计算机的主要特征如表 1-1 所示。

表 1-1　各代计算机的主要特征

特点＼各代	第一代计算机	第二代计算机	第三代计算机	第四代计算机
物理器件	电子管	晶体管	集成电路	大规模、超大规模集成电路
存储器	磁芯存储器	磁芯存储器	磁芯存储器、半导体存储器	磁芯存储器、半导体存储器
运算速度	每秒几千次	每秒几十万次	每秒几百万次	每秒几千万次
软件	机器语言、汇编语言	高级语言	操作系统	数据库、计算机网络
应用领域	科学计算、军事领域	数据处理、工业控制	数据处理、工业设计	各行各业

1.1.2　计算机的分类

计算机的种类繁多，分类的方法也很多。可以按照处理的对象划分，也可以按照设计的目的、用途等来划分。目前惯用的分类方法是根据美国电气与电子工程师协会（Institute of Electrical and Electronics Engineers，IEEE）提出的标准来划分的，即把计算机划分为巨型机、大型机、小型机和微型计算机等。

1. 巨型机

巨型机也称为超级计算机，其运算速度最快已达到每秒千万亿次，一般用于国防尖端技术和现代科学计算领域。研制巨型机是衡量一个国家经济实力和科学水平的重要标志，只有少数几个国家能够生产。

2. 大型机

大型机具有较高的运算速度和较大的存储容量，一般用于科学计算、数据处理或作为网络服务器。IBM、DEC、富士通、日立、NEC 等是大型机的主要生产商。随着微型计算机与网络的迅速发展，大型机正在逐渐被高档微型计算机群所取代。

3. 小型机

大型机价格昂贵、操作复杂，通常只有大企业才有能力购买。在集成电路推动下，20 世纪 60 年代 DEC 推出了一系列小型机，如 PDP-11 系列、VAX-11 系列，惠普公司推出过 1000、3000 系列等。小型机通常用于部门计算，同样它也受到高档微型计算机的挑战。

4. 微型计算机

微型计算机又称为个人计算机，简称微机，是目前发展较快、应用较广泛的一种计算机。它的体积较小，如个人计算机（Personal Computer，PC）、笔记本电脑、掌上电脑等。

1971 年美国的 Intel 公司成功地在一个芯片上实现了中央处理器的功能，制成了世界上第一片 4 位微处理器单元（Microprocessor Unit，MPU），也称 Intel 4004，并由它组成了世界上第一台微型计算机 MCS-4，如图 1-5 所示。

美国 IBM 公司采用 Intel 公司生产的微处理器芯片，自 1981 年推

图 1-5　MCS-4

出 IBM PC 后，又推出了 IBM PC XT、IBM PC 286、386 等一系列微机，由于其功能齐全、软件丰富、价格便宜，很快便占据了微机市场的主导地位。

微机从出现到现在不过四十几年，因其小、巧、轻、便，价格便宜，其应用范围急剧扩展，从太空中的航天器到家庭生活，从工厂的自动控制到办公自动化，以及商业、服务业、农业等，遍及社会各个领域。微机的出现使得计算机真正面向个人，成为大众化的信息处理工具。

1.1.3 计算机的特点

1. 运算速度快

运算速度快是计算机最显著的特点之一。所谓运算速度是指计算机每秒处理机器语言指令的条数。目前，超级计算机的运算速度已达到每秒几千万亿次运算，即使是微机，其运算速度也已经大大超过了早期大型计算机的运算速度。如由我国国防科学技术大学研制的"天河二号"计算机（见图 1-6）它的峰值速度和持续速度分别为每秒 5.49 亿亿次和每秒 3.39 亿亿次。这组数字意味着，"天河二号"

图 1-6 "天河二号"计算机

计算机运算 1h，相当于 13 亿人同时用计算器计算 1 000 年。

2. 计算精度高

在科学研究和工程设计中，对计算的结果精度有很高的要求。一般的计算工具只能达到几位有效数字，而计算机对数据的结果精度可达到十几位、几十位有效数字，根据需要甚至可达到更高的精度。

3. 存储容量大

计算机的存储器可以存储大量数据，这使计算机具有了"记忆"功能。目前计算机的存储容量越来越大，已高达"吉"数量级的容量。计算机具有"记忆"功能，是它区别于传统计算工具的一个重要标志。

4. 具有逻辑判断功能

计算机的运算器除了能够完成基本的算术运算外，还具有进行比较、判断等逻辑运算的功能。这种能力是计算机处理逻辑推理问题的前提。

5. 自动化程度高，通用性强

由于计算机的工作方式是将程序和数据先存放在机内，工作时按程序规定的操作，一步一步地自动完成，一般无须人工干预，因而自动化程度高。这一特点是一般计算工具所不具备的。

计算机通用性的特点表现在几乎能求解自然科学和社会科学中一切类型的问题，能广泛地应用于各个领域。

1.1.4 计算机的应用

计算机及其应用改变着传统的工作、学习和生活方式，推动着信息社会的发展，已渗透到社会的各个方面。未来计算机将进一步深入人们的生活，将更加人性化，给人们的生活提供更大的便利。归纳起来，计算机的应用领域主要包括以下几个方面。

1. 科学计算

早期的计算机主要用于科学计算。目前科学计算仍然是计算机应用的一个重要领域，如高能物理、工程设计、地震预测、气象预报、航天技术等。由于计算机具有高运算速度和精度以及逻辑判断能力，因此出现了计算力学、计算物理、计算化学、生物控制论等新的学科。

2．过程检控

利用计算机对工业生产过程中的某些信号自动进行检测，并把检测到的数据存入计算机，再根据需要对这些数据进行处理，这样的系统称为计算机检测系统。特别是仪器仪表引进计算机技术后所构成的智能化仪器仪表，将工业自动化推向了一个更高的水平。

3．信息管理

信息管理是目前计算机应用较广泛的一个领域，可以利用计算机来加工、管理与操作多种形式的数据资料，如企业管理、物资管理、报表统计、账目计算、信息情报检索等。许多机构纷纷建设自己的管理信息系统（Management Information System，MIS），生产企业也开始采用制造物资需求计划（Material Requirement Planning，MRP）软件，商业流通领域则逐步使用电子数据交换（Electronic Data Interchange，EDI）系统，即无纸贸易。

4．辅助系统

计算机辅助设计、制造、测试就是用计算机辅助进行工程设计、产品制造、性能测试。

① 计算机辅助设计（Computer Aided Design，CAD）是指利用计算机及其图形设备帮助设计人员进行设计工作。在工程和产品设计中，计算机可以帮助设计人员完成计算、信息存储和制图等工作。在设计中通常要用计算机对不同方案进行大量的计算、分析和比较，以决定最优方案。各种设计信息，不论是数字的、文字的或图形的，都能存放在计算机的内存或外存中，并能快速地检索。设计人员通常用草图开始设计，而将草图变为工作图的繁重工作可以交给计算机完成。利用计算机可以进行与图形的编辑、放大、缩小、平移和旋转等有关的图形数据加工工作。图1-7所示为建筑模型CAD设计图。

图1-7　建筑模型CAD图

② 计算机辅助制造（Computer Aided Manufacturing，CAM）是指在机械制造业中，利用电子数字计算机通过各种数值控制机床和设备，自动完成离散产品的加工、装配、检测和包装等制造过程。

③ 计算机辅助测试（Computer Aided Testing，CAT）是指利用计算机协助对学生的学习效果进行测试和学习能力估量，一般分为脱机测试和联机测试两种方法。

5．人工智能

人工智能是指开发一些具有人类某些智能的应用系统，用计算机来模拟人的思维判断、推理等智能活动，使计算机具有自适应和逻辑推理的功能，如计算机推理、智能学习系统、专家系统、机器人等，帮助人们学习和完成某些推理工作。

6．语言翻译

1947年，美国数学家、工程师沃伦·韦弗与英国物理学家、工程师安德鲁·布思提出了用计算机进行翻译（简称"机译"）的设想，机译从此步入历史舞台。机译分为文字机译和语音机译。机译消除了不同文字和语言间的隔阂，但机译的质量长期以来一直是个问题，尤其是译文质量，离理想目标仍相差甚远。我国数学家、语言学家周海中教授认为，在人类尚未明了大脑是如何进行语言的模糊识别和逻辑判断的情况下，机译要想达到"信、达、雅"的程度是不可能的。

1.2　数字技术基础

数字技术（Digital Technology）是一项与计算机相伴相生的科学技术，它是指借助一定的设备将各种信息，包括图、文、声、像等转化为计算机能识别的二进制数字"0"和"1"后进行运算、加工、存储、传送、传播、还原的技术。由于在运算、存储等环节中要借助计算机对信息进行编码、压缩、解码等，因此数字技术也称为数码技术、计算机数字技术、数字控制技术等。下面对数字技术的基本知识做简单介绍。

1.2.1 信息的基本单位——比特

1. 什么是比特

比特是计算机专业术语，是信息量单位，是由英文"bit"音译而来，是 binary digit 的缩写。同时也是二进制数字中的位，信息量的度量单位，为信息量的最小单位。比特的中文意译为"二进位数字"或"二进位"，在不会引起混淆时也可以简称为"位"。比特只有两种取值，即数字 0，或者是数字 1。

比特是组成数字信息的最小单位，许多情况下比特只是一种符号而没有数量的概念。比特在不同场合有不同的含义，有时候可以用它表示数值，有时候可以用它表示文字和符号，有时候则可以表示声音、图像等。

比特是计算机系统存储和传输信息的最小单位，一般用小写字母"b"（英文名为 bit）表示。另一种稍大些的数字信息的计量单位是字节（byte），它用大写字母"B"表示，每个字节包含 8 比特。

2. 比特的存储

存储 1 比特需要使用具有两种稳定状态的器件，如开关、灯泡等。在计算机系统中，比特的存储经常使用一种称为触发器的双稳态电路来完成。触发器的两个稳定状态，可以分别用来表示 0 和 1，在输入信号的作用下，它可以记录 1 比特。1 个触发器可以用来存储 1 比特，1 组触发器就可以用来存储一组比特。

另一种方法是使用电容器来存储二进位信息。当电容的两极被加上电压，电容就被充电，当电压撤去后，充电状态仍会保持一段时间。这样，电容的充电和未充电状态就可以分别用来表示 0 和 1。磁盘是利用磁介质表面区域的磁化状态来存储二进位信息的，而光盘则是通过盘片表面微小的凹坑来记录二进位信息。

存储容量是存储器的一项重要的性能指标，一般用字节作为计算机存储容量的基本单位。存储容量常用的单位有 B、KB、MB、GB、TB，它们之间的换算关系如下。

$1KB=2^{10}B=1\ 024B$

$1MB=2^{20}B=1\ 024KB$

$1GB=2^{30}B=1\ 024MB$

$1TB=2^{40}B=1\ 024GB$

一般 1 个字节可以用来存放一个西文字符，2 个字节用来存放一个中文字符。1 个整数占 4 字节，1 个双精度实数占 8 字节。如西文字符"A"的二进制编码是"01000001"。

然而，由于 kilo、mega、giga 等单位在其他领域中是以 10 的幂次来计算的，因此磁盘、U 盘、光盘等外存储器制造商也采用 1MB=1 000KB，1GB=1 000MB 来计算其存储容量，内存和外存容量单位的这种差异给很多人带来了混淆。

3. 比特的传输

信息是可以传输的，在数据通信和计算机网络中传输二进位信息时，是一位一位串行传输的，传输速率的度量单位是每秒传输多少比特（bit/s），经常使用的传输速率单位还有 kbit/s、Mbit/s、Gbit/s、Tbit/s 等，它们之间也是使用 10 的幂次来换算的。

1.2.2 数的不同进制

人们在日常生活中，最常用、最熟悉的计数方法是十进制（Decimal Number），即逢十进一。按进位的原则进行计数称为进位计数制，简称"数制"。

数学运算中一般采用十进制。而在日常生活中，除了采用十进制计数外，有时也采用其他的进制来计数。例如，时间的计算采用的是六十进制（60s 为 1min，60min 为 1h），年份的计算采用的是十二进制（12 个月为 1 年）。

在进位计数制中，数字的个数叫作"基数"，十进制是现实生活中最常用的一种进位计数制，由 0，1，2，3，…，9 十个不同的数字组成，也就是说十进制的基数是 10。同一数码处在不同的位置，其代表的数值是不同的，称为该位的权。如 88.8，十位上的 8 代表 8 个 10（8×10^1），个位上的 8 代表 8 个 1（8×10^0），十分位上的 8 代表 8 个 0.1（8×10^{-1}）。除此之外还有八进制（Octal Number）和十六进制（Hexadecimal Number），但是八进制和十六进制都是以二进制（Binary Number）为基础的。

计算机是对由数据表示的各种信息进行自动、高速处理的机器。这些数据信息往往是以数字、字符、符号、表达式等方式出现，它们应以怎样的形式与计算机的电子元件的状态相对应，并被识别和处理呢？1940 年美国数学家、控制论学者诺伯特·维纳（Norbert Wiener），首先倡导使用二进制编码形式，即计算机内部采用二进制数，解决了数据在计算机中表达的难题，确保了计算机的可靠性、稳定性、高速性及通用性。

1．十进制数

日常生活中人们普遍采用十进制数，十进制数的特点如下。

① 有 10 个数码：0，1，2，3，4，5，6，7，8，9。

② 加法"逢十进一"，减法"借一当十"。

③ 进位基数为十，位的权重是 10 的 n 次幂。

例如，十进制数 328.68 可以表示为

$$328.68 = 3 \times 10^2 + 2 \times 10^1 + 8 \times 10^0 + 6 \times 10^{-1} + 8 \times 10^{-2}$$

2．二进制数

计算机内部采用二进制数进行运算、存储和控制，二进制数的特点如下。

① 只有 0 和 1 两个数码。

② 加法"逢二进一"，减法"借一当二"。

③ 进位基数为二，位的权重是 2 的 n 次幂。

例如，二进制数 1010.01 可以表示为

$$(1010.01)_B = 1 \times 2^3 + 0 \times 2^2 + 1 \times 2^1 + 0 \times 2^0 + 0 \times 2^{-1} + 1 \times 2^{-2}$$

3．八进制数

八进制数的特点如下。

① 有 8 个数码：0，1，2，3，4，5，6，7。

② 加法"逢八进一"，减法"借一当八"。

③ 进位基数为八，位的权重是 8 的 n 次幂。

例如，八进制数 56.7 可以表示为

$$(56.7)_O = 5 \times 8^1 + 6 \times 8^0 + 7 \times 8^{-1}$$

4．十六进制数

十六进制数的特点如下。

① 有 16 个数码：0，1，2，3，4，5，6，7，8，9，A，B，C，D，E，F，其中 A，B，C，D，E，F 分别表示十进制数 10，11，12，13，14，15。

② 加法"逢十六进一"，减法"借一当十六"。

③ 进位基数为十六，位的权重是 16 的 n 次幂。

例如，十六进制数 3B5.F 可以表示为

$(3B5.F)_H = 3×16^2 + 11×16^1 + 5×16^0 + 15×16^{-1}$

1. 计算机采用二进制的原因

计算机中的数都是用二进制表示而不用十进制表示，这是因为数在计算机中是以电子元器件的物理状态来表示的。二进制计数只需要用两个数字符号 0 和 1，用两种不同的状态（如低电平和高电平）来表示，容易实现其运算电路。而要制造出具有 10 种稳定状态的电子元器件分别代表十进制中的 10 个数字符号是十分困难的。所以计算机采用二进制的优势如下。

① 二进制只有两个状态，硬件技术上容易实现。

② 二进制运算规则简单，操作简便。

③ 易实现逻辑运算。

④ 数据的存储、传输和处理更可靠。

2. 二进制的算术运算

二进制的算术运算与十进制运算类似，同样可以进行四则运算，其操作简单、直观，更容易实现。二进制与十进制的运算原理一致，只是在二进制运算时，逢二进一，借一当二。

（1）二进制加法运算规则

　　0+0=0

　　0+1=1

　　1+0=1

　　1+1=10（逢二进一）

（2）二进制减法运算规则

　　0-0=0

　　0-1=1（高位借一，借一当二）

　　1-0=1

　　1-1=0

（3）二进制乘法运算规则

　　0×0=0

　　0×1=0

　　1×0=0

　　1×1=1

（4）二进制除法运算规则

　　0÷0（无意义）

　　0÷1=0

　　1÷0（无意义）

　　1÷1=1

二进制数的加法运算，可借助于十进制数的加法运算，首先写出被加数和加数，然后按照由低位到高位的顺序，根据二进制加法运算规则把两个数逐位相加即可。

【例 1-1】　求 10011101+00110101。

解:　　　　　10011101

　　+　　　00110101

　　　　　　11010010

因此，10011101+00110101=11010010

【例1-2】 求11011011-01011101。

解：　　　　11011011
　　　　- 　　01011101
　　　　　　01111110

因此，11011011-01011101=01111110。

【例1-3】 求1001×0101。

解：　　　　　1001
　　　　×　　　0101
　　　　　　　1001
　　　　　　0000
　　　　　1001
　　　　　0000
　　　　　0101101

因此，1001×0101= 0101101。

【例1-4】 求111011÷1011。

解：　　　　　　　　101…… 　商
　　　除数 ……1011$\sqrt{111011}$ …… 除数
　　　　　　　1011
　　　　　　　1111
　　　　　　　1011
　　　　　　　　100…… 　余数

因此，111011÷1011=101，余数为100。

3．二进制逻辑运算

计算机不但可以存储数据进行算术运算，也能够存储逻辑数据进行逻辑运算。逻辑是指"条件"与"结论"之间的关系，逻辑运算是针对"因果关系"进行分析的一种运算，运算结果不表示数值的大小，而是条件成立还是不成立的结果，称为逻辑量。

计算机中的逻辑关系是一种二值逻辑，二值逻辑用二进制的"0"和"1"表示非常容易。例如，"条件成立"与"条件不成立"、"真"与"假"、"是"与"否"等都可以用二进制的"1"和"0"表示。

逻辑代数起源于1854年，英国数学家布尔提出用符号表示语言和思维逻辑的思想。20世纪布尔的这种思想发展成为一种现代数学方法，叫作逻辑代数或布尔代数。逻辑代数以逻辑变量为研究对象，与普通代数有许多相似之处，有一套运算规则，但与普通代数也有区别，逻辑代数演算的是逻辑关系，而普通代数演算的是数值关系。在计算机学科中，逻辑代数常用于逻辑电路的设计、程序设计中条件的描述等。

逻辑代数有3种基本的逻辑关系：逻辑加法（又称或）运算、逻辑乘法（又称与）运算和逻辑否定（又称非）运算。任何其他复杂的逻辑关系都可以由这3种基本关系组合而成。

（1）逻辑"与"

逻辑"与"也称逻辑乘，在不同的软件中用不同的符号表示，如"∧""×""AND"等。逻辑"与"表示两个简单事件A和B构成逻辑相乘的复杂事件，表示当A、B事件同时满足时结果才为真，只要有一个为假，结果即为假。

逻辑"与"运算规则如下。

　　　0∧0=0
　　　0∧1=0

$1 \wedge 0 = 0$

$1 \wedge 1 = 1$

【例1-5】 设 A=10011100，B=11101010，求 A∧B。

解：   10011100

    ∧   11101010

        10001000

因此，A∧B= 10001000。

（2）逻辑"或"

做一件事情取决于多种条件，只要其中有一个条件得到满足就去做，这种因果关系称为逻辑"或"。逻辑"或"通常用"∨""+""OR"等符号表示两个逻辑变量间的或关系，表示当 A、B 两个事件只要有一个满足时结果就为真，只有两个均为假时结果才为假。

逻辑"或"运算规则如下。

$0 \vee 0 = 0$

$0 \vee 1 = 1$

$1 \vee 0 = 1$

$1 \vee 1 = 1$

【例1-6】 设 A=10110101，B=01001001，求 A∨B。

解：   10110101

    ∨   01001001

        11111101

因此，A∨B= 11111101。

（3）逻辑"非"

逻辑"非"是对一个条件值实现逻辑否定，即"求反运算，"真"变"假"、"假"变"真"。表示逻辑"非"常在逻辑变量上面加一横线，如"非"A 写成 $\overline{A}$。对某个二进制数进行求"非"运算，实际上就是对它的各位按位求反。

逻辑"非"运算规则如下。

$\overline{1} = 0$ $\overline{0} = 1$

逻辑值又称真值，包括"真"（T）和"假"（F），或者用"1"和"0"表示。3 种基本逻辑关系真值表如表 1-2 所示。

表1-2 逻辑运算真值表

A	B	A∧B	A∨B	$\overline{A}$
T	T	T	T	F
T	F	F	T	F
F	T	F	T	T
F	F	F	F	T

1.2.4 不同进制数之间的转换

将数由一种数制转换成另一种数制称为数制间的转换。由于计算机采用二进制，而在日常生活中或数学运算中人们习惯使用十进制，所以在使用计算机进行数据处理时必须把输入的十进制数转换为计算机所能接受的二进制数，计算机在运行结束后，再把二进制数转换成人们习惯的十进制数输出。这两个转换过程都是由计算机系统自动完成的，下面介绍不同进制数之间的转换原理。

1. r 进制转换成十进制

将 r 进制数转换成十进制数可按照式 $N=\sum_{i=-k}^{m-1}D_i\times r^i$ 进行，各位数码乘以各自的权值累加，就

可以得到该 r 进制数对应的十进制数。

【例 1-7】 分别将二进制数、八进制数、十六进制数转换为十进制数。

$(1101.11)_B=1\times2^3+1\times2^2+0\times2^1+1\times2^0+1\times2^{-1}+1\times2^{-2}=(13.75)_D$

$(45.7)_O=4\times8^1+5\times8^0+7\times8^{-1}=(37.875)_D$

$(6F.4)_H=6\times16^1+15\times16^0+4\times16^{-1}=(111.25)_D$

2. 十进制转换成 r 进制

将十进制数转换为 r 进制数时，整数部分和小数部分的转换方法是不相同的，下面分别加以介绍。

整数部分：采用除 r 取余法，即将一个十进制整数不断除以 r 取余数，直到商为 0。第一位得到的余数为低位，最后一位余数为高位。

小数部分：采用乘 r 取整法，即将一个十进制小数不断乘以 r 取整，直到小数部分为 0 或者达到所求的为止（小数部分可能永远不会得到 0），与整数部分的转换不同，首次取得的整数排在最左。

【例 1-8】 将十进制数 25.345 转换成二进制数。

解：整数部分

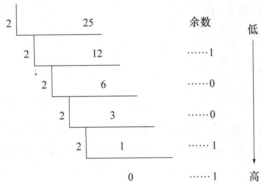

小数部分

因此，$(25.345)_D\approx(11001.01001)_B$。

注意：小数部分转换时不一定精确，取多少位小数主要取决于用户的需求。

【例 1-9】 将十进制数 198.18 转换成八进制数。

解：整数部分

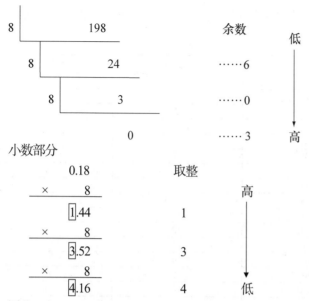

因此，$(198.18)_D \approx (306.134)_O$。

3. 二进制、八进制、十六进制数间的相互转换

将十进制数转换为二进制数后，表示相同数值的数将占用更多的位数，书写也长，更容易出错。为了方便起见，人们就借助于八进制和十六进制来进行转换或表示。由于二进制数与八进制数或十六进制数之间正好有倍数关系，即 $2^3=8$、$2^4=16$，所以二进制数、八进制数或十六进制数之间的相互转换十分方便。

八进制数转换成二进制数的方法非常简单，只要把每一个八进制数字写成与其等值的 3 位二进制数即可，且保持高、低位的次序不变。

【例1-10】 将八进制数 17.65 转换成二进制数。

解： $(17.65)_O = (\underline{001}\ \underline{111}.\underline{110}\ \underline{101})_B = (1111.110101)_B$

相反，将一个二进制数转换成八进制数时，整数部分从低位向高位方向每 3 位用一个等值的八进制数来替换，最后不足 3 位时在高位补 0 凑满 3 位；小数部分从高位向低位方向每 3 位用一个等值的八进制数来替换，最后不足 3 位时在低位补 0 凑满 3 位。

【例1-11】 将二进制数 1100101.0101 转换成八进制数。

解： $(1100101.0101)_B = (\underline{001}\ \underline{100}\ \underline{101}.\underline{010}\ \underline{100})_B = (145.24)_O$

同理，十六进制数转换成二进制数时，只要把每一个十六进制数写成与其等值的 4 位二进制数即可。将一个二进制数转换成十六进制数时，整数部分从低位向高位方向每 4 位用一个等值的十六进制数来替换，最后不足 4 位时在高位补 0 凑满 4 位；小数部分从高位向低位方向每 4 位用一个等值的十六进制数来替换，最后不足 4 位时在低位补 0 凑满 4 位。

【例1-12】 将十六进制数 3A.2F 转换成二进制数。

解： $(3A.2F)_H = (\underline{0011}\ \underline{1010}.\underline{0010}\ \underline{1111})_B = (111010.00101111)_B$

【例1-13】 将二进制数 1101101.0101 转换成十六进制数。

解： $(1101101.0101)_B = (\underline{0110}\ \underline{1101}.\underline{0101})_B = (6D.5)_H$

从上面的介绍可以看出，二进制数与八进制数、十六进制数具有简单直观的对应关系。二进制数太长，书写、阅读、记忆均不方便；八进制、十六进制却像十进制数一样简练，易写易记。必须注意，计算机硬件中只是用二进制，并不是用其他进制。人们引入八进制、十六进制的目的主要是为了开发程序、阅读机器内部代码和数据时的方便，人们经常使用八进制、十六进制来等值表示二

第 1 章 计算机与计算思维

进制，因此读者也必须熟练地掌握八进制和十六进制。表 1-3 所示为常用数制之间的对应关系。

表1-3　常用数制对应关系

十进制	二进制	八进制	十六进制
0	0	0	0
1	1	1	1
2	10	2	2
3	11	3	3
4	100	4	4
5	101	5	5
6	110	6	6
7	111	7	7
8	1000	10	8
9	1001	11	9
10	1010	12	A
11	1011	13	B
12	1100	14	C
13	1101	15	D
14	1110	16	E
15	1111	17	F
16	10000	20	10

1.2.5　二进制数在计算机内的表示

在日常生活中经常会遇到数值计算问题，如水电费、医药费、书费、住宿费等，其计算结果为一个确定的数值，而且有正、负值之分。这些数值在数学上，通常用符号"+"表示正值，用符号"-"表示负值，放在数值的最左边，当数值为正值时，可以省略其"+"号。有时，还会遇到带小数点的数。数值在计算机中则以 0 和 1 的二进制形式存放，那么正负数和小数在计算机中如何表示呢？

1. 带符号数在计算机中的表示

在计算机中，因为只有"0"和"1"两种形式，为了表示"+""-"号，就要将数的符号也用"0"和"1"来编码。通常把一个数的最高位定义为符号位，用"0"表示正，"1"表示负，称为数符，其余位仍表示数值。

例如，用8位二进制表示+20 和-20 分别为00010100 和10010100，其中第一位为符号位。这种在计算机中使用的、连同符号位一起数字化了的数，称为机器数，而机器数所表示的数的真实数值称为"真值"，如表1-4 所示。

表1-4　真值与机器数

真值	机器数
+0010100	00010100
-0010100	10010100

也就是说，在机器数中，用 0 或 1 取代了真值的正负号。

数值在计算机内采用机器数表示后，计算机就可以识别数符了。但若将符号位和数值同时参加运算，由于两操作数符号的问题，有时会产生错误的结果。

例如，20+(-20)的结果应为 0。但若将符号位和数值同时参加运算，则运算结果如下。

```
    00010100
+   10010100
    10101000      ……运算结果为-40
```

若要产生正确的结果，则要考虑计算结果的符号问题，这将增加计算机实现的难度。为了解决这一问题，在机器数中，带符号数有多种编码表示方式，常用的有原码、反码和补码 3 种形式，其实质是对负数表示的不同编码。

（1）原码

用原码表示机器数比较直观。如前所述，用最高位表示符号位。符号位为 0，则表示正数；符号位为 1，则表示负数。数值部分用二进制绝对值表示。这就是原码表示方法。表 1-5 所示为 8 位二进制真值及其对应的原码。

表 1-5　十进制、二进制真值与原码

十进制	二进制真值	原码
1	+0000001	00000001
−1	−0000001	10000001
127	+1111111	01111111
−127	−1111111	11111111
0	+0000000	00000000
−0	−0000000	10000000

用 8 位二进制原码表示数的最大值为 2^7-1，即 127，最小值为−127，表示数的范围为−127～127。当采用原码表示法时，编码简单，与真值转换方便。但原码表示法存在以下一些问题。

① 在原码表示中，0 有两种表示形式，即

$$[+0]_原=00000000 \qquad [-0]_原=10000000$$

② 用原码做加减运算时，符号位需要单独处理，增加了运算规则的复杂性。如当两个数做加法运算时，如果两数符号位相同，则数值相加，符号不变；如果两符号位相反，数值部分实际上是相减，这时则需要比较两个数哪个绝对值大，才能决定运算的结果的符号位及数值，不便于运算。

（2）反码

正数的反码是其原码本身，而负数的反码是对原码除符号位外各位取反，即 0 变 1，1 变 0。表 1-6 所示为二进制真值、原码与反码之间的关系。

表 1-6　二进制真值、原码与反码

十进制	二进制真值	原码	反码
87	+1010111	01010111	01010111
−87	−1010111	11010111	10101000
0	+0000000	00000000	00000000
−0	−0000000	10000000	11111111
1	+0000001	00000001	00000001
−1	−0000001	10000001	11111110

从表 1-6 可以看出，数值 0 的反码会出现两种形式，即正的 0（00000000）和负的 0（11111111）。8 位反码表示的最大值、最小值和表示数的范围与原码相同。反码运算也不方便，通常作为求补码过程中的中间值。

【例 1-14】 求十进制数+45 与−45 的反码。

解：因为，$(+45)_D=(101101)_B$，若用 8 位二进制表示，则

$[+45]_反=[+45]_原=00101101$

$[-45]_原=10101101$，除符号位外，按位取反，得到−45 的反码为

$[-45]_反=11010010$

（3）补码

补码表示便于四则运算，因此，在计算机中广泛使用。正数的补码和其原码形式相同，负数的

补码是将它的原码除符号位外逐位取反，最后在末位加 1，也就是反码加 1。表 1-7 所示为二进制真值、原码、反码与补码之间的关系。

表 1-7 二进制真值、原码、反码与补码之间的关系

十进制	二进制真值	原码	反码	补码
0	+0000000	00000000	00000000	00000000
−0	−0000000	10000000	11111111	00000000
1	+0000001	00000001	00000001	00000001
−1	−0000001	10000001	11111110	11111111
127	+1111111	01111111	01111111	01111111
−127	−1111111	11111111	10000000	10000001
15	+0001111	00001111	00001111	00001111
−15	−0001111	10001111	11110000	11110001

从表 1-7 可以看出，数值 0 的补码唯一，即+0 与−0 的补码都为 00000000，因而可以用多出来的一个编码 10000000 来扩展补码所表示的数值范围，即将负数最小−127 扩展到−128。这里的最高位 1 即可看作符号位负数，又可表示为数值位，其值为−128。

根据补码规则，可以很容易地将二进制真值转换成补码。反过来，如何将补码转换为真值呢？一个补码，若符号位为 0，则符号位后的二进制数码序列就是真值，且为正；若符号位为 1，则应将符号位后的二进制数码序列按位取反，并在末位加 1，结果是其真值，且为负，即[[X]$_{补}$]$_{补}$=[X]$_{原}$。

【例 1-15】 求十进制数−5 的补码。

解：因为，$(-5)_D=(101)_B$，若用 8 位二进制表示，则

[−5]$_{原}$=10000101，除符号位外，按位取反，得−5 的反码

[−5]$_{反}$=11111010，末位加 1，得−5 的补码

[−5]$_{补}$=11111011

【例 1-16】 求十进制数 20+(−20)的结果。

解：[20]$_{补}$=00010100

[−20]$_{补}$=11101100

```
      00010100
  +   11101100
      00000000 ……0 的补码
```

因此，20+（−20）的结果为 0。

【例 1-17】 求十进制数 36−45 的结果。

解：首先，将 36−45 化成 36+(−45)，然后分别求 36 与−45 的补码，

[36]$_{补}$=00100100

[−45]$_{补}$=11010011

然后再求 36 与−45 的补码和，

```
      00100100
  +   11010011
      11110111
```

因为，符号位为 1，表示结果为负数，而且是补码表示，要得到结果的真值，需求得 11110111 的原码表示。如前所述，[[X]$_{补}$]$_{补}$=[X]$_{原}$，因此，只需对"11110111"再求一次补码运算即可。

[11110111]$_{补}$=10001001 …… −9 的原码，结果正确。

由此可见，在计算机中加减运算都可以统一化成补码的加法运算，且符号位不需要单独处理，可以一起参与运算，十分方便。

2. 数的定点和浮点表示

当所需处理的数含有小数部分时，就出现了如何表示小数点的问题。在计算机中并不用某个二进制位来表示小数点，而是隐含规定小数点的位置。根据小数点的位置是否固定，对数可分定点和浮点两种表示方法。计算机内表示的数，主要分成定点整数、定点小数和浮点数 3 种类型。

（1）定点整数的表示

整数所表示的数据的最小单位为 1，可以认为它是小数点固定在数值最低位右面的一种表示方法。定点整数存储格式如图 1-8 所示。

用一个字节（8 位二进制）存储一个整数，用补码、定点表示，如表 1-8 所示。

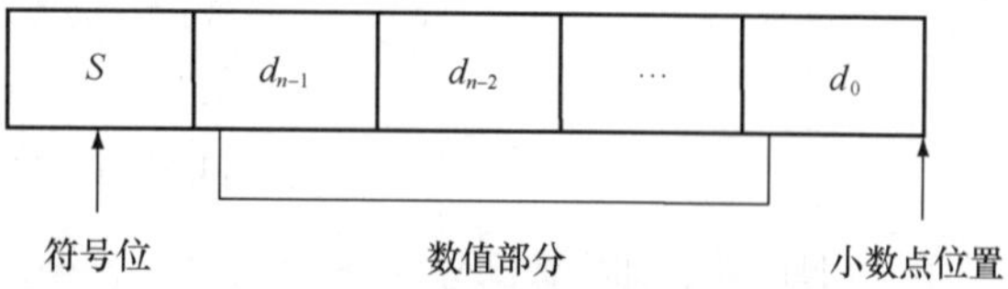

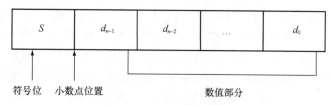

图 1-8　定点整数存储格式

如果用 n 位二进制位来存放一个定点补码整数，则其数值表示范围为 $-2^{n-1}\sim 2^{n-1}-1$。

表 1-8　二进制补码与十进制真值

二进制补码	十进制真值
01111111	127
01111110	126
…	…
00000001	1
00000000	0
11111111	−1
…	…
10000001	−127
10000000	−128

（2）定点小数的表示

定点小数是指小数点准确固定在数据某一个位置上的小数。一般把小数点固定在最高数据位的左边，小数点前边再设一符号位。定点纯小数存储格式如图 1-9 所示。

图 1-9　定点纯小数存储格式

小数点不用明确表示出来，因为它总是固定在符号位和最高数值位之间。定点小数表示法主要用在早期的计算机中。

（3）浮点数的表示

如果要处理的数既有整数部分，又有小数部分，则采用定点格式就会引起一些麻烦和困难。为此，计算机中还使用浮点表示格式（即小数点位置不固定，是浮动的）。

通常，在计算机中把浮点数分成阶码（也称为指数）和尾数两部分来表示，其中阶码用二进制定点整数表示，尾数用二进制定点小数表示。阶码的长度决定了数的范围，尾数的长度决定了数的精度。为保证不损失有效数字，通常还对尾数进行规格化处理，即保证尾数的最高位为 1，实际数值通过阶码进行调整。

浮点数存储格式如图 1-10 所示。

图 1-10 浮点数存储格式

其中，J 是阶符，即指数部分的符号位；E_{m-1}，…，E_0 为阶码，表示幂次，基数为 2；S 是尾数部分符号位；d_{n-1}，…，d_0 为尾数部分。假设阶码为 E，尾数为 d，基数为 2，则这种格式存储的数 X 为

$$X = \pm d \times 2^{\pm E}$$

在程序设计语言中，最常见的有如下两种类型的浮点数。

① 单精度浮点数（float）占 4 字节，阶码部分占 7 位，尾数部分占 23 位，阶码和尾数符号位各占 1 位。

② 双精度浮点数（double）占 8 字节，阶码部分占 10 位，尾数部分占 52 位，阶码和尾数符号位各占 1 位。双精度浮点数占用了更大的内存空间，可表示数的范围和精度更大。

1.3 计算与计算思维

《计算科学：确保美国竞争力》（Computational Science：Ensuring America's Competitiveness）中明确指出：21 世纪科学上最重要的、经济上最有前途的前沿研究都有可能通过熟练地掌握先进的计算技术和运用计算科学而得到解决，计算科学具有促进其他学科发展的重要作用。

1.3.1 计算

计算作为数学的研究对象已有几千年了。计算本身不等于数学，但数学确实是起源于对计算的研究。计算的渊源可以深入扩展到数学和工程，即数学为计算提供理论、方法和技术，而工程为实际计算和应用提供可以自动计算的设备,并为更有效地完成计算和应用任务提供了工程技术和方法。

计算是一种将单一或复数的输入值转换为单一或复数的结果的一种思考过程。计算的定义有多种方式，有相当精确的定义，例如使用各种算法进行的"算术"，也有较为抽象的定义，例如在一场竞争中"策略的计算"。

计算不仅是数学的基础技能，而且是整个自然科学的工具。在学校学习时必须掌握计算这一基本技能；在科研中，必须运用计算攻关完成课题研究；在国民经济、计算机及电子等行业取得突破发展都必须在数学计算的基础上。因此，计算在基础教育，各学科的广泛应用以及高性能计算等先进技术方面都是主要方法。

简单计算，如将 7 乘以 8（7×8）就是一种简单的算术。数学中的计算有加、减、乘、除、乘方、开方等。其中加减乘除被称为四则运算。简单计算是指数据在运算符的操作下，按"规则"进行的数据变换。我们不断学习和训练的是各种运算符的"规则"及其组合应用，目的是计算得到正确的结果。

"规则"可以学习与掌握，应用"规则"进行计算则可能超出了人的计算能力，即人知道规则却没有办法得到计算结果。如何解决呢？一种办法是研究复杂计算的各种简化的等效计算方法（数学）使人可以计算；另一种办法是设计一些简单的规则，让机械来重复地执行完成计算，即考虑能否用机械来代替人按照"规则"自动计算。例如，能否机械地判断方程：

$$a_1 x_1^{b_1} + a_2 x_2^{b_2} + \cdots + a_n x_n^{b_n} = c$$

是否有整数解，即机械地证明一个命题是否有解，是否正确？

类似的上述问题促进了计算机科学和计算科学的诞生和发展，促进了人们思考。

① 什么能够被有效地自动计算？现实世界需要计算的问题很多，哪些问题是可以自动计算的，哪些问题是可以在有限时间、有限空间内自动计算的？这就出现了计算及计算复杂性问题。以现实世界的各种思维模式为启发，寻找求解复杂问题的有效规则，就出现了算法及算法设计与分析问题。例如，观察人的思维模式而提出的遗传算法，观察蚂蚁行动的规律而提出的蚁群算法等。

② 如何低成本、高效地实现自动计算？如何构建一个高效的计算系统，即计算机器的构建问题和软件系统的构建问题。

③ 如何方便有效地利用计算系统进行计算？利用已有计算系统，面向各行各业的计算问题求解。

1.3.2 计算机科学

计算机科学，研究计算机及其周围各种现象和规律的科学，也即研究计算机系统结构、程序系统（即软件）、人工智能以及计算本身的性质和问题的学科。计算机科学是一门包含各种各样与计算和信息处理相关主题的系统学科，从抽象的算法分析、形式化语法等，到更具体的主题（如编程语言、程序设计、软件和硬件等）。

计算机是一种进行算术和逻辑运算的机器，而且对于由若干台计算机联成的系统而言还有通信问题，并且处理的对象都是信息，因而也可以说，计算机科学是研究信息处理的科学。计算机科学分为理论计算机科学和实验计算机科学两个部分。

计算机科学的大部分研究是基于"冯·诺依曼计算机"和"图灵机"的，它们是绝大多数实际机器的计算模型。作为此模型的开山鼻祖，邱奇-图灵论题（Church-Turing Thesis）表明，尽管在计算的时间、空间效率上可能有所差异，但现有的各种计算设备在计算的能力上是等同的。尽管这个理论通常被认为是计算机科学的基础，可是科学家也研究其他种类的机器，如在实际层面上的并行计算机和在理论层面上的概率计算机、Oracle 计算机和量子计算机。在这个意义上来讲，计算机只是一种计算的工具。

作为一个学科，计算机科学涵盖了从算法的理论研究和计算的极限，到如何通过硬件和软件实现计算系统。国际计算机协会（Association for Computing Machinery，ACM）和 IEEE 计算机学会（IEEE Computer Society，IEEE-CS）确立了计算机科学学科的 4 个主要领域：计算理论、算法与数据结构、编程方法与编程语言，以及计算机元素与架构。CSAB 还确立了其他一些重要领域，如软件工程、人工智能、计算机网络与通信、数据库系统、并行计算、分布式计算、人机交互、计算机图形学、操作系统，以及数值和符号计算。

计算机科学领域的最高荣誉是 ACM 设立的图灵奖，被誉为是计算机科学的诺贝尔奖。它的获得者都是本领域最为出色的科学家和先驱。围绕计算机科学可以开展以下方面的研究。

① 计算机程序能做什么和不能做什么（可计算性）。
② 如何使程序更高效地执行特定任务（算法和复杂性理论）。
③ 程序如何存取不同类型的数据（数据结构和数据库）。
④ 程序如何显得更具有智能（人工智能）。
⑤ 人类如何与程序沟通（人机互动和人机界面）。

1.3.3 计算思维

当前，计算手段已发展为与理论手段和实验手段并存的科学研究的第三种手段。理论手段是指以数学学科为代表，以推理和演绎为特征的手段，科学家通过构建分析模型和理论推导进行规律预测和发现。实验手段是指以物理学科为代表，以实验、观察和总结为特征的手段，科学家通过直接的观察获取数据，对数据进行分析，进行规律的发现。计算手段则是以计算机学科为代表，以设计和构造为特征的手段，科学家通过建立仿真的分析模型和有效的算法，利用计算工具来进行规律预测和发现。

技术进步已经使得现实世界的各种事物都可感知、可度量，进而形成数量庞大的数据或数据群，使得基于庞大数据形成仿真系统成为可能，因此依靠计算手段发现和预测规律成为不同学科的科学家进行研究的重要手段。例如，生物学家利用计算手段研究生命体的特性，化学家利用计算手段研究化学反应的机理，建筑学家利用计算手段来研究建筑结构的抗震性，经济学家、社会学家利用计算手段研究社会群体网络的各种特性等。由此，计算手段与各学科结合形成了所谓的计算科学，如计算物理学、计算化学、计算生物学、计算经济学等。

荷兰计算机科学家、1972 年图灵奖获得者艾兹格·迪杰斯特拉（Edsger Wybe Dijkstra）说过："我们所使用的工具影响着我们的思维方式和思维习惯，从而也深刻影响着我们的思维能力。"

2006 年 3 月，美国卡内基梅隆大学计算机科学系主任周以真（Jeannette M. Wing）教授在美国计算机权威期刊《Communications of the ACM》杂志上给出并定义计算思维（Computational Thinking，CT）。周教授认为，计算思维是运用计算机科学的基础概念进行问题求解、系统设计、以及人类行为理解等涵盖计算机科学之广度的一系列思维活动。为了便于理解，周教授又进一步将计算思维定义为：通过约简、嵌入、转化和仿真等方法，把一个看来困难的问题重新阐释成一个我们知道问题怎样解决的方法；是一种递归思维，是一种并行处理，是一种把代码译成数据又能把数据译成代码，是一种多维分析推广的类型检查方法；是一种采用抽象和分解来控制庞杂的任务或进行巨大复杂系统设计的方法，是基于关注分离的方法（SoC 方法）；是一种选择合适的方式去陈述一个问题，或对一个问题的相关方面建模使其易于处理的思维方法；是按照预防、保护及通过冗余、容错、纠错的方式，并从最坏情况进行系统恢复的一种思维方法；是利用启发式推理寻求解答，也即在不确定情况下的规划、学习和调度的思维方法；是利用海量数据来加快计算，在时间和空间之间，在处理能力和存储容量之间进行折中的思维方法。

计算思维的本质是抽象（Abstraction）和自动化（Automation），具备以下 5 个方面的特征。

（1）是概念化，不是程序化

计算机科学不是计算机编程。像计算机科学家那样去思维意味着远不止能为计算机编程，还要求能够在抽象的多个层次上思维。

（2）根本的，不是刻板的技能

根本技能是每一个人为了在现代社会中发挥职能所必须掌握的。刻板技能意味着机械地重复。具有讽刺意味的是，当计算机像人类一样思考之后，思维就可就真的变成机械的了。

（3）是人的，不是计算机的思维方式

计算思维是人类求解问题的一条途径，但绝非要使人类像计算机那样思考。计算机枯燥且沉闷，人类聪颖且富有想象力，是人类赋予计算机激情。配置了计算设备，我们就能用自己的智慧去解决那些在计算时代之前不敢尝试的问题。

（4）是数学和工程思维的互补与融合

计算机科学在本质上源自数学思维，因为像所有的科学一样，其形式化基础建筑于数学之上。计算机科学又从本质上源自工程思维，因为我们建造的是能够与实际世界互动的系统，基本计算设备的限制迫使计算机科学家必须计算性地思考，不能只是数学性地思考。构建虚拟世界的自由使我们能够设计超越物理世界的各种系统。

（5）是思想，不是人造物

不只是我们生产的软件、硬件等人造物以物理形式到处呈现，并时时刻刻触及我们的生活，更重要的是还将有我们用以接近和求解问题、管理日常生活、与他人交流和互动的计算概念；而且面向所有的人，所有地方。

当计算思维真正融入人类活动的整体以致不再表现为一种显式哲学的时候，它就将成为一种现实。

1.4 计算机的新技术

在互联网时代，随着社交网络、电子商务、电子政务、博客、基于位置的服务等为代表的新型信息发布方式的不断涌现，以及大数据、云计算、物联网等技术的兴起，一个大规模生产、分享和应用数据的时代正式开启。我们充分享受着科技进步带来的便利，但是我们无法精确预测未来计算机技术将发生什么样的变化。下面将向读者简要介绍目前得到广泛应用的一些计算机新技术。

1.4.1 大数据

"大数据"这个术语最早可追溯到 Apache Org 的开源项目 Nutch。当时，大数据用来描述为更新网络搜索索引需要同时进行批量处理和分析的大量数据集。大约从 2009 年开始，"大数据"才成为互联网信息技术行业的流行词汇。"大数据"隐藏着丰富的价值，目前挖掘的价值就像漂浮在海洋中的冰山一角，绝大部分还隐藏在表面之下。

1. 大数据的定义

大数据本身是一个比较抽象的概念，众多权威机构对大数据给予了不同的定义。根据维基百科的定义，大数据是指无法在可承受的时间范围内用常用软件工具进行捕捉、管理、处理的数据集合。从产业角度看，常常把这些数据与采集它们的工具、平台、分析系统一起称为"大数据"。

2. 大数据的特性

大数据具有下列 4 个特性。

① 规模性（Volume）：数据量巨大，至少以"PB""EB""ZB"为单位。美国互联网数据中心指出，互联网上的数据每两年便将翻一番，目前世界上 90%的数据是最近几年才产生的。

② 多样性（Variety）：数据类型多样，包括网页、图片、音频、视频、地理位置信息、网络日志等数据，数据类型繁多，大约 5%是结构性的数据，95%是非结构性的数据，使用传统的数据库技术无法存储这些数据。

③ 高速性（Velocity）：要求处理速度快，时效性要求高。时效性是大数据时代对于数据管理提出的基本要求。

④ 价值密度性（Value）：数据价值密度相对较低。随着物联网的广泛应用，信息感知无处不在，但价值密度较低，如何完成对数据的价值"提纯"，是大数据时代迫切需要解决的问题。

3. 大数据与数据库的差异

从数据库到大数据，看似一个简单的技术演进，但是两者有着本质的区别，它们的差异主要体现在以下几个方面。

① 数据规模。数据库处理的对象通常以"MB"为单位，而大数据往往以"PB"甚至"EB"为单位。

② 数据类型。数据库往往只有一种或几种数据类型，并且以结构化数据为主，而大数据的种类繁多，这些数据包含着结构化数据，但更多的是半结构化或者非结构化数据。

③ 模式与数据的关系。传统的数据库都是先有模式再产生数据，而大数据时代难以预先确定模式，只有当数据出现后才能确定模式，并且模式随着数据量的增长而不断演变。

④ 处理对象。传统数据库中的数据仅仅是处理对象，而大数据时代，数据可作为一种资源辅助解决其他领域的问题。

⑤ 处理方法。数据库中的数据可以使用一种或几种方法基本应对，但是由于大数据类型与来源的多样性，不存在一种或几种方法的组合可以处理全部数据。

4．大数据技术

大数据技术的战略意义不在于掌握庞大的数据，而在于对这些含有意义的数据进行专业化处理，从中获取价值。面对大数据，数据处理的思维和方法具有以下 3 个特点。

① 面向全体数据，而不是抽样统计。抽样统计是过去数据处理能力受限的情况下用最小的数据得到最多发现的方法，而现在人们能够在瞬间处理大量的数据，处理全体数据可以得到更准确的结果。

② 允许不精确和混杂性。当所处理的数据量大幅增加后，个别数据的错误将显得无关紧要。

③ 不是因果关系，而是相互关系。例如，在电子商务中，通过分析顾客的历史订单及购物车中的商品情况向顾客推荐他所感兴趣的商品。

5．大数据的应用及发展趋势

大数据技术可运用到各行各业。在商业领域，沃尔玛、家乐福等全球连锁超市通过对销售额、定价以及经济学、人员统计学和天气数据进行分析，了解顾客购物习惯，指导特定的连锁店选择合适的上架商品及搭配在一起出售的商品，并基于这些分析来判定商品减价的时机，还可从中细分顾客群体，提供个性化服务；在金融领域，阿里信用贷款是大数据环境下的一个应用典型，它无抵押、无担保，能通过掌握的企业交易数据，借助大数据技术自动分析判定是否给予企业贷款，全程不用人工干预，坏账率约为 3%，大大低于商业银行；在社会安全管理领域，通过对手机数据的挖掘，可以分析实时动态的流动人口来源、出行，实时交通客流信息及道路拥堵情况；利用短信、微博、微信或者搜索引擎，可以搜集热点事件，挖掘舆情。

通过数据共享、交叉复用后获取最大的数据价值，大数据的挖掘和应用将成为核心。大数据的整体态势和发展趋势主要体现在几个方面：大数据与学术，大数据与人类的活动，大数据的安全隐私、关键应用、系统处理和整个产业的影响。大数据整体态势上，数据的规模将变得更大，数据资源化，数据的价值凸显，数据私有化出现和联盟共享。

1.4.2 云计算

继个人计算机、互联网变革之后，云计算作为第三次 IT 浪潮的代表将给 IT 商业模式、应用开发模式和产业链带来根本性改变，成为当前社会关注的热点。

1．云计算的定义

"云"是对计算机集群的一种形象比喻，每一群包括几十台，甚至上百万台计算机，通过互联网随时随地地为用户提供各种资源和服务。用户只需要一个能上网的终端设备（如计算机、手机等），无须关心数据存储在哪朵"云"上，也无须关心由哪朵"云"来完成计算，就可以在任何时间、任何地点，快速地使用云端的资源。

对云计算的定义有多种说法。现阶段广为接受的是由美国国家标准与技术研究院（National Institute of Standards and Technology，NIST）给出的定义：云计算是一种按使用量付费的模式，这种模式提供可用的、便捷的、按需的网络访问，进入可配置的计算资源共享池（资源包括网络、服务器、存储、应用软件、服务等），这些资源能够被快速提供，只需投入很少的管理工作，或与服务供应商进行很少的交互。

2．云计算的特点

云计算是通过使计算分布在大量的分布式计算机上，而非本地计算机或远程服务器中，企业数据中心的运行将与互联网更相似。这使得企业能够将资源切换到需要的应用上，根据需求访问计算机和存储系统。云计算具备以下几个特点。

（1）超大规模

"云"具有相当的规模，Google 云计算已经拥有 100 多万台服务器，Amazon、IBM、微软、Yahoo 等的"云"均拥有几十万台服务器。企业私有云一般拥有数百上千台服务器。"云"能赋予用户前所未有的计算能力。

（2）虚拟化

云计算支持用户在任意位置、使用各种终端获取应用服务。所请求的资源来自"云"，而不是固定的有形的实体。应用在"云"中某处运行，但实际上用户无须了解、也不用担心应用运行的具体位置。只需要一台笔记本电脑或者一个手机，就可以通过网络服务来实现人们需要的一切，甚至包括超级计算这样的任务。

（3）高可靠性

"云"使用了数据多副本容错、计算节点同构可互换等措施来保障服务的高可靠性，使用云计算比使用本地计算机更可靠。

（4）通用性

云计算不针对特定的应用，在"云"的支撑下可以构造出千变万化的应用，同一个"云"可以同时支撑不同的应用运行。

（5）高可扩展性

"云"的规模可以动态伸缩，满足应用和用户规模增长的需要。

（6）按需服务

"云"是一个庞大的资源池，可按需购买，云可以像自来水、电、天然气那样计费。

（7）极其廉价

由于"云"的特殊容错措施可以采用极其廉价的节点来构成云，"云"的自动化集中式管理使大量企业无须负担日益高昂的数据中心管理成本，"云"的通用性使资源的利用率较之传统系统大幅提升，因此用户可以充分享受"云"的低成本优势，经常只要花费几百美元、几天时间就能完成以前需要数万美元、数月时间才能完成的任务。

3. 云计算的关键技术

云计算技术主要由 5 大部分组成。

（1）云计算平台管理技术

云计算资源规模庞大，服务器数量众多并分布在不同的地点，同时运行着数百种应用，如何有效地管理这些服务器，保证整个系统提供不间断的服务是巨大的挑战。云计算系统的平台管理技术能够使大量的服务器协同工作，方便地进行业务部署和开通，快速发现和恢复系统故障，通过自动化、智能化的手段实现大规模系统的可靠运营。

（2）虚拟化技术

虚拟化技术是指计算元件在虚拟的基础上而不是真实的基础上运行，它可以扩大硬件的容量，简化软件的重新配置过程，减少软件虚拟机相关开销和支持更广泛的操作系统。虚拟化技术根据对象可分成存储虚拟化、计算虚拟化、网络虚拟化等。在云计算实现中，计算系统虚拟化是一切建立在"云"上的服务与应用的基础。虚拟化技术主要应用在中央处理器（Central Processing Unit，CPU）、操作系统、服务器等多个方面，是提高服务效率的最佳解决方案。

（3）分布式海量数据存储

云计算系统由大量服务器组成，同时为大量用户服务，因此云计算系统采用分布式存储的方式存储数据，用冗余存储的方式保证数据的可靠性。冗余的方式通过任务分解和集群，用低配机器替代超级计算机的性能来保证低成本，这种方式保证分布式数据的高可用、高可靠和经济性，即为同一份数据存储多个副本。

（4）海量数据管理技术

云计算需要对分布的、海量的数据进行处理、分析，因此，数据管理技术必须能够高效的管理大量的数据。由于云数据存储管理形式不同于传统的关系数据库管理系统（Relation Database Management System，RDBMS）管理方式，如何在规模巨大的分布式数据中找到特定的数据，也是云计算数据管理技术所必须解决的问题。另外，在云数据管理方面，如何保证数据安全性和数据访问高效性也是研究关注的重点问题之一。

（5）编程方式

云计算提供了分布式的计算模式，客观上要求必须有分布式的编程模式。云计算采用了一种思想简洁的分布式并行编程模型 Map-Reduce。Map-Reduce 是一种编程模型和任务调度模型。主要用于数据集的并行运算和并行任务的调度处理。在该模式下，用户只需要自行编写 Map 函数和 Reduce 函数即可进行并行计算。其中，Map 函数中定义各节点上的分块数据的处理方法，而 Reduce 函数中定义中间结果的保存方法以及最终结果的归纳方法。

4．云计算的应用

云计算按照服务类型大致可以分为 3 类：基础设施即服务、平台即服务和软件即服务。

（1）基础设施即服务（Infrastructure-as-a-Service，IaaS）：提供给消费者的服务是对所有计算基础设施的利用，包括处理 CPU、内存、存储、网络和其他基本的计算资源，用户能够部署和运行任意软件，包括操作系统和应用程序。消费者不管理或控制任何云计算基础设施，但能控制操作系统的选择以及存储空间、部署的应用，也有可能获得有限制的网络组件（例如路由器、防火墙、负载均衡器等）的控制。

（2）平台即服务（Platform-as-a-Service，Paas）：提供给消费者的服务是把客户采用提供的开发语言和工具（如 Java、Python、.Net 等）开发的或收购的应用程序部署到供应商的云计算基础设施上去。客户不需要管理或控制底层的云基础设施，包括网络、服务器、操作系统、存储等，但客户能控制部署的应用程序，也可能控制运行应用程序的托管环境配置。

（3）软件即服务（Software-as-a-Service，SaaS）：提供给客户的服务是运营商运行在云计算基础设施上的应用程序，用户可以在各种设备上通过客户端界面访问，如浏览器。消费者不需要管理或控制任何云计算基础设施，包括网络、服务器、操作系统、存储等。

1.4.3 物联网

物联网（Internet of Things，IOT）是新一代信息技术的重要组成部分，也是信息化时代的重要发展阶段。物联网是一次技术革命，它揭示了计算和通信的未来。物联网的发展依赖于一些重要领域的动态技术革新，包括射频识别技术（Radio Frequency Identification，RFID）、无线传感器技术、网络互联技术、嵌入式技术和微机电技术等。它是物理世界和信息世界的深度融合，将人类经济与社会、生产与生活都放入一个智慧的物联网环境中。

1．物联网的概念

顾名思义，物联网就是物物相连的互联网。这有两层意思：其一，物联网的核心和基础仍然是互联网，是在互联网基础上的延伸和扩展的网络；其二，其用户端延伸和扩展到了任何物品与物品之间，进行信息交换和通信，也就是物物相息。

从技术的角度来说，国际电信联盟对物联网做了如下定义：通过二维码识读设备、射频识别装置、红外感应器、全球定位系统和激光扫描器等信息传感设备，按约定的协议，把任何物品与互联网相连接，进行信息交换和通信，以实现智能化识别、定位、跟踪、监控和管理的一种网络。

2．物联网的关键技术

在物联网应用中有 3 项关键技术。

（1）传感器技术：这也是计算机应用中的关键技术。大家都知道，到目前为止绝大部分计算机处理的都是数字信号。自从有计算机以来就需要传感器把模拟信号转换成数字信号，计算机才能处理。

（2）RFID 标签：它也是一种传感器技术，RFID 技术是融合了无线射频技术和嵌入式技术为一体的综合技术，RFID 在自动识别、物品物流管理方面有着广阔的应用前景。

（3）嵌入式系统技术：它是综合了计算机软硬件、传感器技术、集成电路技术、电子应用技术为一体的复杂技术。经过几十年的演变，以嵌入式系统为特征的智能终端产品随处可见，小到人们身边的 MP3，大到航天航空的卫星系统。嵌入式系统正在改变着人们的生活，推动着工业生产以及国防工业的发展。

如果把物联网用人体做一个简单比喻，传感器相当于人的眼睛、鼻子、皮肤等感官，网络就是神经系统用来传递信息，嵌入式系统则是人的大脑，在接收到信息后要进行分类处理。这个例子形象地描述了传感器、嵌入式系统在物联网中的位置与作用。

3. 物联网的应用

物联网用途广泛，遍及智能交通、环境保护、政府工作、公共安全、平安家居、智能消防、工业监测、环境监测、路灯照明管控、景观照明管控、楼宇照明管控、广场照明管控、老人护理、个人健康、花卉栽培、水系监测、食品溯源、敌情侦查和情报搜集等多个领域。下面简要介绍几个与人们日常生活密切相关的领域。

（1）智慧城市

智慧城市就是运用视觉采集和识别、各类传感器、无线定位系统、RFID、条码识别、视觉标签等顶尖技术，构建智能视觉物联网，从而对包括民生、环保、公共安全、城市服务、工商业活动在内的各种需求做出智能响应，将采集的数据可视化和规范化，让管理者能进行可视化城市综合体管理。其实质是利用先进的信息技术，实现城市智慧式管理和运行，进而为城市中的人创造更美好的生活，促进城市的和谐、可持续成长。

智慧城市是一个有机结合的大系统，涵盖了更透彻的感知、更全面的互连、更深入的智能。期中，物联网是智慧城市中非常重要的元素，它支撑着整个智慧城市系统。

（2）智能交通

智能交通系统（Intelligent Transportation System，ITS）是未来交通系统的发展方向，它是将先进的信息技术、数据通信传输技术、电子传感技术、控制技术及计算机技术等有效地集成运用于整个地面交通管理系统而建立的一种在大范围内、全方位发挥作用的，实时、准确、高效的综合交通运输管理系统。

智能交通系统可以有效地利用现有交通设施、减少交通负荷和环境污染、保证交通安全、提高运输效率，因而，日益受到各国的重视。

智能交通的发展与物联网的发展是分不开的，只有物联网技术概念的不断发展，智能交通系统才能越来越完善。

（3）智能医疗

智能医疗是通过打造健康档案区域医疗信息平台，利用最先进的物联网技术，实现患者与医务人员、医疗机构、医疗设备之间的互动，逐步达到信息化。

随着人均寿命的延长、出生率的下降和人们对健康的关注，现代社会人们需要更好的医疗系统。这样，远程医疗、电子医疗（e-health）就显得非常急需。借助于物联网技术、云计算技术、人工智能的专家系统、嵌入式系统的智能化设备等，可以构建起完美的物联网医疗体系，使全民平等地享受顶级的医疗服务，解决或减少由于医疗资源缺乏，导致看病难、医患关系紧张、事故频发等现象。

（4）智能家居

智能家居是以住宅为平台，利用综合布线技术、网络通信技术、安全防范技术、自动控制技术、音视频技术将家居生活有关的设施集成，构建高效的住宅设施与家庭日程事务的管理系统，提升家居安全性、便利性、舒适性、艺术性，并实现环保节能的居住环境。

智能家居通过物联网技术将家中的各种设备（如音视频设备、照明系统、窗帘控制、空调控制、安防系统、数字影院系统、影音服务器、网络家电等）连接到一起，提供家电控制、照明控制、电话远程控制、室内外遥控、防盗报警、环境监测、暖通控制、红外转发以及可编程定时控制等多种功能和手段。与普通家居相比，智能家居不仅具有传统的居住功能，兼备建筑、网络通信、信息家电、设备自动化，提供全方位的信息交互功能，甚至为各种能源费用节约资金。

1.4.4 嵌入式系统

通常情况下，我们所认识的计算机是连同一些常规外设（如键盘、鼠标、显示器等）作为独立的系统而存在，并非针对某一特定的应用。例如，一台个人计算机（Personal Computer，PC）就是一个计算机系统，整个系统存在的目的就是为人们提供一台可编程、会计算、能处理数据的机器。我们既可以用它作为科学计算的工具，也可以将它用于企业管理。人们把这样的计算机系统称为通用计算机系统。但是有些系统却不是这样，例如，银行 POS 机、汽车的导航仪，还包括手机、平板电脑等。它们也各成一个系统，里面也有计算机，但是这种计算机是作为某个专用系统中的一个部件而存在的。像这样"嵌入"到更大的、专用的系统中的计算机系统，称为"嵌入式计算机"或"嵌入式系统"。

1. 嵌入式系统的概念

嵌入式系统（Embedded System），是一种"完全嵌入受控器件内部，为特定应用而设计的专用计算机系统"，根据英国电气工程师协会（U.K. Institution of Electrical Engineer）的定义，嵌入式系统为控制、监视或辅助设备、机器或用于工厂运作的设备。与个人计算机这样的通用计算机系统不同，嵌入式系统通常执行的是带有特定要求的预先定义的任务。由于嵌入式系统只针对一项特殊的任务，设计人员能够对它进行优化，减小尺寸降低成本。嵌入式系统通常进行大量生产，所以单个的成本节约，能够随着产量进行成百上千的放大。

嵌入式系统的出现最初是基于单片机的。20 世纪 70 年代单片机的出现，使得汽车、家电、工业机器、通信装置以及成千上万种产品可以通过内嵌电子装置来获得更佳的使用性能：更容易使用、更快、更便宜。这些装置已经初步具备了嵌入式的应用特点，但是这时的应用只是使用 8 位的芯片，执行一些单线程的程序，还谈不上"系统"的概念。从 20 世纪 80 年代早期开始，嵌入式系统的程序员开始用商业级的"操作系统"编写嵌入式应用软件，这可以获取更短的开发周期，更低的开发资金和更高的开发效率，"嵌入式系统"真正出现了。确切点说，这个时候的操作系统是一个实时核，这个实时核包含了许多传统操作系统的特征，包括任务管理、任务间通信、同步与相互排斥、中断支持、内存管理等功能。20 世纪 90 年代以后，随着对实时性要求的进一步提高，软件规模不断上升，实时核逐渐发展为多任务实时操作系统（Real-Time Operating System，RTOS），并作为一种软件平台逐步成为目前国际嵌入式系统的主流。

2. 嵌入式系统的特点

嵌入式系统是面向用户、面向产品、面向应用的，它必须与具体应用相结合才会具有生命力、才更具有优势。因此可以这样理解上述 3 个面向的含义，即嵌入式系统是与应用紧密结合的，它具有很强的专用性，必须结合实际系统需求进行合理的裁减利用。

实际上，嵌入式系统本身是一个外延极广的名词，凡是与产品结合在一起的具有嵌入式特点的控制系统都可以叫嵌入式系统，而且有时难以给它下一个准确的定义。现在人们讲嵌入式系统时，某种程度上指近些年比较热的具有操作系统的嵌入式系统。

一般而言，嵌入式系统的构架可以分成 4 个部分：处理器、存储器、输入输出（I/O）和软件。

由于多数嵌入式设备的应用软件和操作系统都是紧密结合的，在这里我们对其不加区分，这也是嵌入式系统和一般的 PC 操作系统的最大区别。

这些年来掀起了嵌入式系统应用热潮的原因主要有两个方面：一方面的原因是芯片技术的发展，使得单个芯片具有更强的处理能力，而且使集成多种接口已经成为可能，众多芯片生产厂商已经将注意力集中在这方面；另一方面的原因就是应用的需要，由于对产品可靠性、成本、更新换代要求的提高，使得嵌入式系统逐渐从纯硬件实现和使用通用计算机实现的应用中脱颖而出，成为近年来令人关注的焦点。

从上面的定义，我们可以看出嵌入式系统的几个重要特征。

（1）系统内核小。由于嵌入式系统一般是应用于小型电子装置的，系统资源相对有限，所以内核较之传统的操作系统要小得多。

（2）专用性强。嵌入式系统的个性化很强，其中的软件系统和硬件的结合非常紧密，一般要针对硬件进行系统的移植，即使在同一品牌、同一系列的产品中也需要根据系统硬件的变化和增减不断进行修改。同时针对不同的任务，往往需要对系统进行较大更改，程序的编译下载要和系统相结合，这种修改和通用软件的"升级"是完全两个概念。

（3）系统精简。嵌入式系统一般没有系统软件和应用软件的明显区分，不要求其功能设计及实现上过于复杂，这样一方面利于控制系统成本，同时也利于实现系统安全。

（4）高实时性的系统软件（Operating System, OS）是嵌入式软件的基本要求。嵌入式系统的软件要求固态存储，以提高速度，软件代码要求高质量和高可靠性。

（5）嵌入式软件开发要想走向标准化，就必须使用多任务的操作系统。嵌入式系统的应用程序可以没有操作系统直接在芯片上运行。但是，为了合理地调度多任务、利用系统资源、系统函数等，用户必须自行选配 RTOS 开发平台，这样才能保证程序执行的实时性、可靠性，并减少开发时间，保障软件质量。

（6）嵌入式系统开发需要开发工具和环境。由于其本身不具备自开发能力，即使设计完成以后用户通常也是不能对其中的程序功能进行修改的，必须有一套开发工具和环境才能进行开发，这些工具和环境一般是基于通用计算机上的软硬件设备以及各种逻辑分析仪、混合信号示波器等。开发时往往有主机和目标机的概念，主机用于程序的开发，目标机作为最后的执行机，开发时需要交替结合进行。

3. 嵌入式系统的应用领域

嵌入式系统技术具有非常广阔的应用前景，其应用领域如下。

（1）工业控制

基于嵌入式芯片的工业自动化设备发展迅速，目前已经有大量的 8、16、32 位嵌入式微控制器在应用中，网络化是提高生产效率和产品质量、减少人力资源的主要途径，如工业过程控制、数字机床、电力系统、电网安全、电网设备监测、石油化工系统。就传统的工业控制产品而言，低端型采用的往往是 8 位单片机。但是随着技术的发展，32 位、64 位的处理器逐渐成为工业控制设备的核心，在未来几年内必将获得长足的发展。

（2）交通管理

在车辆导航、流量控制、信息监测与汽车服务方面，嵌入式系统技术已经获得了广泛的应用，内嵌 GPS 模块，GSM 模块的移动定位终端已经在各种运输行业获得了成功的使用。目前 GPS 设备已经从尖端产品进入了普通百姓的家庭，只需要几千元，就可以随时随地找到你的位置。

（3）信息家电

这将成为嵌入式系统最大的应用领域，冰箱、空调等的网络化、智能化将引领人们的生活步入一个崭新的空间。即使你不在家里，也可以通过电话线、网络进行远程控制。在这些设备中，嵌入式系统将大有用武之地。

（4）家庭智能管理

水、电、煤气表的远程自动抄表，安全防火、防盗系统，其中嵌有的专用控制芯片将代替传统的人工检查，并实现更高、更准确和更安全的性能。目前在服务领域，如远程点菜器等已经体现了嵌入式系统的优势。

（5）环境工程

在很多环境恶劣、地况复杂的地区，嵌入式系统将实现无人监测，如水文资料实时监测、防洪体系及水土质量监测、堤坝安全、地震监测网、实时气象信息网、水源和空气污染监测。

习题

一、填空题

1. 现代计算机模型将计算机分成5个组成部分，它们是_____、控制器、存储器、输入设备和输出设备。

2. 今天的计算机采用大规模集成电路技术，它的标志之一就是计算机的运算器和控制器集成在一个芯片中，这个芯片被称为_____。

3. 第一代计算机采用的主要元器件是_____。

4. 计算机根据不同的运算采用不同的码制，例如对乘法使用原码，而对加减法则采用_____。

5. 除十进制外，计算机常用的数值还有二进制、八进制和_____。

6. 用8位二进制数表示无符号整数时，可以表示的十进制整数的范围是_____。

7. 与十进制数255等值的八进制数是_____。

8. 与八进制数377等值的二进制数是_____。

9. 与十进制数165等值的十六进制数是_____。

10. 与十六进制数FF等值的二进制数是_____。

11. 采用某种进制表示时，如果4×5=17，那么3×6=_____。

12. 在描述数据传输速率时，常用的度量单位Mbit/s是kbit/s的_____倍。

13. 在表示计算机内存储器容量时，1GB=_____MB。

14. 最基本的逻辑运算有3种，分别是逻辑加、取反和_____。

15. 十进制数-31使用8位（包括符号位）补码表示时，它表示为_____。

16. 在用原码表示整数0时，有_____种表示形式。

17. X的补码是1011，Y的补码是0010，则X-Y的值的补码为_____。

18. 对逻辑值1和0实施逻辑乘操作的结果是_____。

19. 运用计算机科学的基础概念和知识进行问题求解、系统设计，以及人类行为理解等一系列思维活动称为_____。

20. 计算思维的本质是_____和自动化。

二、选择题

1. 程序存储是计算机的重要原理，它是指程序在执行之前被存放到_____中，且要求程序和数据采用相同的格式。

    A. 存储器   B. 控制器   C. 磁盘   D. 光盘

2. 现代计算机模型所定义的计算机的5个组成部分，核心是处理器和_____。

    A. 存储器   B. 输入设备   C. 控制器   D. 输出设备

3. 计算机的"代"是按照制造计算机的电子元器件进行划分的，第三代计算机使用的是_____。
   A. 电子管　　　　　B. 晶体管　　　　　C. 集成电路　　　　D. 大规模集成电路
4. 通常我们使用的台式计算机、笔记本电脑等，称为_____。
   A. 专用计算机　　　B. 小型计算机　　　C. 微型计算机　　　D. 通用计算机
5. 二进制数 10110111 转换为十进制数等于_____。
   A. 183　　　　　　 B. 186　　　　　　 C. 185　　　　　　 D. 187
6. 十六进制数 F260 转换为十进制数等于_____。
   A. 62040　　　　　 B. 62408　　　　　 C. 62048　　　　　 D. 62804
7. 二进制数 111.101 转换为十进制数等于_____。
   A. 5.625　　　　　 B. 7.625　　　　　 C. 5.75　　　　　　D. 7.75
8. 二进制数 100100.11011 转换为十六进制数等于_____。
   A. 24.D8　　　　　 B. 24.D1　　　　　 C. 90.D8　　　　　 D. 36.D8
9. 二进制数的原码为 00101011，它的反码为_____。
   A. 01010100　　　　B. 00101011　　　　C. 11010100　　　　D. 11010101
10. 二进制数的原码为 00101011，它的补码为_____。
    A. 01010100　　　 B. 00101011　　　　C. 11010100　　　　D. 11010101
11. 二进制数的原码为 10011001，它的补码为_____。
    A. 01100110　　　 B. 11100110　　　　C. 11100111　　　　D. 01100111
12. 二进制数的补码为 10001000，它的原码为_____。
    A. 10001000　　　 B. 01110111　　　　C. 11110111　　　　D. 11111000
13. 计算思维的本质是对求解问题的抽象和实现问题处理的_____。
    A. 高速度　　　　　B. 高精度　　　　　C. 自动化　　　　　D. 高效率
14. 下列关于比特的叙述中错误的是_____。
    A. 比特是组成数字信息的最小单位
    B. 比特只有 0 和 1 两个符号
    C. 比特既可以表示数值和文字，也可以表示图像或声音
    D. 比特 1 大于比特 0
15. 在 PC 中，存储器容量是以_____为最小单位计算的。
    A. 字节　　　　　　B. 帧　　　　　　　C. 位　　　　　　　D. 字
16. 下面符号中，_____一般不用来作为逻辑运算符。
    A. OR　　　　　　 B. AND　　　　　　 C. NO　　　　　　　D. NOT
17. 对两个 1 位的二进制数 1 与 1 分别进行算术加和逻辑加运算，其结果用二进制分别表示为_____。
    A. 1、10　　　　　 B. 1、1　　　　　　C. 10、1　　　　　 D. 10、10
18. 计算机使用二进制的原因之一是具有_____个稳定状态的电子器件比较容易制造。
    A. 1　　　　　　　 B. 2　　　　　　　 C. 3　　　　　　　 D. 4
19. 3 个比特的编码可以表示_____种不同的状态。
    A. 3　　　　　　　 B. 6　　　　　　　 C. 8　　　　　　　 D. 9
20. 在计算机中，8 位带符号二进制整数可表示的十进制数最大值是_____。
    A. 128　　　　　　 B. 127　　　　　　 C. 255　　　　　　 D. 256

第 2 章

计算机硬件系统

随着计算机技术的发展，计算机的功能不断增强，应用不断扩展，计算机已成为现代社会必不可少的应用工具。虽然计算机系统变得越来越复杂，但它的基本组成和工作原理还是大体相同的。本章主要介绍计算机系统的组成、计算机工作原理，并以 PC 为例介绍计算机硬件系统，最后介绍常用的外部设备。

2.1 计算机系统的构成

一个完整的计算机系统由硬件系统和软件系统组成。硬件是指构成计算机的各种物理设备的总称，是看得见、摸得着的实体。例如，显示器、鼠标、键盘、硬盘、中央处理器等都是计算机硬件。软件是指计算机系统运行所需的各种程序、相关资料以及文档的集合。程序用来指挥计算机硬件一步步地进行规定操作，数据则是程序处理的对象，文档是软件设计报告、操作使用说明等，它们都是软件不可缺少的组成部分。计算机系统的组成结构如图 2-1 所示。

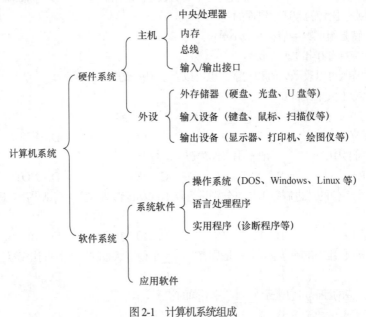

图 2-1　计算机系统组成

2.1.1 计算机的逻辑组成

现在使用的计算机虽然种类很多，制造技术也发生了很大变化，但计算机的体系结构却一直沿袭着冯·诺依曼的体系结构。

1. 冯·诺依曼

数学家冯·诺依曼被誉为"计算机之父"和"博弈论之父"，1944年，冯·诺依曼参与了第一台计算机的研制。1946年，世界上第一台计算机ENIAC诞生，但ENIAC本身存在两大缺点：①没有存储器；②对计算机的控制使用布线接板完成，费时费力。在此基础上，冯·诺依曼提出了新的计算机逻辑设计方法，被称为冯·诺依曼体系结构，其主要思想如下。

① 规定计算机由5个部分组成，包括运算器、控制器、存储器、输入设备和输出设备，并描述了这5个部分的职能和相互关系。

② 根据电子元件的双稳工作特点，建议在电子计算机中采用二进制。

③ 提出"存储程序"思想，把运算程序存在机器的存储器中，程序设计员只需要在存储器中设置运算指令，机器就能自行计算。

虽然计算机技术发展很快，但"存储程序原理"至今仍然是计算机内在的基本工作原理。自计算机诞生的那一天起，这一原理就决定了人们使用计算机的主要方式——编写程序和运行程序。科学家们一直致力于提高程序设计的自动化水平，改进用户的操作界面，提供各种开发工具、环境与平台，其目的都是为了让人们更加方便地使用计算机，可以少编程甚至不编程来使用计算机，因为计算机编程毕竟是一项复杂的脑力劳动。但不管用户的开发与使用界面如何演变，"存储程序原理"没有变，它仍然是我们理解计算机系统功能与特征的基础。

2. 冯·诺依曼的体系结构

虽然计算机的结构有着多种不同的类别，但其本质上均采用冯·诺依曼体系结构，由运算器、控制器、存储器、输入设备与输出设备五大组成部件构成，它们之间是通过总线（BUS）相连接的，如图2-2所示。

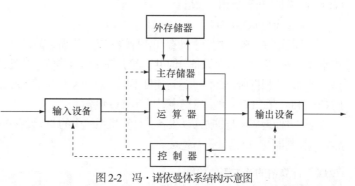

图2-2 冯·诺依曼体系结构示意图

（1）运算器

运算器主要由算术逻辑单元（Arithmetic Logical Unit，ALU）构成，其主要功能是对数据进行算术运算和逻辑运算。算术逻辑单元主要完成对二进制数的加、减、乘、除等算术运算和与、或、非、异或等逻辑运算，以及各种移位操作。运算器一次运算二进制数的位数称为字长，它是一个衡量计算机性能的重要指标。常用的计算机字长有8位、16位、32位及64位。

（2）控制器

控制器主要由指令寄存器、程序计数器、指令译码器等组成，是计算机的指挥控制中心，负责从内存储器中读出指令，完成对指令的分析、指令及操作数的传送并向计算机的各个部件发出控制信号，协调计算机各个部分的工作。计算机中的其他部件都直接或间接地接受它的控制，控制器工作的实质就是解释程序，它每次从存储器读取一条指令，经过分析译码产生一串操作命令传送给各个部件，控制各部件动作，使整个机器连续地、有条不紊地运行。一条指令一般由两部分组成，即操作码和操作数（或操作数地址）。

运算器和控制器组合称为中央处理器（CPU）的部件，它是计算机系统的核心部件，主要功能是按照程序执行指令。

（3）存储器

存储器是计算机用来存储信息的重要功能部件，它不仅能保存大量二进制数据，而且还用于存取计算机处理的程序。存储器分为内存储器和外存储器两大类。

① 内存储器。内存储器也称为内存，是用来存放要执行的程序和数据，是计算机中的工作存储器，计算机可以直接与其进行信息交换。内存的主要特点是：存取速度较快、存储容量相对小、价格高，具有易失性（即在断电后，其中存放的信息会全部丢失）。

② 外存储器。外存储器也称为外存，是用来长期存放程序和数据的，是计算机存放程序和数据的"仓库"，外存储器中几乎存放着计算机系统中的所有信息。计算机执行程序和处理数据时，外存中的信息必须先传送到内存后才能被计算机使用，处理结束后再将内存中的信息传送到外存中。外存储器具有很大的存储容量，但存取速度较慢。

（4）输入设备

输入设备是指向计算机输入信息的设备。它将人们熟悉的信息形式变换成计算机能够接收并识别的信息形式。输入的信息可以是数字、字符、文本、图形、图像、声音、动画等多种形式，但输入到计算机的信息都是使用二进制数来表示。常用的输入设备有键盘、鼠标、扫描仪等。

（5）输出设备

输出设备是指完成计算机信息输出的设备。它将计算机运算结果的二进制信息转换成人类或其他设备所能接收和识别的形式，如数字、字符、文本、图形、图像、声音、动画等。常用的输出设备有打印机、显示器、绘图仪、音箱等。

输入设备和输出设备通称为 I/O 设备。这些设备是计算机与外界联系和沟通的桥梁，用户通过 I/O 设备与计算机系统相互通信。

（6）总线与 I/O 接口

总线是用在 CPU、内存、外存和各种输入输出设备之间传输信息并协调它们工作的一种传输线和控制电路。它是由各个设备分时共享的。按总线传输信息分类，总线中包括数据总线、地址总线和控制总线。根据所连部件的运行速度不同，总线又分为 CPU 总线和 I/O 总线。CPU 总线用于连接 CPU 和内存，I/O 总线用于连接内存和 I/O 设备。

为了方便地更换与扩充 I/O 设备，计算机系统中的 I/O 设备一般都通过 I/O 接口与控制器连接，然后由控制器与 I/O 总线进行连接。

2.1.2 计算机的基本工作原理

计算机的基本工作原理是存储程序和程序控制。计算机的工作过程就是执行程序的过程。程序存储在内存中，它通过控制器从内存中逐一取出程序中的每一条指令，然后分析指令并执行相应的操作。

1. 指令和程序

（1）指令

计算机之所以能够按照要求完成一项一项的工作，是因为人向它发出了一系列的命令。这些命令通过一定的方式输入到计算机，且能为计算机所识别。这种能被计算机识别的命令称为指令。指令用二进制数表示，用来规定计算机执行什么操作。大多数情况，指令由操作码和操作数地址两部分组成。

操作码	操作数地址

① 操作码：指出计算机应执行何种操作的命令词。每一种操作都有各自的代码，称为操作码，例如：加、减、乘、除等。

② 操作数地址：指出该指令所操作的数据或者数据所在的位置。

（2）指令系统

对于不同类型的计算机，由于其使用的 CPU 不同，指令也不同。某一个计算机 CPU 所能执行的全部指令的集合称为该计算机的指令系统。计算机 CPU 指令系统的丰富完备与否，在很大程度上说明了计算机 CPU 对数据信息的运算和处理能力。

（3）程序

当人们需要计算机完成某项任务时，首先要将任务分解为若干个基本操作的集合，再将每一种操作转换为相应的指令，并按一定的顺序组织起来，这就是程序。程序必须用程序设计语言的指令序列进行描述，完成后一般要以文件的形式保存在外存中，执行时调入内存才能运行，计算机完成的任何任务都是通过执行程序完成的。

2. 计算机的工作原理

计算机的工作过程就是程序执行的过程。程序是由一系列指令组成的有序集合。程序执行就是将程序中所有指令逐条执行的过程。程序一般是通过外存送入内存储器，然后由 CPU 按照其在内存中的存放地址，依次取出执行，如图 2-3 所示。

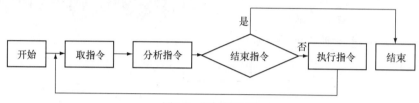

图 2-3　指令执行过程

指令的执行过程可分为如下 3 个步骤。

① 取指令。按程序计数器中的地址，找到对应的内存单元，从内存中取出指令，并送往指令寄存器。这一过程将按程序计数器的内容递增，为取下一条指令做好准备。

② 分析指令。对指令寄存器中存放的指令进行分析，由译码器对操作码进行译码，确定相应的操作，由地址码确定操作数地址。

③ 执行指令。执行指令规定的操作，产生相应的运算结果，并将结果存储起来。

当第 1 条指令执行完后，再取下一条指令，如此循环，直至指令执行完毕。

2.2　微型计算机的主机组成

微型计算机简称为微机，通常由机箱、显示器、键盘和鼠标等组成。机箱内有主板、硬盘、电源、风扇等。其中主板上安装了 CPU、内存、总线、I/O 总线和接口等部件，它们是微机的核心。

2.2.1　主板

主板又称母板，是安装在机箱内最大的一块矩形电路板。它通过总线将 CPU 和各种运行芯片、存储设备以及输入输出设备等各种部件连接集成起来。在主板上通常安装有芯片组、CPU 插槽、BIOS 芯片、CMOS 存储器、内存储器插槽、显卡插槽、扩充卡插槽和用于连接外围设备的 I/O 接口，如图 2-4 所示。

主板在结构上主要分为 ATX 主板和 BTX 主板等类型。它们之间的主要区别在于各部件在主板上的位置排列、电源的接口外形及控制方式不同，另外在尺寸上也可能稍有不同，但不论何种结构，基本的外设接口（键盘、鼠标、串口、并口等）和总线插槽在主板上的相对位置是固定不变的，如图 2-5 所示。

下面主要介绍主板上的主要部件及其功能。

1. 芯片组

芯片组由一组超大规模集成电路芯片构成，是微机各组成部分相互连接和通信的枢纽，主要用于控制和协调整个计算机系统的正常运行和各个部件的连接，它们被固定在主板上，不能像 CPU、内存那样进行简单的升级换代，如图 2-6 所示。

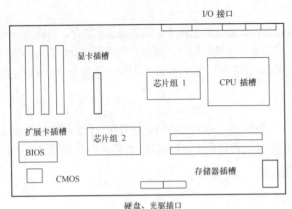

图 2-4 微机主板示意图

图 2-5 主板

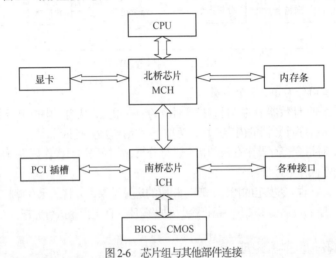

图 2-6 芯片组与其他部件连接

典型的芯片组由北桥芯片和南桥芯片两部分构成。北桥芯片是存储控制中心，用于高速连接 CPU、内存条、显卡，并与南桥芯片相连。南桥芯片是 I/O 控制中心，主要负责连接键盘接口、鼠标接口、USB 接口、PCI 总线槽、BIOS 和 CMOS 存储器等。芯片组决定了主板的结构及 CPU 的使用，同时也决定了主板安插内存的类型和最大容量。如果说 CPU 是计算机系统的大脑，则芯片组就是计算机系统的心脏，计算机系统的整体性能和功能在很大程度上由主板上的芯片组来决定。

2. BIOS

BIOS 的中文名叫作基本输入/输出系统，实际上是一组固化到微机主板上的只读存储器（ROM）芯片中的程序，它保存着计算机最重要的有关基本输入/输出设备的驱动程序、CMOS 设置程序、开机加电自检程序和系统启动自举程序。ROM 的一个重要特性是断电后，其中存储的信息不会丢失。所以 ROM 中存储的软件是非常稳定的，它和被固化的 BIOS 合称为固件。常见的 BIOS 芯片有 Award、AMI、Phoenix、MR 等，在芯片上都能看到厂商的标记，如图 2-7 所示。

图 2-7 BIOS 芯片

3. CMOS

CMOS 是指微机中一种用电池供电的可读写的存储芯片，它主要用来存储系统运行所必需的配置信息。对一台新购买的微机，首先要进行的设置工作就是向 CMOS 中置入信息，设置计算机硬件相关参数。这些参数包括系统的日期和时间、系统的口令、存储器、显示器、磁盘驱动器等参数。因 CMOS 由专门的电池供电，使其内部的信息在计算机关机后不会丢失。万一遗忘了设置的 CMOS 密码，可将该电池取出，并放置一段时间，然后再放回，就可恢复系统的默认设置，消除密码。

2.2.2 CPU

CPU 是计算机系统的核心设备，其基本功能就是按照程序执行指令，并按照指令的要求完成对数据的基本运算和处理。

1．CPU 结构和工作原理

不同型号的 CPU，其指令系统也不完全相同，但不论哪种 CPU，其内部结构是基本相同的，主要由运算器、控制器和寄存器组等组成，如图 2-8 所示。

（1）寄存器组

寄存器组由十几个甚至几十个寄存器组成，用于临时存放参加运算的数据和运算的中间结果或最后的运算结果。需要运算器处理的数据要预先从内存传送到寄存器，运算的最后结果也需要从寄存器保存到内存。

（2）运算器

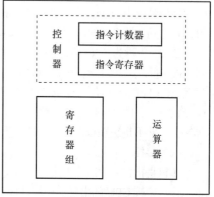

图 2-8　中央处理器

运算器也称为算术逻辑部件（Arithmetic and Logic Unit，ALU），主要用于对数据进行加、减、乘、除或与、或、非等各种算术和逻辑运算。为了加快运算速度，运算器中的 ALU 可能有多个，有的负责完成整数运算，有的负责完成实数（浮点数）运算，有的还能进行一些特殊的运算处理。

（3）控制器

控制器是 CPU 的指挥中心。它主要由指令计数器和指令寄存器组成。指令计数器用于存放 CPU 正在执行的指令的地址；指令寄存器用于存放从内存读取的所要执行的指令，如图 2-8 所示。

CPU 的具体任务是执行程序，它执行程序的过程如图 2-9 所示。

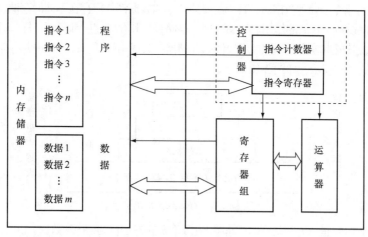

图 2-9　CPU 执行程序的过程

2．CPU 主要性能指标

（1）主频

主频是指 CPU 的工作频率，也称为 CPU 的时钟主频，单位是 Hz，它决定着 CPU 芯片内部数据传输与操作速度的快慢。一般说来，主频越高，计算机的运算速度也就越快。一般微机的 CPU 主频为 1.8GHz、2.0GHz、2.4GHz 和 3.0GHz 等。

（2）字长（位数）

字长是指 CPU 内部各寄存器之间一次能够传送的数据位数，即在单位时间内能一次处理的二进制数的位数。该指标反映 CPU 内部运算处理的速度和效率，字长的长短直接影响计算机的功能强弱、精度高低、速度快慢。通常，大多数计算机使用的 CPU 的字长为 32 位，近几年计算机使用的 CPU 的字长为 64 位。

（3）高速缓冲存储器的容量

在计算机中，CPU 的速度很快，而内存的速度相对 CPU 来讲很慢。为了解决这一矛盾，在 CPU 和内存之间放置高速缓冲存储器（Cache）。

Cache 也称为"缓存"，是位于 CPU 与主存储器之间的高速存储器，容量较小，但速度快（接近 CPU 速度）。程序运行过程中 Cache 有利于减少 CPU 访问内存的次数，提高 CPU 的处理速度，因此，Cache 通常可作为衡量 CPU 的重要指标。目前，CPU 中的 Cache 一般分为三级：L1 Cache（一级缓存）、L2 Cache（二级缓存）、L3 Cache（三级缓存），但也有分成两级的。对高速缓冲存储器来讲，并不是级别越多越好，最重要的指标是命中率。命中率越高越好。

（4）多核

多核是指在一个芯片上集成了多个物理的 CPU 运算内核。这些 CPU 运算内核可以并行、协同地工作。多核 CPU 的出现，使得计算机的处理能力大大增强。从 CPU 外观上单核和多核并没有多大的区别，但其内部结构是大不相同的。

全世界 CPU 的厂商有很多，如 Intel、AMD、Cyrix 和 IBM 等。目前，使用的个人计算机中绝大多数安装的是 Intel 和 AMD 公司的 CPU。当前，Intel 公司的 CPU 主要有 Core i3、Core i5、Core i7。AMD 公司的 CPU 主要有 A10、A8、A6、A4。在同级别的情况下，Intel 公司的 CPU 浮点运算能力比 AMD 公司的 CPU 强，但 AMD 公司的 CPU 图像处理能力比 Intel 公司的 CPU 处理能力强。在价格相同的情况下，AMD 公司的 CPU 配置更高。

2.2.3 内存储器

CPU 在执行指令、处理数据时，其所需要的指令和数据都是保存在不同的存储设备上。计算机内部的这些存储设备，它们的作用、存储原理、存储容量和存储速度都各不一样。通常是存取速度较快的存储器，其成本较高；存取速度较慢的存储器，其成本较低。计算机中各存储器往往可以用一个层状的塔式结构表示，如图 2-10 所示。

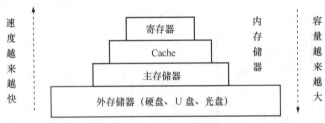

图 2-10　存储器层次结构

内存储器是 CPU 能够直接访问的存储器，用于存放正在运行的程序和数据。目前，内存储器一般是由半导体存储器芯片组成。按是否能随机地读写，内存储器分为随机存取存储器（Random Access Memory，RAM）和只读存储器（Read Only Memory，ROM）两大类。RAM 又分为动态随机存储器（Dynamic Random Access Memory，DRAM）和静态随机存储器（Static Random-Access Memory，SRAM）两种；ROM 也分为不可在线修改的 ROM 和快速可擦除存储器（Flash ROM），如图 2-11 所示。

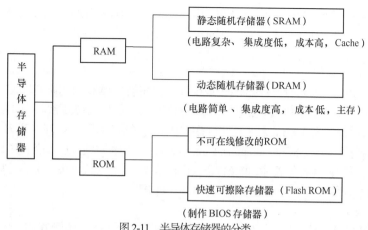

图 2-11　半导体存储器的分类

1. RAM

RAM 中存放的信息可以随机地读取或写入，通常用来存储用户输入的程序和数据等。通常讲的 PC 内存就是指 RAM，它供操作系统、应用程序使用。这种存储器不仅能读，也能写。当电源关闭时，存储于其中的数据也会随之消失。

（1）DRAM

DRAM 芯片的电路简单、集成度高、功耗小、成本较低，适合制作内存储器，也称为主存即内存条。由于 DRAM 含有成千上万个小型电容，而电容不能长久保持电荷，所以 DRAM 必须定期刷新，否则就会丢失数据。因此，主存的速度较慢，一般比 CPU 慢得多。

（2）SRAM

SRAM 与 DRAM 相比，它的电路复杂、集成度低、功耗较大，但 SRAM 比 DRAM 的速度要快得多，也比较贵，主要用于制作高速缓冲存储器（Cache）。

2. ROM

ROM 是一种能够永久或半永久性地保存数据的存储器。其特点是只能读数据，不能写，通常关闭计算机电源之后，其中的数据还能保留。随着大规模集成电路技术的发展，出现了多种大规模集成电路 ROM 芯片。其中 Flash ROM 由于在高电压下可对其所存储的信息进行更改和删除，低电压下信息可读不可写，因此 Flash ROM 比较常用。例如，BIOS 是集成在主板上的一块 ROM 芯片，可用来存储计算机的基本输入输出程序等程序，就是 Flash ROM，其程序内容可永久地保留在 ROM 芯片中，不会因断电而丢失。优盘和数码相机的存储卡也是 Flash ROM。

3. 主存储器

主存储器主要由 DRAM 芯片组成。它包含有大量的存储单元，每个存储单元可以存放 8 位二进制数，即一个字节，用 B 表示。存储器的存储容量就是指它所包含的存储单元的总和。现在计算机内存常用的存储量的单位有 MB 和 GB，其换算公式为

$1KB=2^{10}B=1\ 024B$

$1MB=2^{20}B=1\ 024KB$

$1GB=2^{30}B=1\ 024MB$

每个存储单元都有一个地址，CPU 按地址对存储器进行访问，如图 2-12 所示。

主存储器在物理结构上由若干内存条组成。内存条是把若干片 DRAM 芯片焊在一小条印制电路板上做成的部件。内存条

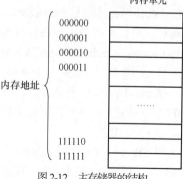

图 2-12　主存储器的结构

必须插入主板中相应的内存插槽中才能使用。内存条的种类主要有 DDR、DDR2 和 DDR3。目前 DDR 已经被淘汰，主要使用的是 DDR2 和 DDR3，而 DDR3 的存取速度最快。

2.2.4　I/O 总线与 I/O 接口

在计算机系统中，总线是计算机部件（或设备）之间传输数据的公用通道。从数据传输方式来说，总线可分为串行总线和并行总线两种。在串行总线中，通过一根数据线将二进制数据逐位发送到目的部件（或设备），如 USB 总线；在并行总线中，数据线有多根，一次能传送多个二进制数据，如外设组件互连标准（Peripheral Component Interconnect，PCI）总线。从理论上看，并行总线的速度似乎比串行总线快，其实在高频率的条件下，串行总线比并行总线更快。这是因为并行总线对器件和电路结构要求严格，系统设计难度大，成本高，可靠性低。

1. I/O 总线

I/O 总线是指 I/O 设备控制器与 CPU、存储器之间相互交换信息、传输数据的一组公用信号线，也称为主板总线，因为它与主板上扩充插槽中的各扩充板卡（I/O 控制器）直接连接。常见的 I/O 总线是 PCI 和 PCI-E 总线等。

PCI 总线是 Intel 公司 1991 年推出的局部总线标准，是一种 32 位（可扩展到 64 位）的并行总线，总线频率为 33MHz，传输速率达 133Mbit/s（或 266Mbit/s），可以用于挂接中等设备的外部设备。

PCI-E 是个人计算机 I/O 总线的一种新型总线标准。它是一种多通道的串行总线，采用高速串行传输以点对点的方式与主机进行通信。PCI-E 除了数据传输率高的优点之外，由于是串行接口，其插座的针脚数目也大为减少，这样就降低了 PCI-E 设备的体积和生产成本。

PCI-E 采用多通道传输机制。多个通道互相独立，共同组成一条总线。根据通道数的不同，PCI-E 分为 PCI-E x1、x4、x8 和 x16 等多种规格，分别包含 1、4、8 和 16 个传输通道。每个通道数据传输速率为 250Mbit/s，则 16 个通道可使传输速率提高到 16×250Mbit/s，不同的通道数用于满足不同设备对数据传输速率的不同需求。例如 PCI-E x1 可用于连接声卡、网卡等；PCI-E x16 能够更好地满足独立显卡对数据传输的要求，因而，PCI-E x16 接口的显卡已经越来越多地取代了 AGP 接口的显卡。

目前，PCI-E x1 和 PCI-E x16 已经成为 PCI-E 的主流规格，大多数芯片组生产厂商在北桥芯片中添加了对 PCI-E x16 的支持，在南桥芯片中添加了对 PCI-E x1 的支持。

2. I/O 接口

PC 的大多数 I/O 设备没有包含在 PC 的主机箱里，因此，I/O 设备与主机之间必须通过连接器实现互连。计算机中用于连接 I/O 设备的各种插头/插座以及相应的通信规范及电气特性，称为 I/O 设备接口，简称 I/O 接口。

由于不同外设的电气特性不同，其传输数据的方式也就不完全相同，因此，在计算机主板上就出现了多种形式的 I/O 接口。主板上常见的接口包括通用串行总线（Universal Serial Bus，USB）接口、串行高级技术附件（Serial Advanced Technology Attachment，SATA）接口、高清晰多媒体接口（High Definition Multimedia Interface，HDMI）、音频接口、显示器接口、IEEE-1394 接口、网线接口等，如图 2-13 所示。

图 2-13　外部设备接口

（1）USB 接口

USB 接口是一种串行总线接口，是 1994 年由 Intel、Compaq、IBM、Microsoft 等多家公司联合提出的计算机接口技术。由于其具有支持热插拔、传输速率较高等优点，而成为目前外部设备的主流接口标准。

USB 接口使用 4 引脚线连接，如表 2-1 所示。

表 2-1　USB 接口的引脚线

引脚线	导线颜色	信号
1	红	VCC（电源）
2	白	−DATA（数据）
3	绿	+DATA（数据）
4	黑	GND（地线）

在 USB 接口中，常用规范有：USB 1.0 和 USB 1.1、USB 2.0、USB 3.0。其中 USB 1.0 和 USB 1.1 现已很少使用，现在广泛使用的是 USB 2.0 和 USB 3.0。USB 2.0 的最高速率可达 480Mbit/s；USB 3.0 的最高速率可达 3.2Gbit/s。

（2）SATA 接口

SATA 接口是串行接口，用于连接硬盘和光驱。

（3）HDMI 接口

HDMI 接口是高清晰度多媒体接口，可同时传输视频和音频信号，最高数据传输速度可达 5Gbit/s。

（4）IEEE 1394 接口

IEEE 1394 接口是为了连接多媒体设备而设计的一种高速串行接口标准，主要用于连接需要高速传输大量数据的音频和视频设备。IEEE 1394 接口目前传输速率可达 400Mbit/s。

2.3　外存储器

近年来，计算机上使用最多的外存储器主要是硬盘、U 盘、光盘等可移动存储器。它们是计算机保存信息及与外部交换信息的重要设备。

2.3.1　硬盘

硬盘是计算机最重要的存储设备。硬盘以其容量大、体积小、速度快、价格便宜等优点，当之无愧地成为 PC 最主要的外部存储器，也是 PC 必不可少的配置之一。

1. 硬盘的结构

硬盘主要是由磁盘盘片、主轴与主轴电机、磁头与移动臂等组成，它们全都密封在一个金属盒里。其内部结构如图 2-14 所示。

硬盘由一组盘片组成，一般有 2～8 片盘片。这一组盘片固定在一个轴上，同时由一个主轴电机驱动主轴高速旋转，从而带动盘片高速旋转。盘片上下两面各有一个磁头，负责读写各自表面的信息。磁盘中的所有磁头全都固定在移动臂上，由移动臂带动磁头沿着盘片的径向高速移动，以便定位到指定的位置。

图 2-14　硬盘的内部结构

硬盘工作时，其主轴旋转速度可达每分钟 7 200 转或 10 000 转。盘片旋转时，磁头与对应的盘片的距离很近，不到 1μm，浮在盘片表面上并不与盘片接触，以避免划伤磁盘表面。这样近的距离主要是为了保证极高的存储密度和定位精度。这就要求硬盘在无灰尘、无污染的环境里工作。

按照盘片直径大小不同划分，磁盘也有很多规格。笔记本电脑上通常配置 2.5 英寸、1.8 英寸甚至 1.3 英寸的微型磁盘；台式计算机上使用最多的是 3.5 英寸磁盘，也有用 2.5 英寸磁盘的。现在的硬盘容量可达几百 GB。

硬盘一般固定在计算机内，目前应用最为广泛、最有代表性的硬盘是温彻斯特磁盘，简称温盘。它是一种可移动磁头固定盘片的硬盘，采用密封组合式结构，防尘性好，可靠性高，容量大，主要通过 SATA 接口与主板相连。

2. 硬盘的盘片

硬盘的盘片由铝合金制成，盘片的上下两面都涂有一层很薄的高性能磁性材料，作为存储信息的介质。磁性材料主要由磁性粒子组成，磁盘磁性粒子的磁化来记录数据信息。磁性粒子有两种不同的磁化方向，分别用来表示记录的是 "0" 或 "1"。

硬盘格式化时系统把硬盘盘片的表面划分成一个一个的同心圆，用于存放数据信息，每个同心圆称为一个磁道。磁头读写信息时总是沿着磁道进行，读写时磁头定位后固定不动，而磁盘在高速旋转，形成与磁头的相对运动。为了有效地管理信息，盘片上的每个圆形又被划分成一段一段的区域，称为扇区。硬盘是由一组盘片组成，所有盘片上相同半径处的一组磁道称为 "柱面"，如图 2-15 所示。

所以，硬盘的数据信息定位由 3 个参数完成：柱面号、扇区号和磁头号。

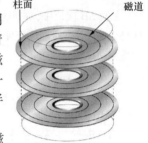

图 2-15 磁道与柱面

3. 硬盘的主要性能指标

（1）存储容量

由于每个扇区的存储量为 512B，因此硬盘的总容量为：柱面数×扇区数×磁头数×512B。

（2）存储密度

存储密度是指单位长度或单位面积磁盘表面所存储的二进制信息量，可用道密度和位密度来表示。道密度指单位长度内的磁道数目，位密度是磁道单位长度内存放的二进制信息的数目。

（3）数据传输率

数据传输率是指单位时间内磁盘与主机之间传送数据的二进制位数或字节数。数据传输率与硬盘的转速和位密度有关。

（4）平均存取时间

平均存取时间指从发出读写命令后，磁头从原始位置移动到磁盘上所要求读写的记录位置，并准备写入或读出数据所需要的时间。存取时间由寻道时间和等待时间两部分组成，寻道时间指磁头寻找磁道所需的时间，等待时间是指数据所在的扇区转到磁头下所需的时间。硬盘平均等待时间为硬盘每转动一周所需时间的一半，如转速为 3 000r/min 的硬盘其平均等待时间约为 10ms。

（5）Cache 容量

为了提高 CPU 访问硬盘的速度，硬盘通过将部分数据暂存在一个比其速度快得多的缓冲区中来提高其与 CPU 交换数据的速度。这个缓冲区就是硬盘的高速缓冲存储器（Cache）。Cache 能有效地提高硬盘的数据传输性能。理论上 Cache 的速度越快越好，容量越大越好。目前硬盘的 Cache 容量一般为 2MB 或 4MB，也有高达 8 MB 或 16MB 的。

2.3.2 光盘存储器

光盘存储器是利用激光原理存储和读取信息的媒介。光盘存储器由两部分组成：光盘片和光盘驱动器，如图 2-16 所示。

1. 光盘

光盘片简称光盘，是用塑料制成，呈圆盘形，在塑料盘的表面涂了一层薄而平整的铝膜，通过铝膜上极细微的凹坑记录信息，平坦的地方表示"0"，凹坑的边缘处表示"1"。光盘用于记录信息的方式和磁盘不同，它是利用一条由里向外的连续螺旋曲线（即光道）存储信息的，如图2-17所示。

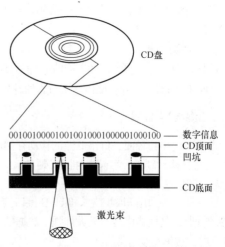

图 2-16　光盘存储器　　　　　　　图 2-17　光盘的信息表示

目前常用的光盘有 CD 光盘、DVD 光盘和 BD 光盘。

（1）CD 光盘

CD 光盘最早是保存音乐的，也称为 CD 唱片，后来作为计算机外存储器使用。常见的有只读 CD 光盘（CD-ROM）、可写一次的 CD 光盘（CD-R）、可多次读写的 CD 光盘（CD-RW）。CD 光盘片的存储容量大约为 650MB。

（2）DVD 光盘

DVD 采用更有效的压缩编码，具有更高的光道密度，因此，DVD 光盘的容量更大。同 CD 光盘相似，DVD 光盘也分为只读 DVD 光盘（DVD-ROM）、可写一次的 DVD 光盘（DVD-R）、可多次读写的 DVD 光盘（DVD-RW）。DVD 光盘分为单层和双层两类，因此存储容量不尽相同，一张 DVD 光盘的容量为 4.7～17GB。

（3）BD 光盘

BD 光盘是蓝光光盘，是目前最先进的大容量光盘片。单层盘片的容量就达到 25GB，是高清晰影片的理想存储介质。与 CD、DVD 光盘一样，BD 光盘也有 BD-ROM、BD-R、BD-RW 之分。

2. 光盘驱动器

光盘驱动器简称光驱，用于带动光盘旋转并读出盘片上的（或向盘片上刻录）数据。光盘驱动器由驱动主轴、定位机构、激光头等组成。工作时，主轴高速旋转，激光头发出激光束，经过盘片反射，由光敏二极管根据反射回来的激光强度不同，将其转换为"0"或"1"的信号，从而完成光盘信息的读取过程。

目前，光盘驱动器按其信息读写能力分为只读光驱和光盘刻录机。根据读写盘片的不同，光盘驱动器有多种型号。常用的光盘驱动器有：CD 只读光驱（CD-ROM）、CD 刻录机、DVD 只读光驱（DVD-ROM）、DVD 刻录机、BD 只读光驱（BD-ROM）、BD 刻录机等。

光盘及光盘驱动器的主要技术指标如下。

（1）容量

目前一张光盘的数据存储容量大致在 600MB 到几十 GB 之间。

（2）数据传输率

最早的 CD-ROM 驱动器的数据传输率是 150kbit/s，一般把这种速率称为 1 倍速光驱，记为"1X"。

数据传输率为 300kbit/s 的 CD-ROM 驱动器称为 2 倍速光驱，记为 "2X"，依次类推。常见的光驱有 "36X""40X""50X" 等。目前，CD-ROM 驱动器的最大读取数据传输率为 52 倍速，DVD 的最大读取数据传输率为 8 倍速。对于一般应用来说，目前的光驱速度已不成问题，用户更关心的是光驱的读盘能力，即它的纠错能力。

（3）读取时间

读取时间是指光盘驱动器接收到命令后，移动激光头到指定位置，并把第一个数据读入 CD-ROM 驱动器的缓冲存储器这个过程所花费的时间。

2.3.3 可移动存储器

近年来，小巧轻便、价格低廉的移动存储产品正在不断涌现和普及。目前广泛使用的移动存储器有 U 盘、移动硬盘、存储卡和固态硬盘。

1. U 盘

U 盘是一种采用 Flash 技术和 USB 接口技术相结合的存储设备。U 盘具有容量大、防磁、防震、防潮的特点，其性能优良，大大加强了数据的安全性。U 盘可重复使用，性能稳定，可反复擦写达 100 万次，数据至少可保存 10 年。

由于 U 盘具有热插拔功能，因此 U 盘无须驱动器，即插即用。现在几乎所有的计算机都提供了 USB 接口，使该设备不需额外的驱动器，应用面非常广。该设备支持热插拔，无须重新启动计算机，能在普通 PC 和苹果机上通用，不存在兼容问题，无须再提供单独的电源，安装非常简单。

U 盘尾部通常有一个指示灯，当在传输文件的时候，它会不停地闪烁以做提示；有的 U 盘还特别设计了写保护开关，把它关闭就能防止文件写入，这样就能保证 U 盘不受到病毒的侵害。

2. 移动硬盘

移动硬盘一般是由笔记本电脑硬盘加上特制的配套硬盘盒构成，性价比较高，如图 2-18 所示。

移动硬盘有如下优点。

① 容量大。移动硬盘的容量可达 500GB 或更高，可以满足装载大型图库、数据库、软件库的需要。

② 速度快。移动硬盘盒中的硬盘转速高，并采用 USB 2.0 以上的接口，数据传输率较高。

图 2-18　移动硬盘

③ 体积小，重量轻。移动硬盘厚度只有 1cm 多，大小比手掌还小，放在包中或者口袋中都很方便。

④ 兼容性好，即插即用。移动硬盘采用 USB 或 IEEE 1394 接口，可以与各种计算机连接；特别是在 Windows XP 和 Windows 7 操作系统下不用安装任何驱动程序，即插即用，非常方便。

⑤ 安全可靠。移动硬盘盒体上精密设计了专有的防震防静电保护膜，提高了抗震能力和防尘能力，可避免锐物、灰尘、磁场或高温对硬盘的伤害。

3. 存储卡

存储卡作为外部存储器，主要用在数码相机、数码摄像机、手机等电子产品中，具有和 U 盘相同的多种优点，但只有通过读卡器才能对这些存储卡进行读写。

4. 固态硬盘

近年来，固态硬盘作为新的便携式存储器也被广泛使用。它是使用半导体存储芯片制作的一种外部存储器。相比普通硬盘，固态硬盘在性能、安全性、能耗和适应性上具有明显优势。虽然固态硬盘容量不是很大（目前固态硬盘的容量为 128GB 左右），价格也高出一般硬盘，但由于其没有普通硬盘的马达等驱动装置，不怕摔、重量轻，所以正逐渐被计算机用户广泛接受。

2.4 常用输入设备

输入设备是用于向计算机输入命令、数据、图像、声音等信息的设备。计算机常用的输入设备有键盘、鼠标、扫描仪和数码相机等。

2.4.1 键盘

键盘是计算机系统中最常用也是最基本的输入设备。用户通过键盘可以将字母、数字、标点符号等字符输入计算机，从而向计算机发出命令或输入数据。

目前，PC 上主要使用的键盘都是标准键盘，如图 2-19 所示。键盘主要由主键盘区、功能键区、数字键区和编辑键区等组成。

图 2-19　键盘

下面介绍常用键的功能。

- Shift：用于输入双字符键上排字符。
- Caps Lock：大小写字母转换键。
- Num Lock：数字键和编辑键的转换。
- Enter：回车键，不论光标处在当前行中什么位置，按此键后光标移至下行行首。结束一个数据或命令的输入也按此键。
- Esc：强行退出键，用于命令或程序的退出。
- Ctrl：控制键，用于与其他键组合成各种复合控制键。
- Alt：交替换档键，用于与其他键组合成特殊功能键或控制键。
- Tab：制表定位键，按此键光标跳 8 个字符的距离。
- ←（Backspace）：退格键，光标退回一格，即光标左移一个字符的位置，同时抹去原光标左边位置上的字符，用于删除当前行中刚输入的字符。
- Space：空格键，位于键盘中下方的长条键，按下此键输入一个空格，光标右移一个字符的位置。
- Print Screen：屏幕复制键，用于把当前屏幕的内容复制出来或复制到剪贴板中。

键盘与主机最早是通过 5 芯电缆线相连接，现在主要使用 USB 接口和主机相连。

2.4.2 鼠标

鼠标是一种常用的输入设备。通过移动鼠标可以快速定位屏幕上的对象，操作方便、灵活。鼠标通过电缆与主机连接，由于其外形如老鼠而得名，如图 2-20 所示。

鼠标上一般有两个按键，分别称为左键和右键，其功能可以由所使用的软件来定义。不同的软件中鼠标按键的作用可能不相同。鼠标中间还有一个滚轮，可以用来控制屏幕内容的移动，与窗口右边框滚动条的功能相同，即在看一篇较长文章时，向前或向后转动滚轮，就可使窗口中的内容向上或向下移动。

图 2-20　鼠标

鼠标与主机的接口有串行通信口（RS-232）、PS/2 接口和 USB 接口 3 种，目前广泛使用的是

USB 接口。

2.4.3 扫描仪

扫描仪（Scanner）是一种直接将图片（照片）或文字输入到计算机中的输入设备，如图 2-21 所示。

扫描仪的工作原理基于光电转换。把输入的图像划分成若干个点，变成一个点阵图形；通过对点阵图的扫描，依次获得这些点的灰度值或色彩编码值；这样通过光电部件将一幅纸介质的图转换为一个数字信息的阵列，并存入计算机的文件中，于是可用相关的软件对其进行显示和处理。

扫描仪种类很多，按其扫描原理的不同来分，有手持式、平板式和滚动式等。

图 2-21　扫描仪

手持式扫描仪需要操作员用手拿着扫描仪在被扫描的图片上移动，它的扫描头较窄，只能扫描较小的图片。平板式扫描仪是最常见的，被扫描的图稿置于扫描平台上，由机械传动移动扫描头来扫描图稿。平板式扫描仪广泛用于办公、家用领域。高档的平板式扫描仪可用于广告设计和印刷领域。滚动式扫描仪是高分辨率的专业扫描仪，应用在专业印刷排版领域。

下面介绍扫描仪的主要性能指标。

① 分辨率。分辨率是扫描仪对原稿细节的分辨能力，反映了扫描仪扫描图像的清晰程度，一般用每英寸的像素点（dpi）来表示。目前扫描仪的分辨率大多为 300dpi、600dpi、1 200dpi、2 400dpi 等。分辨率越高，图像的清晰度越好，而扫描后的数据量也越大。

② 彩色位数。彩色位数反映了扫描仪对图像色彩范围的辨析能力。彩色位数越高，计算机能表达的彩色种类越丰富，越接近自然色，扫描的图像效果也越真实，当然生成的图像文件也越大。目前扫描仪的彩色位数一般有 24 位、30 位、36 位等。

③ 扫描幅面。扫描幅面是指被扫描图稿容许的最大尺寸，例如 A4、A3 等。

④ 扫描速度。扫描速度一般用扫描标准幅面的图稿所用的时间来表示。

2.4.4 数码相机

数码照相机是现在非常流行的图像输入设备。它能直接将照片以数字形式记录下来，并存入计算机进行存储、处理和显示。数码相机与传统相机的操作基本相同，不同之处是数码相机将影像聚焦在成像芯片（CCD 或 CMOS）上，并由成像芯片转换成电信号，再经过模数转换（A/D 转换）变成数字图像，经过必要的图像处理和数据压缩（大多采用 JPEG 标准）之后，存储在相机内部的存储器中，如图 2-22 所示。

图 2-22　数码相机

CCD 像素越多，影像分解的点就越多，最终所得到的影像的分辨率（清晰度）就越高，图像的质量也就越好。所以，CCD 像素的数目是数码相机的一个至关重要的性能指标。选用多少像素的数码相机合适，完全取决于使用要求。

存储容量是数码相机的另一个重要指标，存储容量越大，可存储的照片数就越多。

2.5　常用输出设备

计算机常用的输出设备是显示器和打印机。

2.5.1 显示器

显示器又称监视器（Monitor），是微机系统中主要输出设备之一。它能在程序的控制下，动态地以字符或图形形式显示程序的内容和运行结果。如果没有显示器，用户就无法了解计算机的处理结果和所处的工作状态，无法决定自己下一步的操作。

计算机的显示器由两部分组成：显示器和显示控制器。显示器是个独立的设备。显示控制器一般做成扩充卡，称为显示卡或显卡，显卡插在主板的扩展槽上，通过电缆与显示器连接。而现在 PC 的显卡的功能大多已经集成到了主板上，称集成显卡。

1. 显示器的分类

从显示器工作原理和显示器件来分，目前计算机上使用的显示器主要有阴极射线管（Cathode Ray Tube，CRT）显示器和液晶显示器（Liquid Crystal Display，LCD）两种。

CRT 显示器的工作原理与电视机相似，即通过显像管中电子枪将电子束发射到荧光屏的某一点上，使该点发光，该点称为像素。每个像素由红、绿、蓝 3 种基色组成，通过对三基色强度的控制可以合成出不同的颜色。电子束从左到右，从上到下，逐行逐点地发射，就可以产生所需的图像。

LCD 的工作原理是利用液晶的物理特性，借助液晶对光线进行调制而显示图像。即通电时液晶排列有秩序，光线易通过；而不通电时液晶排列混乱，阻止光线通过。液晶是介于固态和液态之间的一种物质，它既有液体流动性，又具有固态晶体排列的有向性。它是一种弹性连续体，在电场的作用下能快速地展曲、扭曲或弯曲。

与 CRT 显示器相比，LCD 具有工作电压低、没有辐射、功耗小、重量轻、能大量节省空间等特点。

显示器的主要性能参数如下。

① 显示屏的尺寸。计算机显示屏尺寸的大小用其对角线的长度来表示，以英寸为单位。目前一般使用的显示器有 15 英寸、17 英寸、19 英寸、22 英寸等。显示屏的水平方向的宽度和垂直方向的高度之比一般为 4：3，现在多数 LCD 的宽度和高度之比为 16：9 或 16：10。

② 显示器的分辨率。分辨率是指显示器能显示像素的多少，一般用水平分辨率×垂直分辨率来表示，例如分辨率为 1 024 像素×768 像素、1 280 像素×1 024 像素、1 600 像素×1 200 像素等。显示器的分辨率越高，显示的字符或图像也就越清晰。

③ 像素的颜色数目。像素的颜色数目是指一个像素可显示颜色的多少，一般由表示这个像素的二进位位数决定。彩色显示器由三基色 R、G、B 合成得到其色彩，所以，3 个基色的二进位位数之和决定了可显示颜色的数目。例如，R、G、B 分别用 8 位二进位表示，则它可有 $2^{24} \approx 1\,680$ 万种不同的颜色。

④ 刷新速率。刷新速率是指显示的图像每秒钟更新的次数。刷新速率越高，图像的稳定性越好。PC 显示器的刷新速率一般在 85Hz 以上。

2. 显卡

显卡的主要任务是从 CPU 和内存中获得要显示的数据，先保存起来，然后再送到显示器中显示。显卡主要由显示控制电路、绘图处理器、显存和接口电路四部分组成。其中显示控制电路负责对显卡的操作进行控制和协调；接口电路负责显卡与 CPU 和内存的数据传输；显存用于存放显示器要显示的内容，能直接影响输出信息的颜色数和精细程度；绘图处理器提供图形加速功能。

2.5.2 打印机

打印机是能将输出信息以字符、图形和表格等形式印制在普通的纸上，如同常规的印刷机。目前常用的打印机有针式打印机、喷墨式打印机和激光打印机 3 种。

1. 针式打印机

针式打印机是一种击打式打印机，如图 2-23 所示。它通过打印头上的"打印针"打击色带，再通过色带上的颜色在打印纸上产生文字或图像。打印针一般排成一排或二排，安装在打印头里，常见的有9针打印机和24针打印机两种。在打印头中电磁装置的驱动下，这些打印针打击色带。每个打印针的一次打击可以在纸上形成一个小墨点。一行行的小墨点可以组成任何输出样式，可以是文字，也可以是图像。

针式打印机在很长一段时间内曾被广泛应用，但这种打印方式速度慢、噪声大、打印质量不高，现在家庭和办公场所已很少使用。不过它的优点是耗材成本低，可多层套打，所以在银行、税务、超市等部门的票据类打印中仍有广泛的应用。

2. 激光打印机

激光打印机是激光技术和复印技术相结合的产物，如图2-24所示。激光打印机工作时，它用接收到的信号控制激光束，使其照射到一个具有正电位的硒鼓上，被激光照射的部位转变为负电位，可把墨粉吸附上去。激光束扫描使硒鼓上形成了所需要的结果影像，在硒鼓吸附到墨粉后，再通过压力和加热把影像转移到打印纸上，最后形成输出。

图2-23 针式打印机

图2-24 激光打印机

现在常用的激光打印机的颜色系统是多级灰色系统，以A4幅面的打印机为主。其特点是速度快、无噪声、分辨率高、输出质量高。虽然激光打印机也有大幅面激光打印机、彩色激光打印机，但市面上并不多见。

3. 喷墨式打印机

喷墨式打印机是将墨水通过喷头喷射到打印纸上形成点阵字符或图像的非击打式的打印机，如图2-25所示。它和针式打印机不同，喷墨式打印机的打印头上有数十到数百个小喷孔，打印过程中液体墨水从这些小喷孔喷出，直接喷到打印纸上，形成墨点或墨迹，最后形成文字或图像。

图2-25 喷墨式打印机

喷墨式打印机由于噪声低、清晰度高，打印效果好，同时可以打印出彩色图像，所以在广告设计行业被广泛使用。但是喷墨式打印机在低质量纸张上墨滴可洇开，所以喷墨式打印机对纸张质量要求比较高，同时，需要经常更换墨盒，打印成本较高。

4. 打印机的性能指标

打印机的主要性能指标有打印精度、打印速度、色彩数目等。

（1）打印精度

打印精度是指打印机的分辨率，是衡量图像清晰度的重要指标。打印精度用每英寸可打印的点数（dpi）来表示。一般360dpi以上的打印效果才能令人基本满意。其中，针式打印机分辨率最低，一般为 180dpi；激光打印机分辨率为 300～800dpi，最高可达 1 200dpi，打印效果较好；喷墨式打印机分辨率可达 300～360dpi，最高可达 1 000dpi。

（2）打印速度

击打式打印机的打印速度用每秒打印的字符数目（Character Per Second，CPS）表示。喷墨式打印机和激光打印机是一种页式打印机，它们的速度用每分钟打印的页数（pages per minute，ppm）来衡量。家庭使用的低速激光打印机的速度为 4ppm，办公使用的高速激光打印机速度可达 10ppm 以上。

（3）色彩数目

色彩数目是指打印机可以打印的色彩的总数。

习题

一、填空题

1. 一个完整的计算机系统是由_____系统和_____系统组成。

2. CPU 主要由_____、_____和寄存器组三部分构成。

3. CPU 中的运算器用于对数据进行各种算术运算和_____。

4. PC 中的 BIOS 的中文意思是_____。

5. 按照冯·诺依曼计算机概念，计算机的基本原理是存储程序和_____。

6. 系统总线上有 3 类信号：数据信号、地址信号和_____信号。

7. 一条指令由两部分组成，即_____和_____。

8. 目前生产 CPU 的国际公司主要有_____公司和 AMD 公司。

9. 对于 Cache、内存、硬盘存储器，存取速度最快的是_____。

10. 主板上最主要的部件是_____。

11. 总线分为串行总线和并行总线两类，PCI-E 是_____总线。

12. KB（千字节）是度量内存储器容量大小的常用单位之一，1KB 等于_____B。

二、选择题

1. 从功能上讲，计算机硬件主要由_____部件组成。

   A. CPU、存储器、输入/输出设备和总线等

   B. 主机和外存储器

   C. 中央处理器、主存储器和总线

   D. CPU、主存

2. 目前使用的 PC 是基于_____原理进行工作的。

   A. 存储程序控制   B. 访问局部性   C. 基准程序测试   D. 硬拷贝

3. PC 最核心的部件是_____。

   A. CPU   B. 运算器   C. 控制器   D. Pentium

4. 磁盘的磁面是由很多半径不同的同心圆所组成，这些同心圆称为_____。

   A. 扇区   B. 磁道   C. 磁柱   D. 磁头

5. U 盘是利用通用的_____接口接插到 PC 上。

   A. RS-232   B. 并行   C. USB   D. SCSI

6. CD-ROM 光盘存储数据的原理是利用盘上凹坑表示 0 和 1，其中凹坑的边缘表示_____，而凹坑和非凹坑的平坦部分表示_____，然后再使用_____来读出信息。

   A. 1、0、激光   B. 0、1、磁头   C. 1、0、磁头   D. 0、1、激光

7. 下列对 USB 接口的叙述不正确的是_____。

    A. 是一种高速的可以连接多个设备的串行接口

    B. 符合即插即用规范，可以热插拔设备

    C. 一个 USB 接口最多能连接 127 个设备

    D. 常用外设，如鼠标，是不使用 USB 接口的

8. 显卡中的_____是用于存储显示屏上所有像素的颜色信息。

    A. 显示控制电路   B. 显示存储器   C. 接口电路   D. CRT 显示器

9. 目前使用较广泛的打印机有针式打印机、激光打印机和喷墨式打印机，其中，_____在打印票据方面具有独特的优势。

    A. 彩色打印机   B. 喷墨式打印机   C. 激光打印机   D. 针式打印机

10. 某显示器的分辨率是 1 024 像素×768 像素，它的含义是_____。

    A. 纵向像素数×横向像素数   B. 横向像素数×纵向像素数

    C. 纵向字符数×横向字符数   D. 横向字符数×纵向字符数

11. 下列_____属于计算机外部设备。

    A. 打印机、鼠标和硬盘   B. 键盘、光盘和 RAM

    C. RAM、硬盘和显示器   D. 主存储器、硬盘和显示器

12. 下列_____属于 PC 硬件的主要性能参数。

    ① CPU 字长   ② 操作系统的类型和版本

    ③ 主存性能   ④ 系统总线传输速率

    ⑤ CPU 工作频率   ⑥ 鼠标的接口类型

    A. ①②⑤⑥   B. ②③④⑤   C. ②④⑤⑥   D. ①③④⑤

13. 在计算机中，CPU、内存储器、外存储器和 I/O 设备是通过_____连接起来的。

    A. 系统总线   B. 一组数据线   C. 扩展卡   D. I/O 接口

14. 计算机的工作是通过 CPU 一条一条地执行_____来完成。

    A. 用户命令   B. 指令   C. 汇编语句   D. BIOS 程序

15. PC 中扩展卡是_____与_____之间的接口。

    A. 系统总线、外设   B. CPU、外设   C. 外设、外设   D. 主存、外设

16. 计算机的性能在很大程度上是由 CPU 决定的。CPU 的性能主要体现为它的运算速度。下列有关计算机性能的叙述_____是正确的。

    A. 计算机中 Cache 的有无和容量的大小对计算机的性能影响不大

    B. 计算机上运行的系统软件与应用软件的特性不影响计算机的性能

    C. 计算机指令系统的功能不影响计算机的性能

    D. 在 CPU 内部采用流水线方式处理指令，目的是为了提高计算机的性能

17. 下列有关 CPU 的结构，叙述正确的是_____。

    ① CPU 主要由三部分组成，运算器、控制器和 Cache

    ② 在计算 "3+5" 时，加法运算是在运算器中实现的，控制器控制着加法运算的实现

    ③ CPU 中的指令快存和数据快存（Cache）是用来临时存放参加运算的数据和得到的中间结果

    ④ CPU 中包含的数据寄存器的宽度等同于处理整数的算术逻辑运算部件的宽度

    A. ①②③   B. ②③   C. ②   D. ③④

18. 下列有关系统总线的叙述，正确的是_____。

    A. 计算机中各个组成单元之间传送信息的一组传输线构成了计算机的系统总线

B. 计算机系统中，若 I/O 设备与系统总线直接连接，不仅使得 I/O 设备的更换和扩充变得困难，而且，整个计算机系统的性能将下降

C. 系统总线分为输入线、输出线和控制线，分别传送着输入信号、输出信号和控制信号

D. 系统总线最重要的性能是数据传输速率，也称为总线的带宽。总线带宽与数据线的宽度无关，与总线工作频率有关

19. 下列关于"程序存储和程序控制"描述错误的是_____。

A. 解决问题的程序和需要处理的数据都存放在存储器中

B. 由 CPU 逐条取出指令并执行它所规定的操作

C. 人控制着计算机的全部工作过程，完成数据处理的任务

D. "程序存储和程序控制"的思想是由冯·诺依曼提出的，并且，几乎所有的计算机都遵循这一原理进行工作

20. RAM 的特点是_____。

A. 海量存储器

B. 存储在其中的信息可以永久保存

C. 一旦断电，存储在其上的信息将全部消失，且无法恢复

D. 只是用来存储数据的

21. 下面关于显示器的叙述中，正确的一项是_____。

A. 显示器是输入设备   B. 显示器是输入/输出设备

C. 显示器是输出设备   D. 显示器是存储设备

22. Cache 可以提高计算机的性能，这是因为它_____。

A. 提高了 CPU 的倍频   B. 提高了 CPU 的主频

C. 提高了 CPU 的容量   D. 缩短了 CPU 访问数据的时间

23. 下面关于 U 盘的描述中，错误的是_____。

A. U 盘有基本型、增强型和加密型 3 种   B. U 盘的特点是重量轻、体积小

C. U 盘多固定在机箱内，不便携带   D. 断电后，U 盘还能保持存储的数据不丢失

24. 下列的_____不是串行总线。

A. PCI 总线   B. PCI-E 总线   C. DMI 总线   D. USB 总线

25. 下列关于 SATA 接口的说法中，错误的是_____。

A. 结构简单、可靠性高   B. 数据传输率高、支持热插拔

C. 是一种并行接口，因此传输率高   D. 是一种串行接口

26. 计算机技术中，下列不是度量存储器容量的单位是_____。

A. KB   B. MB   C. GHz   D. GB

27. SRAM 指的是_____。

A. 静态随机存储器   B. 静态只读存储器   C. 动态随机存储器   D. 动态只读存储器

28. Cache 的中文译名是_____。

A. 缓冲器   B. 只读存储器   C. 高速缓冲存储器   D. 可编程只读存储器

29. CPU 主要技术性能指标有_____。

A. 字长、运算速度和时钟主频   B. 可靠性和精度

C. 耗电量和效率   D. 冷却效率

30. 当电源关闭后，下列关于存储器的说法中，正确的是_____。

A. 存储在 RAM 中的数据不会丢失   B. 存储在 ROM 中的数据不会丢失

C. 存储在软盘中的数据会全部丢失   D. 存储在硬盘中的数据会丢失

31. 下列叙述中，错误的是_____。

    A. 计算机硬件主要包括：主机、键盘、显示器、鼠标器和打印机五大部件

    B. 计算机软件分为系统软件和应用软件两大类

    C. CPU 主要由运算器和控制器组成

    D. 内存储器中存储当前正在执行的程序和处理的数据

32. 在外部设备中，扫描仪属于_____。

    A. 输出设备   B. 存储设备   C. 输入设备   D. 特殊设备

33. <Caps Lock>键的功能是_____。

    A. 暂停   B. 大小写锁定   C. 上档键   D. 数字/光标控制转换

34. 下列说法中，正确的是_____。

    A. 软盘片的容量远远小于硬盘的容量   B. 硬盘的存取速度比软盘的存取速度慢

    C. U 盘的容量远大于硬盘的容量   D. 软盘驱动器是唯一的外部存储设备

35. 下列计算机技术词汇的英文缩写和中文名字对照中，错误的是_____。

    A. CPU——中央处理器   B. ALU——算术逻辑部件

    C. CU——控制部件   D. OS——输出服务

36. 在计算机中，条码阅读器属于_____。

    A. 输入设备   B. 存储设备   C. 输出设备   D. 计算设备

37. 冯·诺依曼在他的 EDVAC 计算机方案中，提出了两个重要的概念，它们是_____。

    A. 采用二进制和存储程序控制的概念   B. 引入 CPU 和内存储器的概念

    C. 机器语言和十六进制   D. ASCII 编码和指令系统

38. 随机存储器中，有一种存储器需要周期性地补充电荷以保证所存储信息的正确，它称为_____。

    A. 静态 RAM（SRAM）   B. 动态 RAM（DRAM）

    C. RAM   D. Cache

39. 在 CD 光盘上标记有 CD-RW 字样，此标记表明这光盘_____。

    A. 只能写入一次，可以反复读出的一次性写入光盘

    B. 可多次擦除型光盘

    C. 只能读出，不能写入的只读光盘

    D. RW 是 Read and Write 的缩写

40. 当前 Intel 的 CPU 主要有 Core 系列，例如 Core i3、Core i5、Core i7，其中有如 2.4G 字样，数字 2.4G 表示_____。

    A. 处理器的时钟频率是 2.4GHz   B. 处理器的运算速度是 2.4GIPS

    C. 处理器是第 2.4 代   D. 处理器与内存间的数据交换频率是 2.4Gbit/s

第 3 章

计算机软件系统

计算机软件系统可以划分为系统软件和应用软件两大类。系统软件以操作系统为代表，它直接管理各类复杂的硬件设备，并为应用软件提供支持；应用软件多种多样，直接面向用户，提供丰富的应用功能。

3.1 操作系统

计算机的产生是 20 世纪最重要的科学技术之一，从个人机到巨型机，无一例外都配置有一种或多种操作系统。操作系统已经成为现代计算机系统不可分割的重要组成部分，它为人们建立更加丰富的应用环境奠定了重要基础。

3.1.1 操作系统概述

1. 引言

操作系统（Operating System，OS）是计算机中最重要的一种系统软件，能有效地组织和管理计算机的软硬件资源，合理地安排计算机的工作流程，控制和支持应用程序的运行，并向用户提供各种服务，使用户能灵活、方便、有效、安全地使用计算机，使整个计算机系统高效率运行。

没有安装任何软件的计算机称为裸机，裸机是无法使用的。操作系统直接运行在裸机之上，在它的支持下计算机才能运行其他软件。因此操作系统是计算机硬件与其他软件的接口，也是用户和计算机的接口，如图 3-1 所示。

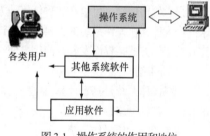

图 3-1　操作系统的作用和地位

一般而言，引入操作系统有以下 3 个目的。

① 为计算机中运行的程序管理和分配系统中的各种软硬件资源。

② 为用户提供一个操作使用计算机的友善的用户界面。

③ 屏蔽了计算机中几乎所有物理设备的技术细节，为开发和运行其他软件提供了一个高效、可靠的平台。

2. 操作系统分类

经过多年的发展，操作系统种类繁多，功能相差也很大。基于不同的视角，对操作系统可进行不同的分类。根据操作系统在用户界面的使用环境和功能特征的不同，操作系统一般可分为 3 种基本类型，即批处理系统、分时系统和实时系统。随着计算机体系结构的发展，又出现了许多种操作系统，它们是嵌入式操作系统、个人计算机操作系统、网络操作系统、分布式操作系统和智能手机操作系统等。

（1）批处理操作系统

批处理操作系统（Batch Processing）的工作方式是：用户将作业交给系统操作员，系统操作员将许多用户的作业组成一批作业，然后输入计算机，在系统中形成一个自动转接的连续的作业流，然后启动操作系统，系统自动、依次执行每个作业。最后由操作员将作业结果交给用户。批处理操作系统的特点是多道和成批处理。

（2）分时操作系统

分时操作系统（Time Sharing）将 CPU 的时间划分成若干个片段，称为时间片。操作系统以时间片为单位，轮流为每个终端用户服务。每个用户轮流使用一个时间片，由于计算机高速性能和并行工作的特点，使每个用户并不感到有别的用户存在。典型的分时系统有 UNIX、Linux。

（3）实时操作系统

实时操作系统（RealTime Operating System）是指使计算机能及时响应外部事件的请求在规定的严格时间内完成对该事件的处理，并控制所有实时设备和实时任务协调一致地工作的操作系统。实时操作系统要追求的目标是：对外部请求在严格时间范围内做出反应，有高的可靠性和完整性。常用的实时操作系统有 RDOS。

（4）嵌入式操作系统

嵌入式操作系统（Embedded Operating System）是运行在嵌入式系统环境中，对整个嵌入式系统以及它所操作、控制的各种部件装置等资源进行统一协调、调度、指挥和控制的系统软件。如家用电器中的智能功能就是嵌入式操作系统的应用。

（5）分布式操作系统

大量的计算机通过网络被连接在一起，可以获得极高的运算能力及广泛的数据共享，这种系统被称作分布式操作系统（Distributed System）。

（6）个人计算机操作系统

个人计算机操作系统是一种单用户多任务的操作系统。个人计算机操作系统主要供个人使用，功能强、价格便宜，可以在几乎任何地方安装使用。它能满足一般人操作、学习、游戏等方面的需求。个人计算机操作系统的主要特点是计算机在某一时间内为单个用户服务；它采用图形界面人机交互的工作方式，界面友好；使用方便，用户无须专门学习，也能熟练操作机器。

（7）网络操作系统

网络操作系统是基于计算机网络的，是在各种计算机操作系统上按网络体系结构协议标准开发的软件，包括网络管理、通信、安全、资源共享和各种网络应用。其目标是相互通信及资源共享。

（8）智能手机操作系统

智能手机具有独立的操作系统、良好的用户界面以及很强的应用扩展性，能方便用户随意地安装和删除应用程序。目前常用的智能手机操作系统有 Android、iOS、Symbian 等。

3．常用操作系统简介

操作系统是管理计算机软硬件资源的一个平台，没有它，任何计算机都无法正常运行。在个人计算机发展史上，出现过许多不同的操作系统，其中最为常用的有 6 种：DOS、Windows、Linux、UNIX、MacOS、Android。

（1）DOS

DOS 操作系统是微软公司研制的一个单用户单任务字符操作系统。它的特点是简单易学，硬件要求低，但存储能力有限。曾经广泛应用于 PC，但由于种种原因，现在已被 Windows 替代。

（2）Windows

Windows 操作系统是一种在 PC 上广泛使用的操作系统，其提供的多任务处理和图形用户界面，使系统工作效率显著提高，用户操作大为简化。Windows 两个系列的产品使用最多：一是面向个人开发的 Windows XP/Vista 7/8 系列；二是面向服务器开发的 Windows Server/2003/2008/2012。

（3）UNIX

UNIX 操作系统是一种多用户、多任务的通用操作系统，它为用户提供了一个交互、灵活的操作界面，支持用户之间共享数据，并提供众多集成的工具以提高用户的工作效率，同时能够移植到不同的硬件平台。UNIX 操作系统的可靠性和稳定性是其他系统所无法比拟的，但缺乏统一的标准，并且不易学习，这些都限制了 UNIX 的普及应用。

（4）Linux

Linux 是一套免费使用和自由传播的类似 UNIX 的操作系统，用户不用支付任何费用就可以获得它和它的源代码，并且可以根据自己的需要对它进行必要的修改，无约束地继续传播。Linux 以它的高效性和灵活性著称。它能够在 PC 上实现全部的 UNIX 特性，具有多任务、多用户的特点。

（5）MacOS

MacOS 是一套运行在苹果公司的 Macintosh 系列计算机上的操作系统，具有较强的图形处理能力，广泛用于桌面出版和多媒体应用等领域。

（6）Android

Android 是一种以 Linux 为基础的开放源代码操作系统，主要使用于便携设备。Android 操作系统最初由 Andy Rubin 开发，被谷歌收购后则由 Google 公司和开放手机联盟领导及开发，主要支持手机与平板电脑。

3.1.2 Windows 7 应用

1. 桌面

桌面是用户启动计算机登录到系统后看到的整个屏幕界面，它是用户和计算机进行交流的窗口。初始时桌面上只有一个"回收站"图标，以后用户可根据自己的喜好进行桌面设置。

（1）"开始"菜单与任务栏

在 Windows 7 开始菜单选项中，我们可以看到有很多创新，如图 3-2 所示，将各种程序进行归类，将其和包括 Office 文档、记事本等在内的程序进行了有效整合，方便快速进行管理、调用对应文件等。

任务栏位于桌面底部，其最左端为"开始"按钮；中间显示了系统正在运行的程序和打开的窗口，最右端为时钟和计算机设置状态的图标等。Windows 7 操作系统在任务栏方面进行了较大程度的革新，将快速启动栏和任务选项进行合并处理，这样通过任务栏即可快速查看各个程序的运行状态、历史信息等。

（2）回收站

"回收站"是一个文件夹，用来存储被删除的文件和文件夹。用户也可以将"回收站"中的文件恢复到原来的位置。

图 3-2 "开始"菜单

2. 控制面板

控制面板是 Windows 图形用户界面的一部分，可通过"开始"菜单访问。它允许用户查看并操作基本的系统设置和控制，添加硬件，添加/删除软件，可以根据用户喜好对桌面、用户等进行设置和管理，更改辅助功能选项等，如图 3-3 所示。

3. 任务管理器

任务管理器是 Windows 中非常实用的系统工具，同时按 Ctrl+Alt+Del 组合键启动如图 3-4 所示的任务管理器窗口，任务管理器显示计算机上当前正在运行的程序、后台进程和服务。可以使用任务管理器监视计算机的性能或者关闭没有响应的程序。

图 3-3　控制面板

图 3-4　任务管理器

4．用户管理

Windows 允许多个用户共同使用同一台计算机，这就需要进行用户管理，包括创建新用户以及为用户分配权限等。Windows 中用户有 3 种类型，每种类型为用户提供不同的计算机控制级别。

① 标准用户：可以使用大多数软件以及更改不影响其他用户或计算机的系统设置。

② 管理员：可以对计算机进行最高级别的控制。

③ 来宾用户：无法安装软件或硬件，更改设置或者创建密码，主要针对需要临时使用计算机的用户。

5．系统维护和其他附件

系统运行中难免发生故障和错误，轻则影响正常使用，重则导致系统崩溃及数据丢失，因此有必要适时对系统进行备份以便还原。打开"控制面板"窗口，选择"系统和安全"打开"备份和还原"窗口即可进行备份或还原。

Windows 自带了一些非常方便而且非常实用的应用程序，它们一般存在于附件组中，如"记事本""计算器""画图"等。

3.1.3　操作系统的基本功能

1．进程管理

在 Windows 操作系统中，程序的运行以若干进程的方式完成。进程的管理是通过"任务管理器"完成的，如查看当前正在执行哪些程序和进程，可按 Ctrl+Alt+Del 组合键打开图 3-5 所示的任务管理器。

（1）进程的定义

简单地说，进程就是一个正在执行的程序。进程管理是操作系统中最重要、最复杂的管理，它描述和管理程序的动态执行过程。进程和程序是两个密切相关的不同概念，它们在以下几个方面存在区别和联系。

① 进程是动态的，程序是静态的。程序是有序代码的集合，进程是程序的执行。

图 3-5　任务管理器

② 进程是暂时的，程序是永久的。进程是一个状态变化的过程，由程序的执行而产生，随执行过程结束而消亡，因此进程是有生命周期的。程序可长久保存，即使不执行的程序也是存在的。

③ 一个程序可多次执行并产生多个不同的进程。

（2）进程的控制

进程控制的基本功能就是创建和撤销进程以及控制进程的状态转换。进程在它的生命周期共有3个基本状态：就绪、运行和挂起。

① 就绪状态（Ready）。进程已获得除 CPU 之外的所有资源，一旦得到 CPU 便立即执行，即转换到运行状态。

② 运行状态（Running）。进程已获得 CPU，表示进程正在执行。

③ 挂起状态（Blocked）。表示进程因等待某一事件而暂时不能运行的状态。

进程从创建到结束的全过程中一直处于一个不断变化的过程，如图3-6所示。处于运行状态的进程因时间片用完就转换为就绪状态；需要访问某个资源，而该资源被别的进程占用，则由运行状态转为挂起状态，处于挂起状态的进程需要的资源满足后就转换为就绪状态，处于就绪状态的进程被分配了 CPU 后就转换为运行状态。

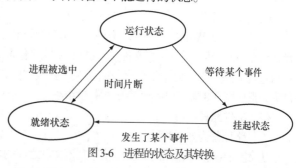

图3-6　进程的状态及其转换

2．存储管理

存储器是计算机的关键资源之一。如何对存储器进行管理，不仅直接影响它们的利用率，而且影响整个系统的性能。存储管理功能很多，且非常专业，以下只介绍虚拟内存。

随着计算机硬件的发展，虽然内存配置越来越高，但由于在系统中并发运行的程序越来越多且单个程序也越来越大，有限的内存总是不能满足系统的要求。为了解决内存的供需矛盾，操作系统使用一部分硬盘空间模拟内存，即虚拟内存，为用户提供一个比实际内存大得多的内存空间。在程序装入时，只将当前需要执行的一部分放入内存，暂时不用的其余部分保留在外存，程序运行过程中操作系统根据需要负责进行内、外存的交换。

虚拟内存的最大容量与 CPU 的寻址能力有关。如 Pentium 芯片的地址线是 32 位，其虚拟内存可达到 4GB（2^{32}）。虚拟内存在 Windows 中又称为页面文件，在 Windows 安装时就创建了虚拟内存页面文件（Pagefile.sys），用户可根据情况进行调整。

查看或调整 Windows 7 虚拟内存的方法：在"控制面板"中选择"系统"选项，然后选择"高级系统设置"，再选择"高级"选项卡，单击"更改"按钮，进入图3-7所示的虚拟内存查看或更改页面。

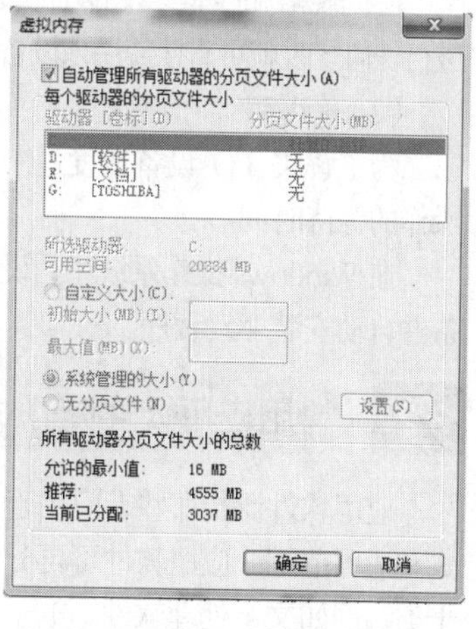

3．文件管理

大量的文件不能无组织地存放在外存储器上，必须用一定的方式来进行管理。文件管理系统，即文件系统，就是负责管理操作文件信息的系统。在文件系统的管理下，用户可以按照文件名访问文件，而不必知道文件具体的存放地址和保存文件的设备差异。文件系统为用户提供了一个简单、统一的访问文件的方法，从这个意义上说，它也被称为用户与外存储器的接口。

（1）文件

图3-7　Windows 7 虚拟内存

文件是存储在外存储器中的一组相关信息的集合。如一张数码相片、一只 MP3 歌曲、一封电子邮件。文件是外存中信息的存取（读出/写入）单位，计算机中所有的程序和数据都组织成文件存放在外存储器中，并使用其名字进行存取操作。

对于文件名的命名规则，不同的操作系统有不同的要求，下面以主流 Windows 系统来介绍它们的命名规则。文件的名字由两部分组成：文件名.扩展名，如 abc.docx。

文件名是文件的主要标识，不可省略，最多可包含 255 个中文或西文字符，但不能使用某些特殊字符（如 ？ ＊ ＼ ／ ＜ ＞ :""）等。英文字母的大、小写只在形式上加以区分，实际上不予区别。

文件扩展名由"."加 3～4 个英文字母组成，用于区分文件的类型，常用程序文件的扩展名为.docx、.xlsx、.pptx、.exe、.com 等。

（2）文件目录

文件目录在 Windows 中称为文件夹，每个逻辑盘（物理盘或硬盘上的分区）是一个根文件夹，文件夹中既可包含文件，也可包含文件夹（子文件夹），子文件夹又可存放文件和子文件夹，形成图 3-8 所示的树状多级文件夹结构。

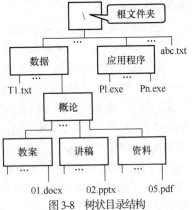

图 3-8 树状目录结构

（3）文件路径

文件路径分为如下两种。

① 绝对路径：从根目录开始，依序到该文件之前的名称。

② 相对路径：从当前目录开始到某个文件之前的名称。

如图 3-8 所示目录结构中 02.pptx 的绝对路径为 D:\数据\概论\讲稿\02.pptx。如果当前目录为应用程序，则 02.pptx 的相对路径为..\数据\概论\讲稿\02.pptx（用..表示上一级目录）。

（4）常用文件系统

不同的文件系统对文件的组织方式、管理数据的格式均不相同。有的操作系统可使用多个文件系统，有的只能使用一种文件系统。Windows 7 支持 3 种文件系统：FAT32、NTFS、exFAT。

4. 设备管理

操作系统中的"设备管理"程序负责对系统中的各种输入/输出设备进行管理，处理用户的输入/输出请求，方便、有效地完成输入/输出操作。

（1）方便性

不同规格和性能参数的外部设备通过安装各自定制的设备驱动程序，就能使系统和应用程序不需要进行任何修改就可直接使用该设备。通常，生产商在提供硬件设备的同时必须提供该设备的驱动程序。

（2）有效性

为了解决 I/O 设备速度过慢，效率不高的问题，设备管理中现在多引入缓冲技术，以减少 I/O 操作的等待时间。

在 Windows 操作系统中，设备管理还支持"即插即用"功能，意味着操作系统能自动检测到设备并自动安装驱动程序。

3.2 常用应用软件简介

应用软件泛指那些专门用于为最终用户解决各种具体应用问题的软件。按照应用软件的开发方式和适用范围，应用软件可再分为通用应用软件和定制应用软件两大类。通用应用软件也可分为若干类。例如文字处理软件、电子表格软件、演示软件、媒体播放软件、网络通信软件等。在普及计算机的应用进程中，它们起到了很大的作用。

3.2.1 文字处理软件

常用的文字处理软件有微软的 Word、金山的 WPS 等，它们都是基于 Windows 平台的文字处理软件。其中 Word 的功能较强，从目前情况看，大多数用户都在使用它。

Word 是 Office 所有应用软件中使用最为广泛的文字处理软件之一，其强大的功能可以帮助用户创建高质量的文档，提供优秀的文档排版工具，能更有效地组织和编写文档。本节将重点介绍 Word 2010 的操作方法。

1．Word 的窗口组成

Word 窗口由标题栏、快速访问工具栏、标尺栏、文档编辑区、功能区、滚动条、状态栏等部分组成，如图 3-9 所示。

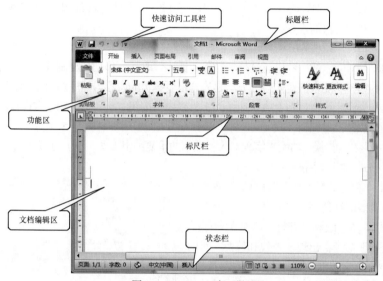

图 3-9　Word 2010 窗口界面

Word 2010 与 Word 2003 最大的差别是界面和操作发生了很大的变化，用选项卡、功能区取代了以前的菜单栏和工具栏；功能区按任务分为不同的组，能通过右下方的"⬚"组对话框启动器打开该组对应的对话框或任务窗格。

2．Word 文档的基本操作

（1）新建文档

在 Word 中，是依据所选定的模板新建文档，如图 3-10 所示。

图 3-10　"文件"新建窗口

如果需要创建一个空白文档，最简单快速的方法是在快速访问工具栏中单击"新建"按钮或者使用 Ctrl+N 组合键。

当 Word 启动之后，就自动建立了一个新文档，标题栏上的文档名称是"文档 1.docx"，这是新建一个文档最常用的方法。

（2）文档输入

在 Word 中，输入的途径有多种，最常用的是通过键盘输入；也可以通过"插入"选项卡的"文本"级中的"对象"下拉列表插入已存在的文件；还可通过 Windows 提供的语音输入、联机手写输入等辅助输入以及扫描仪输入等。

（3）文档编辑

文档的编辑是对输入的内容进行选择、删除、插入、改写、移动和复制等操作。这些操作都可以通过 Word 的编辑功能来快速实现。方法是先选定要编辑的内容，然后通过复制、剪切与粘贴来实现。如果操作失误，可通过左上方快速访问工具栏中的按钮"![撤销]"来撤销该次操作。

（4）文档的快速批量编辑

通过"查找"和"替换"功能来实现对大量数据的重复编辑工作，不但可以作用于具体的文字，也可以作用于格式、特殊字符、通配符等。

【例 3-1】 将文档中所有的"计算机"替换为带有红色双下画线的红色字。

具体步骤为：在功能区"开始"选项卡"编辑"组中单击"替换"命令，出现"查找和替换"对话框，在"查找内容"文本框中输入要查找的内容"计算机"，在"替换为"文本框中输入要替换的内容"计算机"，单击"格式"按钮在对应的"字体"对话框中进行格式设置，界面如图 3-11 所示，最后单击"全部替换"按钮进行批量替换。

图 3-11 "查找和替换"对话框

（5）保存文档

保存文档是一项很重要的工作，在文档的编辑过程中，应当经常性或者周期性地保存文档，以避免突发事件而影响对文档的编辑工作。在 Word 中也可设置文档的自动保存功能，方法是在功能区"文件"选项卡选择"选项"命令，在弹出的"Word 选项"对话框保存选项中设置合适的保存自动恢复时间间隔即可。

保存文档最简单快速的方法是在快速访问工具栏中单击"保存"按钮，Word 2010 文档的默认扩展名为.docx，为便于在 Word 2003 等低版本下通用，可选择保存类型为.doc。电子文档处理中经常遇到不同格式、版本的问题，Word 2010 直接提供将 Word 文档以 PDF 等格式保存的功能，解决了以往利用专门的转换软件进行转换的不便，如图 3-12 所示。

3．Word 文档的格式化和排版

（1）格式刷、样式和模板

为提高文档格式的效率和质量，Word 提供了 3 种工具来实现格式化文档。

① 格式刷![格式刷图标]：单击格式刷可以方便地将选定源文本的格式复制给目标文本，从而实现文本或段落格式快速格式化。双击格式刷后可以将源文本的格式多次复制给其他目标文本，复制多次后再单击"格式刷"工具取消格式复制状态。

② 样式：是已经命名的字符和段落格式，可供直接引用，通过"开始"选项卡的"样式"组来实现。利用样式可以提高文档排版的一致性，尤其适合多人合作编写的文档的情况。通过更改样式可建立个性化的样式。

图 3-12 "另存为"对话框

③ 模板：系统已经设计好的扩展名为.docx 的文档，为文档提供基本框架和一整套样式组合，可在创建新文档时套用，例如信封、贺卡、证书和奖状模板等。

（2）字符和段落排版

在 Word 文档中往往包含一个或多个段落，每个段落都由一个或多个字符构成，这些段落或字符都需要设置固定的外观效果，这就是所谓的格式。文字的格式包括文字的字体、字号、颜色、字形、字符边框或底纹等，而段落的格式包括段落的对齐方式、缩进方式以及段落或行边距、项目符号和编号、边框和底纹等。这些操作可通过图 3-13 所示的"开始"选项卡的"字体"及"段落"组中的相应按钮来实现。

图 3-13 "开始"选项卡的"字体"及"段落"工具组

（3）页面排版

页面排版反映了文档的整体外观和输出效果，包括对整个页面进行设置，如页面大小、页边距、分栏、页面版式布局以及页眉页脚等。

① 页眉和页脚。页眉和页脚是指在每一页顶部和底部加入的信息。这些信息可以是文字或图形形式，内容可以是标题名、日期、页码、单位名、单位徽标等。页眉和页脚的内容还可以是用来生成各种文本的"域代码"（如页码、日期等）。域代码与普通文本不同的是，它在打印时将被当前的最新内容代替。

【例 3-2】 将某一文档页脚设置为第 X 页，共 X 页。

具体步骤为：单击"插入"选项卡，单击页脚选择"编辑页脚"，键入自己想要的格式（如输入"第页，共页"），然后将光标放到"第"和"页"之间，此时将出现"页眉和页脚工具"选项卡（见图 3-14），单击"页眉和页脚工具"选项卡上面的"文档部件"—域，然后在里面选择 page，在右边选择需要的格式即可。用同样的方法可在"共"和"页"之间插入 numberpage。

图 3-14 "页眉和页脚工具"选项卡

② 页面。通过对页面大小、方向和页边距的设置，可以使 Word 2010 文档的正文部分与页面边缘保持比较合适的距离。通过选择图 3-15 所示的"页面布局"选项卡的"页面设置"组右下方的"▣"打开对话框，对话框如图 3-16 所示，有"页边距""纸张""版式""文档网格" 4 个标签。

图 3-15 "页面布局"选项卡　　　　图 3-16 "页面设置"对话框

4. 表格和图文混排

Word 不仅可以编辑文字，还可以插入和处理各种各样的图片、文本框、公式等。图文混排使文档图文并茂，生动形象。

（1）表格的制作

打开"插入"选项卡"表格"下拉列表框，单击相应按钮建立表格，可采用多种方法生成表格，如图 3-17 所示。单击建立好的表格，出现图 3-18 所示的动态"表格工具"选项卡，利用"表格工具"中的"设计"和"布局"选项卡可直接对表格进行编辑，如增加/删除行、列或单元格，设置表格边框和底纹，设置表格样式，对表格内容格式化等。

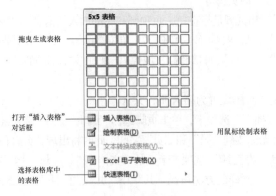

图 3-17 插入表格

图 3-18 "表格工具"选项卡

（2）图片编辑与图形绘制

插入图片和格式化：Word 2010 中新增了针对图形、图片、图表、艺术字、自动形状、文本框等对象的样式设置，样式包括了渐变效果、颜色、边框、形状和底纹等多种效果，可以帮助用户快速设置上述对象的格式。值得一提的是，当鼠标指针悬停在一个图片样式上方时，Word 2010 文档中的图片会即时预览实际效果。对插入的图片进行格式化的效果如图 3-19 所示。

（a）插入原始图

（b）"调整"组艺术效果铅笔素描

（c）柔化边缘椭圆图片样式工具

（d）裁剪形状云形组

图 3-19 格式化效果

绘制图形和格式化：Word 2010 中的自选图形是指用户自行绘制的线条和形状，用户还可以直接使用 Word 2010 提供的线条、箭头、流程图、星星等形状组合成更加复杂的图形。对图形的格式化主要是设置边框线、填充颜色以及添加文字等。对图形编辑很重要的一个工作是将绘制的图形组合成一个整体，当进行移动、复制、剪切、改变大小等操作时，就相当于对单个图形操作。用鼠标配合 Shift 键选中欲组合的图形，用鼠标右键单击，在弹出的快捷菜单中选择"组合"命令即可使之成为整体。

文字图形效果就是将输入的文字以图形方式方法编辑、格式化等处理，如首字下沉、艺术字、公式等。

① 首字下沉：在"插入"选项卡的"文本"组的"首字下沉"下拉列表框中选择首字下沉的形式，这时将插入点所在段落的首字变成图形效果，还可进行字体、位置布局等格式设置。

② 艺术字：在"插入"选项卡"文本"组中单击"艺术字"按钮，在弹出的"艺术字样式"面

板中选择某种样式后,就可进行格式编排和文字录入。

③ 公式:在很多场合,经常需要在文档中输入数学公式、化学方程式等。在"插入"选项卡"符号"组中单击"公式"按钮,在弹出的"公式"面板中选择"插入新公式"命令,再配合图 3-20 所示的公式工具"设计"功能区的"工具"组、"符号"组和"结构"组,完成公式的插入。

图 3-20 "公式工具"选项卡

5. Word 文档的自动化功能

(1)文档目录生成

目录是按照一定次序编排而成的反映文档内容和层次结构的工具。一般编写书籍、论文时都应有目录,利用自动生成的目录可实现快速查找文档内容。只需将鼠标移动到目录中的标题上,按住 Ctrl 键,单击目录即可快速定位到文档的相应内容处。

【例 3-3】 将正文生成目录,并将目录和正文以两种页码形式格式排版。

具体步骤为:首先利用"开始"选项卡"样式"组的标题样式对文档各级标题初始化,自动生成目录默认只能提取"标题 1~3"。插入点定位到正文前,选择"页面布局"选项卡的"页面设置"组的"分隔符"下拉列表框中的"下一页"选项,将文档分成两个节,设置不同页码格式,目录的页码格式为罗马字母Ⅰ、Ⅱ、Ⅲ等,正文页码格式为 1、2、3 等。这两个节的起始页码都从 1 开始。

(2)邮件合并

为了提高工作效率,Word 2010"邮件合并向导"用于帮助用户在文档中完成信函、电子邮件、信封、标签等的邮件合并工作。

【例 3-4】 生成江苏理工学院录取通知书。

具体步骤为:首先在主文档"邮件"选项卡的"开始邮件合并"组选择"选择收件人"下拉列表框,再选择"使用现有列表"选项,打开之前建立的数据源文件。然后光标定位到要插入数据源的位置,选择"编写和插入域"组的"插入合并域"下拉列表中的所需字段名插入到主文档,效果如图 3-21 所示。最后选择"完成合并文档"下拉列表的选项形成合并文档,如图 3-22 所示。

图 3-21 邮件合并插入合并域

图 3-22 邮件合并完成

3.2.2 电子表格

Excel 2010 的功能非常强大,主要用于进行各种数据的处理、统计分析和辅助决策操作,广泛地应用于管理、统计、金融等众多领域。Excel 中有大量的公式函数可以应用选择，可以实现许多方便的功能，给使用者方便。本节将重点介绍 Excel 2010 的操作方法。

1. Excel 的窗口组成

Excel 2010 的工作界面是由快速访问工具栏、标题栏、功能选项卡和功能区、名称框、编辑栏、行号、列号、工作表标签、滚动条、状态栏等组成，如图 3-23 所示。

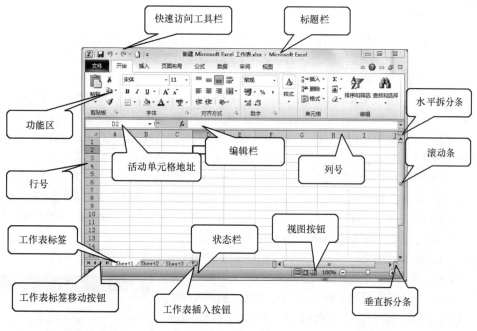

图 3-23　Excel 2010 窗口界面

Excel 几个基本概念如下。

（1）工作簿

工作簿用来存储并处理数据，一个 Excel 文件称为一个工作簿，以 xlsx 为扩展名保存。一个工作簿中最多包含 255 个工作表，在 Excel 新建的工作簿中，默认包含 3 个工作表，名字分别是"Sheet1""Sheet2""Sheet3"。

（2）工作表

Excel 窗口的主体为工作表，由若干行和列组成，行号和列号交叉的方框称为单元格。一个工作表最多有 65 536 行和 256 列，行号依次 1、2、3…65 536，列号依次 A、B、C…Y、Z、AA、AB…IV。

（3）单元格

工作表中行列交叉处的方格称为单元格。每个单元格用行号和列号来标识，如 B3，E8 等，B3: E8 表示一个由单元格组成的矩形区域，该区域的左上角为 B3 单元格，右下角为 E8 单元格。为了表示不同工作表的单元格，可在地址前加工作表名称，例 Sheet1! B3 表示 Sheet1 工作表的 B3 单元格。

（4）活动单元格

活动单元格是指目前正在操作的单元格，由黑框框住。此时可对该单元格进行输入、修改或删除等操作。在活动单元格的右下角有一个小黑方块，称为填充柄，利用该填充柄可以填充某个单元格区域的内容。

（5）编辑栏

对单元格内容进行输入、查看和修改使用。

2. Excel 表格的基本操作

（1）工作表的基本操作

默认情况下，一个新工作簿中只包含 3 个工作表，对工作表的管理通过左下角标签进行，单击标签可选择工作表，用鼠标右键单击标签，在弹出的快捷菜单中，可对工作表进行更名、添加、删除、移动、复制等操作。插入工作表时也可单击工作表标签右侧的"工作表插入"按钮，或按 Shift+F11 组合键。

（2）输入数据

在 Excel 中，单元格中存放的数据主要有 3 种类型：日期、数值和文本。输入方式如下。

① 日期型：输入日期时可采用多种格式，最简单的输入方法是遵循默认格式：yyyy-mm-dd，也可用"/"分隔。按 Ctrl+;可输入当前系统日期。

② 数值型：数值型数据是最常见、最重要的数据类型，Excel 2010 强大的数据处理功能离不开数值数据，当输入的数据太长时，在单元格中自动以科学计数法显示，如若输入 123456789，则以 1.23E+08 显示。在编辑栏中可以看到原始输入的数据。特殊数值数据输入如下。分数：0□分子/分母，如 0□1/2（□表示空格）。百分数：50%或者%50。负数：–3 或者（3）。

③ 文本型：文本型数据不能进行算术运算，系统默认对齐方式是单元格左对齐。例如，学号、身份证号等，在输入数字前加单引号，如在单元格输入'09141410，则显示为文本型数据 09141410。当输入文字长度超出单元格宽度时，如果右边单元格无内容，则扩展到右边列，否则将截断显示。如需输入多行文本，可按 Alter+Enter 组合键在单元格内换行。

（3）数据的自动填充

在 Excel 中，对于某些有规律的数据序列可采用自动填充技术，自动将数据填充到指定的单元格中，可大大提高数据的录入效率。在同一行或列中填充数据，只需选中包含填充数据的两个单元格，按住右下方的+填充柄往下拖曳，系统默认等差方式填充，也可在"开始"选项卡"编辑"组单击"填充"按钮旁的倒三角按钮，打开图 3-24 所示的"序列"对话框，然后在"预测趋势""步长值""终止值"等选项中进行选择，单击"确认"按钮即可。

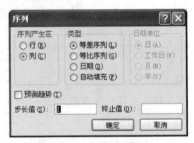

图 3-24 "序列"对话框

（4）表格的格式设置

使用 Excel 创建工作表后，还可以对工作表进行格式化操作，主要有对表格设置边框线、底纹、数据显示方式、对齐等，使其更加美观。

设置单元格格式：选定要格式化的区域，用鼠标右键单击，在弹出的快捷菜单中选择"设置单元格格式"选项，打开"设置单元格格式"对话框进行设置，也可直接在"开始"选项卡的"字体""数字""设置单元格格式"等组中单击相应按钮实现。

设置行高和列宽：在向单元格输入数据时，经常会在单元格显示一串"#"符号，而在编辑栏中却能看见对应单元格的数据。其原因是单元格的宽度和高度不够，此时把鼠标移到两列号中间，当鼠标指针变成双向箭头时，双击鼠标左键，左边那列立即调整到最合适的列宽。也可在"开始"选项卡的"单元格"分组中单击格式命令打开下拉菜单进行行高和列宽设置。

设置条件格式：条件格式功能可以根据指定的条件来确定搜索条件，然后将格式应用到符合搜索条件的选定单元格中，并突出显示要检查的动态数据。也可通过单击"开始"选项卡的"样式"分组，选择"条件格式"按钮来实现。

自动套用表格样式：Excel 提供许多预定义的表格格式，可以快速地格式化整个表格。这可通过"开始"选项卡的"样式"分组，选择"套用表格格式"按钮来实现。

3．Excel 表格公式和函数的使用

Excel 的强大功能体现在计算上，分析和处理 Excel 工作表中的数据离不开公式和函数。利用公式和函数可以对表中数据进行总计、平均以及更为复杂的运算。

（1）公式

Excel 一般在编辑栏输入公式，公式必须以“=”开头，由圆括号、运算符、数据、单元格地址、区域名称和 Excel 函数组成的式子。Excel 2010 中包含了 4 种运算符，如表 3-1 所示。

表 3-1　运算符

运算符名称	符号及说明
算术运算符	-（负号）、%（百分号）、^（乘方）、*（乘）、/（除）、+（加）、-（减）
文本运算符	&（字符串连接）
比较运算符	=、>=、<=、<、>
逻辑运算符	NOT（逻辑非）、AND（逻辑与）、OR（逻辑或）

当多个运算符同时出现在公式中时，运算符优先级从高到低依次为：算术运算符、文本运算符、比较运算符、逻辑运算符。算术运算符内部优先级从高到低依次为：负号、百分号和乘方、乘除、加减。关系运算符优先级相同。逻辑运算符优先级从高到低依次为：逻辑非、逻辑与、逻辑或。公式中也可增加圆括号改变运算的优先次序。

【例 3-5】 图 3-25 所示为销售报表，按“销售额=单价*销售量”的公式计算每一行中的销售额。

在编辑栏对第一个要计算销售额的单元格输入计算公式，其余销售额的计算只要利用填充柄快速完成即可。

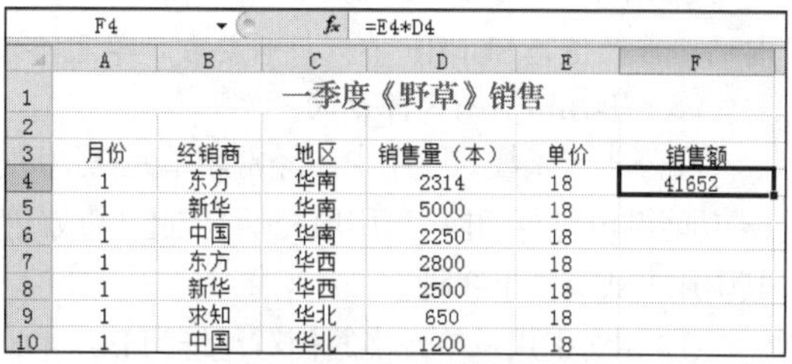

F4　=E4*D4

	A	B	C	D	E	F
1	一季度《野草》销售					
2						
3	月份	经销商	地区	销售量（本）	单价	销售额
4	1	东方	华南	2314	18	41652
5	1	新华	华南	5000	18	
6	1	中国	华南	2250	18	
7	1	东方	华西	2800	18	
8	1	新华	华西	2500	18	
9	1	求知	华北	650	18	
10	1	中国	华北	1200	18	

图 3-25　公式计算效果

（2）函数

Excel 提供了丰富的函数，包括账务函数、日期与时间函数、数量与三角函数、统计函数、查找与引用函数、数据库函数、文本函数、逻辑函数、信息函数和工程函数 10 大类。

函数的语法形式为

函数名称(参数 1,参数 2,…)

其中参数可以是常量、单元格、地址、区域、公式或其他函数。

表 3-2 所示为常用函数，图 3-26 所示为原始数据及举例结果（有底纹的为结果）。

表 3-2　常用函数

函数形式	函数功能	举例
AVERAGE（参数列表）	求参数列表的平均值	=AVERAGE(F3:F12)
SUM（参数列表）	求参数列表数值和	=SUM(F3:F12)
SUMIF（参数列表，条件）	求参数列表中满足条件的数值和	=SUMIF(F3:F12,">80")
COUNT（参数列表）	求参数列表中数值的个数	=COUNT(F3:F12)
COUNTIF（参数列表，条件）	求参数列表中满足条件的数值个数	=COUNTIF(F3:F12,">" & C15)
MAX（参数列表）	求参数列表中最大的数值	=MAX(F3:F12)
MIN（参数列表）	求参数列表中最小的数值	=MIN(F3:F12)
RANK（数值，参数列表）	数值在参数列表中的排序名次	=RANK(F3,$F$3:$F$12)
IF（条件，结果 1，结果 2）	指定条件判断，返回相对应的结果	=IF(F3>=60,"合格","不合格")

对于简单、常用的函数不难使用，但有时会用到几个函数的嵌套，即函数的参数又引用子函数。

计算机考试成绩表

学号	系科	姓名	性别	考试成绩	等级	名次	奖励
121014	政法系	李远岱	男	78	合格	2	无
121028	金融系	张文东	男	60	合格	5	无
121032	金融系	吴力	男	60	合格	5	无
121035	政法系	李四根	男	67	合格	4	无
121036	金融系	李伟	女	50	不合格	8	无
121040	金融系	张国杰	女	45	不合格	9	无
121044	外贸系	辛建楠	女	91	合格	1	有
122006	动力系	吴宁生	男	56	不合格	7	无
122011	建筑系	孙祥吉	女	67.5	合格	3	无
122015	建筑系	肖鹏举	男	45	不合格	9	无
最高分	91						
最低分	45						
平均分	61.95						
人数	10						
高于平均分人数	4						
总分	619.5						
高于80分的总分	91						

图 3-26　函数计算效果

【例 3-6】 求奖励，要求考试成绩 90 分以上（包括 90 分），并且名次为前 3 名（包括第 3 名）的同学有奖励。

求解公式如下：=IF(AND(F3>=90,H3<=3),"有","无")。

说明：① 参数列表一般为单元格区域。② SUMIF 和 COUNTIF 中的条件是一对英文双引号引起的，常数值见 SUMIF 举例，若要表示单元格值，则要加&连接符号，见 COUNTIF 举例。

（3）单元格引用 3 种方式

在公式或函数的使用中，经常用单元格地址引用单元格中的数据，在编辑栏选中单元格后，按 F4 功能键可进行切换。当用填充柄复制公式或函数时，就涉及复制后的单元格地址是不是发生变化，其引用方式有如下 3 种。

① 相对引用：单元格的相对地址为 B3、D8、B3:D8 等形式，相对引用是当公式在复制、移动时根据移动的位置自动调节公式中引用单元格的地址。

② 绝对引用：绝对地址为 $B$3、$D$8 等形式。绝对引用是当公式在复制、移动时不会根据移动的位置自动调节公式中引用单元格的地址。

③ 混合引用：混合引用是指单元格地址的行号或列号前加上$符号，如$B3、D$8 等。混合引用是当公式在复制、移动时是上述两者的结合。

4. Excel 数据的管理

电子表格与其他数据管理软件一样，拥有强大的排序、筛选和汇总等数据管理方面的功能，其操作方便、直观、高效，比一般数据库更胜一筹。

（1）数据排序

以某一个或几个字段为依据，进行由小到大（升序）或由大到小（降序）的重新排列。排序后表格大小不变，只是改变次序。

① 单字段排序。只按一个关键字排序，先单击该栏的任一单元格，再单击"数据"选项卡中"排序和筛选"组中的 ↓升序或 ↓降序按钮。

② 多字段排序。按多个关键字排序，先单击数据区域内任一单元格，再单击"数据"选项卡中"排序和筛选"组的排序按钮打开其对话框，进行所需排序字段的设置。

③ 自定义排序。文字的普通排序是按拼音来排的。如要按特定的序列排，则先要自定义文字序列后，然后才可以排序。打开"文件"选项卡，单击"选项"打开图 3-27 所示的"Excel 选项"对话框，单击高级按钮，在右侧找到"编辑自定义列表"按钮，在"自定义序列"对话框中导入要排序的自定义序列。

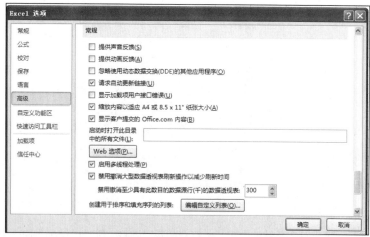

图 3-27　Excel 选项对话框

【例3-7】对销售表按"月份"为第一关键字升序排序，月份相同的按"销售量"为次要关键字降序排序。

先单击数据区域内任一单元格，再单击"数据"选项卡中"排序和筛选"组的排序按钮打开其对话框进行图 3-28 所示的排序设置。排序结果如图 3-29 所示。

【例3-8】　对图 3-29 所示的销售表地区按华东、华南、华西、华北的顺序排列。

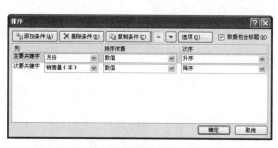

图 3-28　"排序"对话框

一季度《野草》销售

月份	经销商	地区	销售量（本）	单价	销售额
1	新华	华南	5000	￥18.00	￥90,000.00
1	东方	华西	2800	￥18.00	￥50,400.00
1	新华	华西	2500	￥18.00	￥45,000.00
1	东方	华南	2314	￥18.00	￥41,652.00
1	中国	华南	2250	￥18.00	￥40,500.00
1	中国	华北	1200	￥18.00	￥21,600.00
1	求知	华北	650	￥18.00	￥11,700.00
2	新华	华东	5300	￥18.00	￥95,400.00
2	东方	华北	3000	￥18.00	￥54,000.00
2	求知	华西	2860	￥18.00	￥51,480.00
2	东方	华西	1050	￥18.00	￥18,900.00
2	中国	华东	1000	￥18.00	￥18,000.00
3	新华	华北	7900	￥18.00	￥142,200.00
3	中国	华南	4000	￥18.00	￥72,000.00
3	求知	华北	3200	￥18.00	￥57,600.00
3	求知	华东	3000	￥18.00	￥54,000.00
3	东方	华东	1500	￥18.00	￥27,000.00
3	中国	华西	1000	￥18.00	￥18,000.00

图 3-29　例 3-7 排序结果

如图 3-30 所示，首先将华东、华南、华西、华北加入自定义序列，再单击"数据"选项卡中"排序和筛选"组的排序按钮打开其对话框进行图 3-31 所要求的排序设置。排序结果如图 3-32 所示。

图 3-30　"自定义序列"对话框

图 3-31　"排序"对话框

一季度《野草》销售

月份	经销商	地区	销售量（本）	单价	销售额
3	东方	华东	1500	￥18.00	￥27,000.00
3	求知	华东	3000	￥18.00	￥54,000.00
2	新华	华东	5300	￥18.00	￥95,400.00
2	中国	华东	1000	￥18.00	￥18,000.00
1	东方	华南	2314	￥18.00	￥41,652.00
3	求知	华南	4000	￥18.00	￥72,000.00
1	新华	华南	5000	￥18.00	￥90,000.00
1	中国	华南	2250	￥18.00	￥40,500.00
1	东方	华西	2800	￥18.00	￥50,400.00
2	东方	华西	1050	￥18.00	￥18,900.00
2	求知	华西	2860	￥18.00	￥51,480.00
1	新华	华西	2500	￥18.00	￥45,000.00
3	中国	华西	1000	￥18.00	￥18,000.00
2	东方	华北	3000	￥18.00	￥54,000.00
1	求知	华北	650	￥18.00	￥11,700.00
3	新华	华北	7900	￥18.00	￥142,200.00
1	中国	华北	1200	￥18.00	￥21,600.00
3	中国	华北	3200	￥18.00	￥57,600.00

图 3-32　例 3-8 排序结果

（2）数据筛选

依据某些条件，选出符合条件的内容，不符合的暂时隐藏。筛选的结果是原表中的一部分，比原表小。

① 自动筛选。可以筛选一个或多个数据列。先单击数据区域内任一单元格，再单击"数据"选项卡中"排序和筛选"组的"筛选"按钮，数据表处于筛选状态：每个字段旁都有个下拉列表箭头，在所需筛选的字段名下拉列表框中选择所需要的确切值，当自带的筛选条件无法满足时，也可以根据需要打开图 3-33 所示的"自定义筛选方式"对话框。

② 高级筛选。当筛选条件很复杂，自动筛选不能完成任务时，可使用高级筛选。在高级筛选前要先设置条件区域，单击"数据"选项卡中"排序和筛选"组的"高级"按钮，在弹出的高级筛选对话框完成相应设置。

【例 3-9】　在销售表中筛选出华南地区销量在 3 000 以上的记录。

对销售量的筛选设定一定的范围，必须打开图 3-34 所示的自动筛选设置条件，筛选结果如图 3-35 所示。

图 3-33　自动筛选

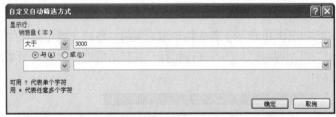

图 3-34　"自定义筛选方式"对话框

月份	经销商	地区	销售量（本）	单价	销售额
3	求知	华南	4000	￥18.00	￥72,000.00
1	新华	华南	5000	￥18.00	￥90,000.00

图 3-35　例 3-9 筛选结果

【例 3-10】　在销售表中筛选出华南地区销量在 3 000 以上，或者华北地区销量在 1 000 以上的记录。

首先设置图 3-36 所示条件的区域，条件区域可以多行多列，同一条件行上的条件之间具有"与"关系，不同条件行上的条件之间具有"或"关系。该条件区域所表达的条件相当于条件表达式：

地区＝"华南"and 销售量>3 000 or 地区＝"华北"and 销售量>1 000。

在高级选项对话框中设置好条件区域、数据区域即可得到图 3-37 所示的筛选结果。

地区	销售量（本）
华南	>3000
华北	>1000

图 3-36 例 3-10 条件设置

月份	经销商	地区	销售量（本）	单价	销售额
1	中国	华北	1200	￥18.00	￥21,600.00
2	东方	华北	3000	￥18.00	￥54,000.00
3	中国	华北	3200	￥18.00	￥57,600.00
3	求知	华南	4000	￥18.00	￥72,000.00
1	新华	华南	5000	￥18.00	￥90,000.00
3	新华	华北	7900	￥18.00	￥142,200.00

图 3-37 例 3-10 筛选结果

（3）分类汇总

分类汇总是指对数据库中指定的字段进行分类，然后统计同一类记录的有关信息。统计的内容可以由用户指定，也可以统计同一类记录的记录条数，还可以对某些数值段求和、求平均值等。要注意的是，在分类汇总前必须对要分类的字段进行排序，否则分类无意义。

【例 3-11】 在销售表中统计出各月销售额合计。

首先按月份排序，然后再单击"数据"选项卡中"分级显示"组的"分类汇总"按钮，在图 3-38 所示的"分类汇总"对话框中按题目要求进行设置即可得到图 3-39 所示的分类汇总结果。

月份	经销商	地区	销售量（本）	单价	销售额
1 汇总					￥300,852.00
2 汇总					￥237,780.00
3 汇总					￥370,800.00
总计					￥909,432.00

图 3-38 "分类汇总"对话框　　　　　　　　图 3-39 分类汇总结果

（4）数据透视表

数据透视表是交互式报表，可以快速合并和比较大量数据。可旋转其行和列以查看源数据的不同汇总，尤其是在要合计较大的列表并对每个数字进行多种比较时，可以使用数据透视表。

【例 3-12】 统计各地区各经销商销售额合计。

数据透视表通过单击"插入"选项卡的"数据透视表"建立按钮来建立，打开"数据透视表"对话框，选择数据列表范围和透视表的放置位置，显示图 3-40 所示"数据透视表字段列表"任务窗格，根据题目要求设置行标签、列标签及数值则完成了透视表的建立。当要对建立的透视表进行修改时，指向透视表并用鼠标右键单击，在弹出的快捷菜单中选择相应的选项即可。

图 3-40 "数据透视表字段列表"任务窗格

5. Excel 数据的图表化

Excel 除了有强大的计算功能外，还可以将处理的数据或统计的结果以各种统计图表的形式显示，这样就能更加形象、直观地反映数据的变化规律和发展趋势。当工作表中的数据源发生变化时，图表中对应项的数据也自动更新。

（1）图表的创建

使用 Excel 2010 提供的图表向导，可以方便、快捷地建立一个标准类型或自定义类型的图表。选择"插入"选项卡，在"图表"分组中选择相应的图表类型。或者单击图表下方的箭头按钮，打开"插入图表"对话框，如图3-41 所示。

（2）图表的编辑

如果已经创建好的图表不符合用户的要求，可以对其进行编辑。如更改图表类型、调整图表位置、在图表中添加和删除系列、设置

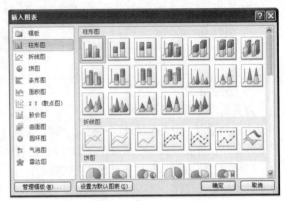

图 3-41 "插入图表"对话框

图表的图案、改变图表字体、改变数值坐标轴的刻度和设置图表中数字的格式等。如图 3-42 所示，在各区域单击鼠标右键，在弹出的快捷菜单中选中相应项进行修改即可。

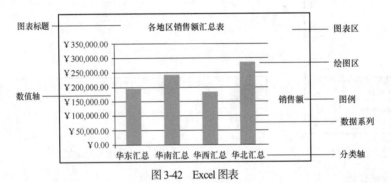

图 3-42 Excel 图表

3.2.3 演示文稿

近几年来，演示文稿软件的运用越来越广泛，教师上课、学生论文答辩、公司介绍产品等都可利用计算机直接展示演讲内容。PowerPoint 和 Word、Excel 等应用软件一样，是微软公司推出的 Office 系列产品之一，是集文字、图形、动画、声音于一体的专门制作演示文稿的多媒体软件，本节将重点介绍 PowerPoint 2010 的操作方法。

1. PowerPoint 窗口组成

PowerPoint 2010 的工作界面是由快速访问工具栏、标题栏、功能选项卡和功能区、幻灯片/大纲浏览窗口、幻灯片窗格、备注窗格、滚动条、状态栏等组成，如图3-43 所示。

2. PowerPoint 基本操作

（1）建立和保存演示文稿

新建 PowerPoint，系统默认建立一个空演示文稿；通过"文件"选项卡下的"新建"命令在"可用模板和主题"列表框中选择"主题"，可建立每张幻灯片风格统一的演示文稿；也可通过"样本模板"预安装的模板来快速创建演示文稿。

保存演示文稿默认扩展名为 pptx，也可通过选择保存扩展名为 ppt，以便在 PowerPoint 2003 中打开。

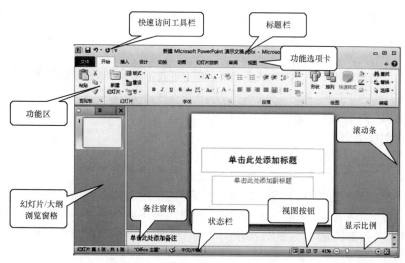

图 3-43　PowerPoint 2010 窗口界面

（2）演示文稿的视图方式

PowerPoint 提供的视图有普通视图、幻灯片浏览、阅读视图和幻灯片放映，这可通过 PowerPoint 界面右下方的视图按钮来切换。

"普通视图"方式下可编辑每张幻灯片的内容和格式化；"幻灯片浏览"方式可同时浏览多张幻灯片，可方便地删除、复制和移动幻灯片；"幻灯片放映"方式可全屏放映幻灯片，观看动画等效果，但不能修改幻灯片；"阅读视图"以窗口的形式来查看演示文稿的放映效果。

（3）演示文稿中对象的插入

在"普通视图"方式下，将鼠标指针定位在左侧的窗格中，按下回车键，可快速插入一张新的空白幻灯片。用户建立的幻灯片除可插入所需的文本、图片、表格等对象外，还可插入 SmartArt 图形、超链接、视频和音频文件等。通过图 3-44 所示的"插入"选项卡，可插入所需要的对象。

图 3-44　"插入"选项卡

（4）演示文稿的播放

选择功能区"幻灯片放映"选项卡，在"开始放映幻灯片"组中单击相应播放按钮即可放映。当选择"自定义放映"时，可选择将某一部分幻灯片当作一个整体进行放映，这个整体就是一个自定义放映方案。也可单击"幻灯片放映"选项卡"设置"组的"设置幻灯片放映"按钮进行幻灯片放映方式设置，即演讲者放映方式、观众自行浏览方式、展台浏览放映方式。

3. PowerPoint 版面设置

（1）设置幻灯片版式

在标题幻灯片下面新建的幻灯片，默认情况下给出的是"标题和文本"版式，用户可以根据需要重新设计版式：选择"开始"选项卡，单击"新建幻灯片"命令，在打开的下拉列表中选择一种版式即可。

（2）使用设计方案

一般新建的演示文稿使用的是黑白幻灯片方案，如果需要使用其他方案，可以通过应用其内置的设计方案来快速添加：选择"设计"选项卡，在功能区中选择一种设计方案，然后单击右侧下拉箭头，在弹出的下拉列表中，根据需要选择应用即可。

（3）设置页眉页脚

每张幻灯片若希望有日期、作者、幻灯片编号等，可通过"插入"选项卡的"文本"组的"页眉和页脚"按钮，打开"页眉和页脚"对话框进行设置，如图3-45所示。

（4）修改幻灯片母版

修改和使用幻灯片母版的主要优点是可以对演示文稿中的每张幻灯片进行统一的样式更改。如希望为每张幻灯片添加上相同的信息（学校的图片），则可以通过"母版"来实现。选择"视图"选项卡，单击"幻灯片母版"按钮，进入"幻灯片母版"编辑状态，插入图片，调整好大小和位置等，单击"关闭母版视图"按钮即可。

图3-45 "页眉和页脚"对话框

4. PowerPoint 动画设计

（1）添加预设动画

预设动画是系统提供的一组基本的设计效果，主要针对标题和正文等。选中对象，选择"动画"选项卡的"动画"级的快翻按钮，按"进入""强调""退出""动作路径"状态和对应子类选择动画，其中"动作路径"选项可以指定动画对象的运动轨迹。

（2）添加自定义动画

自定义动画体现了个性化的动画效果，主要用于幻灯片中插入的图片、表格、艺术字等多种类型的对象。

① 设置动画。利用"动画"选项卡的"高级动画"组的"添加动画"下拉列表，可选择添加动画的效果。

② 编辑动画。选择"动画窗格"选项打开该窗格，在该任务窗格可看到已经设置的动画效果列表，如图3-46所示。通过"计时"命令，可设置计时、触发其他对象的动画，如图3-47所示。

图3-46 "动画窗格"窗格

图3-47 自定义动画触发器设置

习题

一、填空题

1. 按照应用软件的开发方式和适用范围，应用软件可再分为通用应用软件和_____两大类。

2. Windows 中的用户分成标准用户和_____。

3. 当用户按_____键时，系统弹出"Windows 任务管理器"对话框。

4. Windows 中，虚拟内存对应的页面文件_____。

5. 在 Excel 中，对数据列表进行分类汇总前必须先对作为分类依据的字段进行_____操作。

6. 要停止正在放映的幻灯片，只要按_____键即可。

7. 文件的路径分为绝对路径和_____。

8. 已经获得了除 CPU 之外的所有资源，做好了运行准备的进程处于_____状态。

二、选择题

1. 下列关于进程的说法中，正确的是_____。

    A. 进程就是程序

    B. 正在 CPU 运行的进程处于就绪状态

    C. 处于挂起状态的进程因发生了某个事件后（需要的资源满足了）就转换为就绪状态

    D. 进程是一个静态的概念，程序是一个动态的概念

2. 在 Windows 中，各应用程序之间的信息交换是通过_____进行的。

    A. 记事本　　　　　B. 剪贴板　　　　　C. 画图　　　　　D. 写字板

3. 下列关于文件的说法中，正确的是_____。

    A. 在文件系统的管理下，用户可以按照文件名访问文件

    B. 文件的扩展名最多只能有 3 个字符

    C. Windows 中，具有隐藏属性的文件一定是不可见的

    D. Windows 中，具有只读属性的文件不可以删除

4. 操作系统是现代计算机系统不可缺少的组成部分，操作系统负责管理计算机的_____。

    A. 程序　　　　　B. 功能　　　　　C. 资源　　　　　D. 进程

5. 在 Word 中，有关表格的操作，以下说法_____是不正确的。

    A. 文本能转换成表格　　　　　　　B. 表格能转换成文本

    C. 文本与表格可以相互转换　　　　D. 文本与表格不能相互转换

6. 在 Excel 工作表中，_____是单元格的混合引用。

    A. E10　　　　　B. $E$10　　　　　C. E$10　　　　　D. 以上都不是

7. 对 Excel 中的数据表要显示出满足给定条件的数据，_____方法最合适。

    A. 排序　　　　　B. 筛选　　　　　C. 分类汇总　　　　　D. 有效数据

8. 在当前演示文稿中要新增一张幻灯片，采取_____方式。

    A. 选择"文件"选项卡的"新建"命令

    B. 单击"开始"选项卡的"复制"和"粘贴"按钮

    C. 单击"开始"选项卡的"新建幻灯片"按钮

    D. 以上都不可以

9. 下面关于系统软件的叙述中，错误的是_____。

    A. 操作系统与计算机硬件有关

    B. 在通用计算机系统中系统软件几乎是必不可少的

    C. 数据库管理系统是系统软件之一

    D. 操作系统安装时附带的应用程序都是系统软件

10. 以下所列软件中_____是一种操作系统。

    A. WPS　　　　　B. Excel　　　　　C. PowerPoint　　　　D. UNIX

11. 下列软件中，全都属于应用软件的是_____。

    A. WPS、Excel、AutoCAD　　　　　　B. Windows XP、QQ、Word

    C. Photoshop、Linux、Word　　　　　D. UNIX、WPS、PowerPoint

12. 操作系统具有存储器管理功能，它可以自动"扩充"内存容量，为用户提供一个容量比实际内存大得多的_____。

    A. 虚拟存储器   B. 脱机缓冲存储器

    C. 高速缓冲存储器（Cache）   D. 离线后备存储器

13. 下列有关操作系统作用的叙述中，正确的是_____。

    A. 有效地管理计算机系统的资源是操作系统的主要任务之一

    B. 操作系统只能管理计算机系统中的软件资源，不能管理硬件资源

    C. 操作系统运行时总是全部驻留在主存储器内

    D. 在计算机上开发和运行应用程序与操作系统无关

14. 以下关于中文 Windows 文件管理的叙述中，错误的是_____。

    A. 文件夹的名字可以用英文或中文

    B. 文件的属性若是"系统"，则表示该文件与操作系统有关

    C. 根文件夹（根目录）中只能存放文件夹，不能存放文件

    D. 子文件夹中既可以存放文件，也可以存放文件夹，从而构成树型的目录结构

15. 在 Windows 系统中，运行下面的程序_____可以了解系统中有哪些任务正在运行，分别处于什么状态，CPU 的使用率是多少等有关信息。

    A. 媒体播放器   B. 任务管理器   C. 设备管理器   D. 控制面板

16. Word 的查找和替换功能很强，不属于其中之一的是_____。

    A. 能够查找和替换带格式或样式的文本

    B. 能够查找图形对象

    C. 能够用通配字符进行快速、复杂的查找和替换

    D. 能够查找和替换文本中的格式

17. 如果某单元格显示为若干个"#"号（如########），这表示_____。

    A. 公式错误   B. 数据错误   C. 行高不够   D. 列宽不够

18. 要在当前工作表（Sheet1）的 A2 单元格中引用另一个工作表（如 Sheet4）中 A2～A7 单元格的和，则在当前工作表的 A2 单元格输入的表达式应为_____。

    A. =SUM(Sheet4!A2:A7)   B. =SUM(A2:Sheet4!A7)

    C. =SUM((Sheet4)A2:A7)   D. =SUM((Sheet4)A2:(Sheet4）A7)

第4章

计算机网络技术与应用

    信息化社会的基础是由计算机互联所组成的信息网络。如果说，21世纪是一个信息化的社会，那么同时它也是一个计算机网络的社会。网络技术在计算机科学技术中占有重要的地位。本章的重点是介绍网络及 Internet 的基本原理和 Internet 上最广泛的应用。

4.1　计算机网络基础

4.1.1　计算机网络概述

1. 网络的定义

    计算机网络是将分散在不同地点且具有独立功能的多个计算机系统，利用通信设备和线路相互连接起来，在网络协议和软件的支持下进行数据通信，实现资源共享和透明服务的计算机系统的集合。

    图 4-1 所示为一个简单的计算机网络，它将若干台计算机、打印机和其他外部设备互联成一个整体。连接在网络中的计算机、外部设备、通信控制设备等称为网络节点。

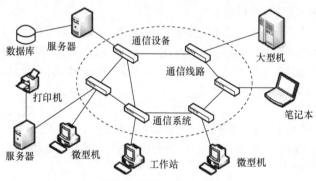

图4-1　计算机网络示意图

2. 网络的发展

    计算机网络出现于 20 世纪 50 年代，历史虽然不长，但发展速度很快。到目前为止，已经经历了一个从简单到复杂、从低级到高级的发展过程。其发展可分为以下 3 个阶段。

    （1）第一代——面向终端的计算机网络

    20 世纪五六十年代，由于计算机价格贵、数量少，为了解决"人多机少"的矛盾，人们想出了多人共用一台计算机的方法，将一台主计算机通过通信线路与若干台终端相连，远程终端可通过电话线相连，为了节省通信线路，在终端集中的地方可增加一个集中器，由集中器动态分配线路资源。终端只有显示器和键盘，没有 CPU、内存和硬盘，不能进行数据处理，由于主机速度很快、时间片很短，用户使用终端时，感觉就像在使用一台独立的计算机一样。

（2）第二代——以分组交换网为中心的计算机网络

20世纪七八十年代，随着计算机应用的普及，一些部门和单位常常拥有多台计算机，由于分布在不同的地点，它们之间经常需要进行信息交流，因此人们利用现有的电话交换系统将分布在不同地点的计算机通过通信线路连接起来。

（3）第三代——体系结构标准化的计算机网络

20世纪八九十年代，随着计算机网络的发展，各大计算机生产厂家纷纷开始民用工业计算机网络产品的研制和开发，同时也提出了各自的网络体系结构和网络协议。网络协议是指网络能够有条不紊地交换数据，就必须遵守的一些事先约定好的规则，类似于汽车在公路上行驶要遵守交通规则一样，网络协议就是为进行网络中的数据交换而建立起来的规则、标准或约定。

为了便于网络的实现和维护，通常将复杂问题划分为若干层来实现，每层解决部分小问题，并且为每一层问题的解决设计一个单独的协议，各层协议之间高效率地相互作用，协同解决整个通信问题。

3．网络的功能

计算机网络功能很多，其中最重要的有4个功能：数据通信、资源共享、分布式处理、提高计算机的可靠性和可用性。

（1）数据通信

通信是网络最基本的功能之一，用来实现计算机与计算机之间的信息传递，使分散在不同地点的计算机或者用户可以方便地交流，也可以实现相互之间的协同工作。

（2）资源共享

资源共享是网络最主要的功能，它包括硬件、软件和数据的共享等，可以将这些数据存储在一个数据库服务器中，各部门根据不同的权限访问这些数据。

（3）分布式处理

分布式处理也是计算机网络提供的基本功能之一，所谓分布式处理是指将一个比较大的任务分解成若干个相对独立的小任务由不同的计算机来处理。

（4）提高计算机的可靠性和可用性

计算机网络中的各台计算机可以通过网络互为后备机。设置了后备机，一旦某台计算机出现故障，网络中其他计算机可代为继续执行。这样可以避免整个系统瘫痪，从而提高了计算机的可靠性。如果网络中某台计算机任务太重，网络可以将该机上的部分任务转交给其他较空闲的计算机，以均衡计算机负载，提高网络中计算机的可用性。

4．网络的分类

计算机网络的种类较多，根据不同的标准可有不同的分类方法。按传输介质可以分为光纤网、双绞线网等；按照通信协议可以分为总线网、令牌环网等；最常用的是按照网络覆盖范围将其分为局域网、城域网和广域网。

（1）局域网

局域网（Local Area Network，LAN）是将较小地理区域内的计算机或数据终端设备连接在一起的通信网络。局域网覆盖的地理范围比较小，一般在几十米到几千米之间。它常用于组建一个办公室、一栋楼、一个楼群、一个校园或一个企业的计算机网络。局域网可以由一个建筑物内或相邻建筑物的几百台至上千台计算机组成，也可以小到连接一个房间内的几台计算机、打印机和其他设备。局域网主要用于实现短距离的资源共享。图4-2所示

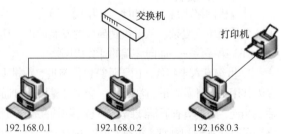

图4-2　由3台计算机组成的星形结构局域网

为一个由几台计算机和打印机组成的典型局域网。

（2）城域网

城域网（Metropolitan Area Network，MAN）是一种较大型的网络系统，它的覆盖范围介于局域网和广域网之间，一般为几千米至几十千米，通常为一个城市和地区，它将位于一个城市之内不同地点的多个计算机局域网连接起来实现资源共享。图4-3所示为不同建筑物内的局域网组成的城域网。

（3）广域网

广域网（Wide Area Network，WAN）是大型、跨地域的网络系统，其覆盖范围可达上千公里甚至全球，如国际互联网Internet。由于远距离数据传输的带宽有限，因此广域网的数据传输速率比局域网要慢得多。图4-4所示为一个简单的广域网。

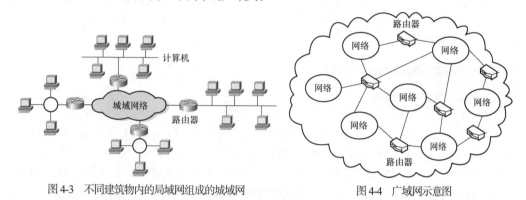

图4-3　不同建筑物内的局域网组成的城域网　　　图4-4　广域网示意图

5. 网络传输介质

传输介质是通信网络中发送方和接收方之间的物理通路，分为有线介质和无线介质。目前常用的介质有如下几种。

（1）双绞线

双绞线（Twisted Pair，TP）是最常用的一种传输介质，它由两条具有绝缘保护层的铜导线相互绞合而成。一对双绞线形成一条通信链路。在双绞线中可传输模拟信号和数字信号。

双绞线电缆的优点是：价格便宜，能适应当前更快的网络传输速率，可以应用于多种不同的拓扑结构中（最常见的是应用于星形拓扑结构中）。双绞线电缆的缺点是传输距离小于100m。

双绞线电缆按特性可分为两类——屏蔽双绞线（Shielded Twisted Pair，STP）和非屏蔽双绞线（Unshielded Twisted Pair，UTP），如图4-5所示。

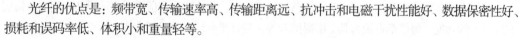

图4-5　双绞线

（2）光纤

光导纤维（Optical Fiber，OF）是目前发展迅速、应用广泛的传输介质。它是一种能够传输光束的、细而柔软的通信媒体。光纤通常是由石英玻璃拉成细丝，由纤芯和包层构成的双层通信圆柱体，中心部分为纤芯。

光纤的优点是：频带宽、传输速率高、传输距离远、抗冲击和电磁干扰性能好、数据保密性好、损耗和误码率低、体积小和重量轻等。

因为光纤本身脆弱，易断裂，直接与外界接触易产生接触伤痕，甚至易被折断。因此在实际通信线路中，一般都是把多根光纤组合在一起形成不同结构形式的光缆，如图4-6所示。

（3）无线介质

无线传输介质，简称无线（自由或无形）介质或空间介质。无线传输介质是指在两个通信设备之间不使用任何直接的物理连接线路。无线传输介质通过空间进行信号传输。当通信设备之间由于存在物理障碍而不能使用有线传输介质时，可以考虑使用无线介质。

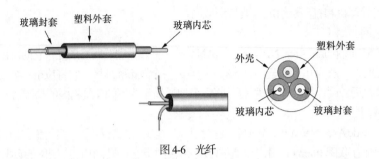

图 4-6　光纤

根据电磁波的频率，无线传输系统大致分为广播通信系统、地面微波通信系统、卫星微波通信系统和红外线通信系统。因此，对应的无线介质是无线电波（30MHz~1GHz）、微波（300MHz~300GHz）、红外线和激光等。

4.1.2　网络体系结构和网络拓扑结构

1．计算机网络体系结构

1974 年，IBM 公司公布了世界上第一个计算机网络体系结构（System Network Architecture，SNA），凡是遵循 SNA 的网络设备都可以很方便地进行互连。1977 年 3 月，国际标准化组织（International Organization for Standardization，ISO）的技术委员会 TC97 成立了一个新的技术分委会 SC16 专门研究"开放系统互连"，并于 1983 年提出了开放系统互连参考模型，即 ISO7498 国际标准（我国相应的国家标准是 GB 9387），记为 OSI/RM。在 OSI 参考模型中采用了三级抽象——参考模型（即体系结构）、服务定义和协议规范（即协议规格说明），自上而下逐步求精。OSI/RM 并不是一般的工业标准，而是一个为制定标准用的概念性框架。

经过各国专家的反复研究，在 OSI/RM 参考模型中采用了表 4-1 所示的 7 个层次的体系结构。

表 4-1　OSI/RM 7 层参考模型

层号	名称	主要功能简介
7	应用层	作为与用户应用进程的接口，负责用户信息的语义表示，并在两个通信者之间进行语义匹配，它不仅要提供应用进程所需要的信息交换和远地操作，还要作为互相作用的应用进程的用户代理来完成一些为进行语义上有意义的信息交换所必需的功能
6	表示层	对源站点内部的数据结构进行编码，形成适合于传输的比特流，到了目的站再进行解码，转换成用户所要求的格式并进行解码，同时保持数据的意义不变。主要用于数据格式转换
5	会话层	提供一个面向用户的连接服务，它给合作的会话用户之间的对话和活动提供组织和同步所必需的手段，以便对数据的传输提供控制和管理，主要用于会话的管理和数据传输的同步
4	传输层	从端到端经网络透明地传送报文，完成端到端通信链路的建立、维护和管理
3	网络层	分组传送、路由选择和流量控制，主要用于实现端到端通信系统中中间节点的路由选择
2	数据链路层	通过一些数据链路层协议和链路控制规程，在不太可靠的物理链路上实现可靠的数据传输
1	物理层	实现相邻计算机节点之间比特数据流的透明传送，尽可能屏蔽掉具体传输介质和物理设备的差异

它们由低到高分别是物理层、数据链路层、网络层、传输层、会话层、表示层和应用层。每层完成一定的功能，每层都直接为其上层提供服务，并且所有层次都互相支持。第 4 层到第 7 层主要负责互操作性，而第 1 层到第 3 层则用于创造两个网络设备间的物理连接。

OSI/RM 参考模型对各个层次的划分遵循下列原则。

① 网络中各节点都有相同的层次，相同的层次具有同样的功能。

② 同一节点内相邻层之间通过接口通信。

③ 每一层使用下层提供的服务，并向其上层提供服务。

④ 不同节点的同等层按照协议实现对等层之间的通信。

2．TCP/IP 参考模型

传输控制协议/网际协议（Transmission Control Protocol/Internet Protocol，TCP/IP）使用范围极广，是目前异种网络通信使用的唯一协议体系，适用于连接多种机型，既可用于局域网，又可用于广域网，许多厂商的计算机操作系统和网络操作系统产品都采用或含有 TCP/IP。TCP/IP 已成为目前事实上的国际标准和工业标准。TCP/IP 也是一个分层的网络协议，不过它与 OSI 参考模型所分的层次有所不同。TCP/IP 从底至顶分为网络接口层、网际层、传输层、应用层共 4 个层次，各层功能如下。

（1）网络接口层

网络接口层是 TCP/IP 的最底层，包括有多种逻辑链路控制和媒体访问协议。网络接口层的功能是接收 IP 数据报并通过特定的网络进行传输，或从网络上接收物理帧，抽取出 IP 数据报并转交给网际层。

（2）网际层（IP 层）

网际层包括以下协议：IP、因特网控制报文协议（Internet Control Message Protocol，ICMP）、地址解析协议（Address Resolution Protocol，ARP）、反向地址解析协议（Reverse Address Resolution Protocol，RARP）。该层负责相同或不同网络中计算机之间的通信，主要处理数据报和路由。在 IP 层中，ARP 用于将 IP 地址转换成物理地址，RARP 用于将物理地址转换成 IP 地址，ICMP 用于报告差错和传送控制信息。IP 在 TCP/IP 中处于核心地位。

（3）传输层

传输层提供传输控制协议（Trasmission Control Protocol，TCP）和用户数据报协议（Use Datagram Protocol，UDP）两个协议，它们都建立在 IP 的基础上，其中，TCP 提供可靠的面向连接服务，UDP 提供简单的无连接服务。传输层提供端到端，即应用程序之间的通信，主要功能是数据格式化、数据确认和丢失重传等。

（4）应用层

TCP/IP 的应用层相当于 OSI 参考模型的会话层、表示层和应用层，它向用户提供一组常用的应用层协议，其中包括 Telnet、SMTP、DNS 等。此外，在应用层中还包含用户应用程序，它们均是建立在 TCP/IP 之上的专用程序。

OSI 参考模型与 TCP/IP 都采用了分层结构，都是基于独立的协议栈的概念。OSI 参考模型有 7 层，而 TCP/IP 只有 4 层，即 TCP/IP 没有表示层和会话层，并且把数据链路层和物理层合并为网络接口层。

3．网络拓扑结构

拓扑结构就是网络设备及电缆的物理连接形式。如果不考虑网络的实际地理位置，把网络中的计算机看作一个节点，把通信线路看作一根直接连线，这就抽象出计算机网络的拓扑结构。最常用的网络拓扑一般分为总线型、星形、环形、树形和网状 5 种类型，如图 4-7 和图 4-8 所示。

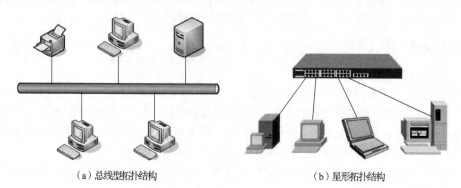

（a）总线型拓扑结构　　　　　　　　　　　（b）星形拓扑结构

图4-7　局域网的拓扑结构（1）

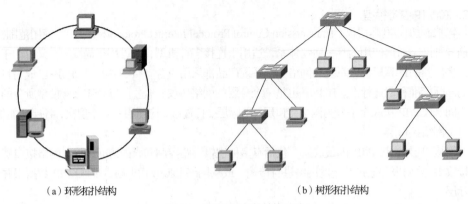

（a）环形拓扑结构　　　　　　　　　　　　　（b）树形拓扑结构

图4-8　局域网的拓扑结构（2）

（1）总线型

所有节点都连到一条主干电缆上，这条主干电缆通称为总线（Bus）。总线型结构的优点是电缆连接简单、易于安装，成本低。缺点是故障诊断困难，特别是总线上的任何一个故障都将引起整个网络瘫痪。目前单纯总线型网络的应用已比较少见。

（2）星形

以一台设备，通常是集线器（Hub）或者交换机（Switch）作为中央节点，其他外围节点都单独连接在中央节点上，各外围节点之间不能直接通信，必须通过中央节点接收某个外围节点的信息，再转发给另一个外围节点，若中央节点出现故障，将影响整个网络的工作。星形结构的局域网是目前应用最广泛的局域网络。

（3）环形

各个节点构成一个封闭的环，信息在环中做单向流动，可实现任意两点间的通信，这就是环形结构。环形网络的优点是电缆长度短、成本低，但类似总线型，环中任意一处的故障都会引起网络瘫痪，因而可靠性低。

（4）树形

树形结构是星形结构的一种变形，它是一种分级结构，计算机按层次进行连接。树枝节点通常采用集线器或交换机，叶子节点就是计算机。叶子节点之间的通信需要通过不同层的树枝节点进行。树形结构除具有星形结构的优缺点外，最大的优点就是可扩展性好，当计算机数量较多或者分布较分散时，比较适合采用树形结构。目前树形结构在以太网中应用较多。

（5）网状结构

网状结构中每台计算机至少有两条线路与其他计算机相连，网络中无中心设备，因此也称为无规则型结构。网状结构的优点是可靠性高，因为计算机间路径多，局部的故障不会影响整个网络的正常工作。其缺点是结构复杂、协议复杂、实现困难、不易扩充。

4.1.3　局域网

1. 局域网的特点

20世纪70年代末，随着个人计算机的普及，网络技术和通信技术的发展，局域网迅速发展起来，在计算机网络中占据非常重要的位置。局域网通常是指在一个有限的地理范围内，将有限的通信设备及其他电子设备连接起来的一种计算机网络。局域网的最重要的特点是网络的地理范围和连接设备有限，且大部分由一个单位拥有。除此之外，局域网与广域网相比，有以下特点。

① 范围小，局域网的地理范围由几米到十几千米，通常在一个建筑物内部或距离较近的建筑群中，例如在校园或机关内。

② 速度高，局域网的数据传输速率比广域网要高，一般能达到 10Mbit/s 以上。

③ 误码率低，局域网的误码率一般为 $10^{-10} \sim 10^{-8}$。

④ 协议简单，局域网由于传输距离比较短，传输速率比较高，网络内的流量控制和路由选择比较简单，因此协议也相对简单。

2. 局域网的组成

局域网由网络硬件和网络软件两大部分组成，缺一不可。如果一台计算机没有与另外一台计算机连接就是独立的计算机；如果通过电缆或其他通信介质和一个局域网进行了物理上的连接，那该计算机就成为网络上的一个节点，使用计算机的用户则成为网络用户。

（1）网络硬件

网络硬件主要包括服务器、工作站、网卡、通信介质及网络互联设备等。

① 服务器。为网络提供共享资源并对这些资源进行管理的计算机，一般是专门设计制造的。根据提供的服务的不同，可分为文件服务器、打印服务器及应用服务器等。

文件服务器一般有足够的内存、大容量的硬盘和打印机等，这些资源能为网络用户共享。共享数据或程序文件存储在大容量硬盘里，同完善的文件管理系统对全网进行统一的管理，对工作站提供完善的数据、文件及目录的共享，但它本身不处理程序和数据。

打印服务器是指安装了打印服务程序的服务器或微机。共享打印机可接在文件服务器上专门的打印服务器上。多用户环境下，各个工作站上的用户可直接将打印数据送到文件服务器的打印队列中，再连接该队列的打印服务器，将数据传递到打印机上。

应用服务器是指运行应用程序并将运行结果送到请求工作站的计算机。应用服务器使得服务器与工作站同时使用成为可能，这种系统结构也被称为客户机/服务器（Client、Server）体系结构。

② 工作站（客户机）。用户通过工作站访问服务器中的程序和数据，工作站一般为微型机。工作站具有的各种资源（如硬盘、软件及打印机等）被称为本地资源。而服务器上的应用软件、数据及存放数据的存储空间以及连接在其他计算机上的打印机被称为网络资源。

③ 网卡（NIC）。网卡又叫网络适配器，是计算机连接到网络上的主要硬件。它把计算机上的数据通过网络送出，同时也将网络上的数据接收到计算机中来。网卡一般插在 PC 的扩展槽中，再通过网卡上的电缆接头将计算机接入到网络。

网络上的每个服务器、工作站以及其他网络设备必须有网卡。网卡都有自己的驱动程序，将网络操作系统与网卡的功能结合起来。

④ 通信介质。通信介质是指网络中的数据传输的通道。常用的通信介质主要有两类，一类是有线介质（包括双绞线和光纤）；另一类是无线介质（包括微波、卫星、激光和红外线等）。

⑤ 网络互联设备。网络互联是指采用各种网络互联设备将同一类型的网络或不同类型的网络机器产品相互连接起来，组成地理覆盖范围大、功能更强的网络。常见的网络互联设备主要有中继器、集线器、网桥、交换机、路由器、网关。

中继器是最简单的网络互联设备，主要完成物理层的功能，负责在两个节点的物理层上按位传递信息，完成信号的复制、调整和放大功能，以此来延长网络的长度。它位于 OSI 参考模型中的物理层。

集线器的设计目标主要是优化网络布线结构，简化网络管理，主要功能是对接收到的信号进行再生整形放大，以扩大网络的传输距离，同时把所有节点集中在以它为中心的节点上。

网桥是数据链路层上局域网之间的互联设备。网桥易于实现，但功能简单，在早期网络中使用。

交换机拥有一条很高带宽的背部总线和内部交换矩阵。交换机不像集线器一样每个端口共享带宽，它的每一端口都是独享交换机的一部分总带宽，速率上对于每个端口来说有了根本的保障。

路由器（Router）是互联网的主要节点设备，通过路由决定数据的转发，转发策略称为路由选择。

路由器通常用于节点众多的大型网络环境，它处于 OSI 参考模型的网络层，连接多个网络或网段。

网关是用于高层协议转换的网间互联设备，网关可以互联不同体系结构的网络，例如，局域网和远程网络主机互联、局域网之间互连和局域网与广域网互联。

（2）网络软件

局域网中所用到的软件主要包括以下几类。

① 网络协议软件。支持计算机与相应的局域网相连，支持网络节点间正确有序地进行通信。目前在局域网上常用的网络协议是 TCP/IP。

② 网络操作系统。向网络计算机提供服务的特殊的操作系统。它在计算机操作系统下工作，使计算机操作系统增加了网络操作所需要的能力。网络操作系统是以使网络相关特性最佳为目的，如共享数据文件、软件应用以及共享硬盘、打印机、调制解调器、扫描仪和传真机等，同时还对每个网络设备之间的通信进行管理。目前常用的网络操作系统有 Windows Server 200X、UNIX 和 Linux。

③ 网络应用软件。构建在局域网操作系统之上的应用程序，扩展了网络操作系统的功能。例如浏览网页的工具有微软公司的 Internet Explorer（IE）浏览器、谷歌公司的 Chrome 浏览器，下载文件的工具有迅雷、FlashGet 等。

3．网络互联

通常的网络互联有两种类型：一是将若干个网络相互连接，组成更大的网络，以便在更大的范围内传输数据和共享资源；另一种是在同一个网络内为了扩展网络的传输距离而进行的网络连接。同时在建网方式中，局域网的建网方式有两种，即对等网络和客户/服务器网络。

（1）对等网络

对等网络中没有专门的服务器，各计算机地位平等，可以相互使用其他计算机上的资源，每台计算机既是服务器又是客户机，当把自己的资源共享出去供别人使用时，充当服务器；当访问别人的计算机上的共享资源时充当客户机。对等网的优点是避免了复杂的网络管理，缺点是网络的安全性不高、速度慢。对等网非常适合于小型的、安全性要求不高的场合，例如办公室、网吧、学生宿舍等。

对等网的联网方式非常简单，将几台计算机连接到一台集线器上，并加以适当配置即可。

（2）客户/服务器（C/S）网络

如果联网的计算机数量较多，且网络安全性要求较高时，可在网络中设置做服务器，其他计算机做客户机，将共享资源（如文件、数据等）集中存放在服务器上，服务器上安装有网络操作系统，用于对共享资源进行管理。

服务器可以保证只允许合法用户登录到服务器上，阻止非法用户的登录，且合法用户只能在规定的权限内访问共享资源。

4．局域网技术

局域网中常见的网络类型有：以太网（Ethernet）、令牌环网（Token ring）、光纤分布式数据接口（Fiber Distributed Data Interface，FDDI）网、异步传输模式网（Asychronous Transfer Mode，ATM）等几类。以太网是应用广泛的局域网，包括传统以太网（10Mbit/s）、快速以太网（100Mbit/s）、吉比特以太网（1 000Mbit/s）和十吉比特以太网。

（1）以太网

由于结构简单、速度快、扩展性好，而且成本低廉，以太网技术作为局域网链路层标准战胜了令牌环网、FDDI 等技术，成为局域网事实标准。以太网的基本特征是采用一种称为载波监听多路访问/冲突检测（Carrier Sense Multiple Access/Collision Detection，CSMA/CD）的共享访问方案，即多个工作站都连接在一条总线上，所有的工作站都不断向总线发出监听信号，但在同一时刻只能有一个工作站在总线上进行传输，而其他工作站必须等待其传输结束后再开始自己的传输。以太网的拓扑结构分总线型和星形两种。

① 总线以太网。早期的以太网是总线型拓扑结构的，总线是所有计算机公用的，在同一时间，总线上最多只能容纳一台计算机发送数据，否则会出现冲突，造成传输数据的失败。总线型以太网有如下特点。

数据传输过程中可能会出现冲突。计算机 A 检测到总线为空，将数据发送到总线上，由于信号传输需要一段时间，所以在一定的时间范围内，计算机 D 检测总线也可能为空，并将数据发送到总线上，两个信号在总线上产生碰撞，造成数据传输的失败。

总线以太网的结构简单，但故障率较高。总线上的连接处容易出现故障而导致整个网络瘫痪，因此，总线以太网已被星形以太网所代替。

② 星形以太网。星形以太网是指采用集线器或交换机连接起来的拓扑结构，通过集线器连接起来的以太网也称为共享式以太网，通过交换机连接起来的以太网也称为交换式以太网。

使用集线器构成的星形以太网实质上仍然是总线型，可以看成是将总线密封在集线器中。集线器的每一个端口都具有发送和接收数据的功能。当集线器的每个端口收到计算机发来的数据时，就简单地将数据向所有其他端口转发。和总线以太网一样，连在集线器上的所有计算机，在一个特定的时间最多只能有一台发送，否则，会发生碰撞，这样，我们称连接在集线器上的所有计算机共享一个"碰撞域"。如果联网的计算机数量较多，一台集线器的端口数不够，可以将多台集线器用双绞线连接起来。

交换机和集线器虽然外观相似，但内部原理完全不同。交换机不像集线器那样，无条件地向所有端口转发，而是根据收到的帧中所包含的目的地址来决定是过滤还是转发，且转发时只向指定的端口转发。交换机的价格比集线器贵，一般用于网络速率要求较高的场合。

（2）令牌环网

令牌环网是 IBM 公司于 20 世纪 70 年代发展的，现在这种网络比较少见。令牌环网采用环形结构，数据传输速率为 4Mbit/s 或 16Mbit/s，令牌环网的缺点是控制电路比较复杂。

（3）光纤分布式数据接口（Fiber Distributed Data Interface，FDDI）是由美国国家标准化组织制定的在光缆上发送数字信号的一组协议。FDDI 使用双环令牌，传输速率可以达到 100Mbit/s。由于支持高带宽和远距离通信网络，FDDI 通常用作骨干网。FDDI 使用双环架构，由主环和备用环组成。在正常情况下，主环用于数据传输，备用环闲置。FDDI 性能很好，但是成本很高。

5．无线局域网

无线局域网使用无线电波作为数据传送的媒介，用户通过一个或更多无线接入点（Wireless Access Point，WAP）接入无线局域网。无线局域网是对现在的有线联网方式的很好扩展，在商场、学校、机场等场所逐渐应用起来。

（1）无线局域网的构成

无线局域网采用红外线或者无线电波进行数据通信，能提供有线局域网的所有功能，同时还能按照用户的需要方便地移动或改变网络。目前无线局域网还不能完全脱离有线网络，它只是有线网络的扩展和补充，如图 4-9 所示。

架设无线局域网需要的网络设备主要有如下几种。

① 无线网卡。无线网卡主要分为 PCMCIA、PCI 和 USB 3 种，如图 4-10 所示，PCMCIA 接口的无线网卡主要用于笔记本电脑，PCI 接口无线网卡主要用于台式计算机，USB 接口无线网卡可以用于台式计算机，也可以用于笔记本电脑。

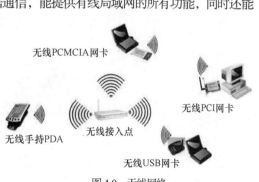

无线PCMCIA网卡

无线PCI网卡

无线接入点

无线手持PDA

无线USB网卡

图4-9　无线网络

（a）PCMCIA 接口网卡

（b）PCI 接口网卡

（c）USB 接口网卡

图 4-10　不同类型的无线网卡

② 无线访问接入点（AP）。无线 AP 没有路由功能，相当于无线集线器，无线 AP 通常只有一个接有线的 RJ45 网口、一个电源接口和几个状态指示灯，如图 4-11 所示。

③ 无线路由器。无线路由器不仅具有 AP 的功能，还具有路由交换功能，还有 DHCP、网络防火墙、网络地址转换（Network Address Traslation，NAT）协议等功能。无线路由器通常有一个 WAN 口用于上联上级网络设备，另外还有若干个 LAN 口可以有线连接内网中的计算机，如图 4-12 所示。

图 4-11　无线 AP

图 4-12　无线路由器

（2）无线局域网的标准

美国电气和电子工程师学会（Institute of Electrical and Electronics Dngineers，IEEE）于 1980 年 2 月成立了局域网标准委员会（简称 IEEE802 委员会），专门从事局域网标准化工作，并制定了一系列标准，统称为 IEEE802 标准，目前常用的无线网络标准主要有 IEEE 所制定的 802.11 系列标准（包括 802.11a、802.11b 以及 802.11g 等标准）和蓝牙（Bluetooth）标准。

（3）无线局域网的组网方式

无线局域网有以下两种组网方式。

① 对等网络。也称为无中心网络或 Ad-hoc 网络，是最简单的无线局域网，如图 4-13 所示。对等网络组建灵活，但无法接入有线网络，只适合用于用户数较少的无线网络。

USB无线网卡

PC无线网卡

笔记本无线网卡

图 4-13　对等无线网络

② 结构化网络可分为"无线 AP+无线网卡"和"无线路由器+无线网卡"两种模式，如图 4-14 所示。后者是目前家庭普遍使用的模式。结构化网络相当于有线局域网中的星形网络，无线 AP 或无线路由器相当于星形网络中的集线器或路由器。

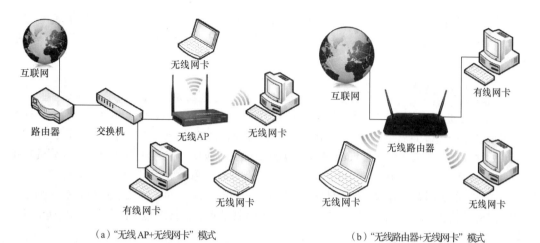

（a）"无线AP+无线网卡"模式　　　　　　　　　　（b）"无线路由器+无线网卡"模式

图4-14　结构化无线网络

4.2　Internet 基础知识

Internet 又叫国际互联网络，中文译名为"因特网"。它是全球最大的计算机网络，是一个由本地局域网、地区范围的城域网及国际区域内的计算机网络组成的集合。

4.2.1　Internet 概述

Internet 源于美国国防部高级研究计划署 1968 年建立的 ARPAnet，它由大大小小不同拓扑结构的网络，通过成千上万个路由器及各种通信线路连接而成。

当今的 Internet 已演变为转变人类工作和生活方式的大众媒体和工具。由于用户量的激增和自身技术的限制，Internet 无法满足高带宽占用型应用的需要，如多媒体实时图像传输、视频点播、远程教学等技术的广泛应用；也无法满足高安全型应用的需要，如电子商务、电子政务等应用。在这样一个背景下，1996 年美国率先发起下一代高速互联网络及其关键技术的研究，其中具有代表性的是 Internet 2 计划，建设了 Abilene，并于 1999 年 1 月开始提供服务。2006 年开始 Internet2 的主干网由 Level3 公司提供，简称 Internet 2 Network。

Internet 2 特点是更大、更快、更安全、更及时、更方便。Internet 2 将逐渐放弃 IPv4，启用 IPv6 地址协议。它与第一代互联网的区别不仅存在于技术层面，也存在于应用层面。例如，目前网络上的远程教育、远程医疗，在一定程度上并不是真正的网络教育或远程医疗。由于网络基础条件的原因，大量还是采用了网上网下结合的方式，对于互动性、实时性极强的课堂教学，还一时难以实现。而远程医疗，更多的只是远程会诊，并不能进行远程的手术，尤其是精细的手术治疗，几乎不可想象。但在下一代互联网上，这些都将成为最普通的应用。

我国从 1994 年正式进入 Internet。通过国内四大骨干网连入 Internet，实现了和 Internet 的 TCP/IP 连接，从而开通了 Internet 的全功能服务。

我国在实施国家信息基础设施计划的同时，也积极参与了国际下一代互联网的研究和建设。1996 年我国开始跟踪和探索下一代互联网的发展；1998 年中国教育和科研计算机网（CERNET）采用隧道技术组建了我国第一个连接国内八大城市的 IPv6 试验床，获得国内第一批 IPv6 地址；2001 年，以 CERNET 为主承担建设了我国第一个下一代互联网北京地区试验网（NSFCNET），首次实现了与国际下一代互联网络 Internet 2 的互联。2002 年，"下一代互联网中日 IPv6 合作项目"启动；2004 年 3 月，我国第一个下一代互联网主干网——CERNET 2 试验网正式宣布开通并提供服务，实现了全国 200 余所高校、全国其他科研院所和研发机构的下一代互联网 IPv6 高速接入，并实现了与国际下一代互联网的 IPv6 连接。目前，CERNET 2 试验网以 2.5～10Gbit/s 的传输速率连接北京、上海、广州等 20 个主要城市的 CERNET 2 核心节点，开始为清华大学、北京大学、上海交通大学等一批高校提供高速 IPv6 服务。

4.2.2 IP 地址与域名

人们为了通信的方便给每一台计算机都事先分配了一个类似我们日常生活中的电话号码一样的标识地址，该标识地址就是 IP 地址。目前，Internet 地址使用的是 IPv4 的 IP 地址，它是由 32 位二进制数（4 字节）组成，而且在 Internet 范围内是唯一的。例如，某台连在 Internet 上的计算机的 IP 地址为：11010010 01001001 10001110 00001010。人们为了方便记忆，就将组成计算机的 IP 地址的 32 位二进制分成 4 段，每段 8 位，段与段之间用圆点隔开，然后将每 8 位二进制转换成十进制数，这样上述计算机的 IP 地址就变成了 210.73.142.10。IP 就是使用这个 IP 地址在主机之间传递信息，这是 Internet 能够运行的基础。

Internet 2 采用 IPv6，其 IP 地址采用 128 位地址长度，几乎可以不受限制地提供地址。按保守方法估算 IPv6 实际可分配的地址，整个地球的每平方米面积上仍可分配 1 000 多个地址，可以确保在可以预见的未来，Internet 不会把地址分配完。

1. IP 地址

网络号	主机号

图 4-15　IP 地址结构

IP 地址分为两部分，网络号码部分与主机号码部分，如图 4-15 所示。为了便于对 IP 地址进行管理，同时还考虑到网络的差异很大，有些网络拥有很多的主机，而有些网络上的主机则很少。因此 IP 地址被分成 A、B、C、D、E 5 类，其中 A 类、B 类和 C 类是分配给一般联网用户或单位使用的基本地址；D 类是组播地址，主要是留给 Internet 体系结构委员会（Internet Architecture Board，IAB）使用；E 类地址是保留地址。

① A 类。网络号为 8 位，第一位为 0，所以第一字节的值为 1～126（0 和 127 有特殊用途），即只能有 126 个网络可获得 A 类地址。主机号为 24 位，一个网络中可以拥有主机 $2^{24}-2=16\ 777\ 214$ 台。A 类地址用于大型网络。

② B 类。网络号 16 位，前两位 10，所以第一字节的值为 128～191（10000000B～10111111B）之间。主机号为 16 位，一个网络可含有 $2^{16}-2=65\ 534$ 台主机。B 类地址用于中型网络。

③ C 类。网络号为 24 位，前 3 位 110，所以第一字节地址范围在 192～223（11000000B～11011111B）之间。主机号为 8 位，一个网络可含有 $2^8-2=254$ 台主机，C 类地址用于主机数量不超过 254 台的小网络。

另外有一些特殊的 IP 地址，如网络地址（主机号均为 0 的地址）、广播地址（主机号均为 1 的地址）、当前网络（以 0 作为网络号的 IP 地址）、本地网广播地址、回送地址等不能分配给某台主机，另外网络号为全 "1" 的 IP 地址、全 "0" 的 IP 地址等也不能分配给主机。

由于地址资源紧张，因而在 A、B、C 类 IP 地址中，按表 4-2 所示的范围保留部分地址，保留的 IP 地址段不能在 Internet 上使用，但可重复地使用在各个局域网内。

表 4-2　保留的 IP 地址段

网络类型	地址段	网络数
A 类网	10.0.0.0～10.255.255.255	1
B 类网	172.16.0.0～172.31.255.255	16
C 类网	192.168.0.0～192.168.255.255	256

2. 子网掩码

在实际应用中，IP 地址的 32 个二进制位所表示的网络数目是有限的，因为每一个网络都需要一个唯一的网络地址来标识。在制订实际方案时，人们常常会遇到一个很少节点数的网络却占据了一个节点数很大的网络地址，容易出现网络地址数目不够用的情况，解决这一问题的有效手段是采用子网寻址技术。所谓"子网"，就是把一个 A 类、B 类、C 类的网络地址，划分成若干个小的网段，这些被划分得更小的网段称为子网，子网号是主机号的前几位。在子网中，为识别其网络地址与主机地址，引出一个新的概念：子网掩码（Subnet Mask）。

子网掩码和 IP 地址相似，也是一个 32 位二进制串。如果一个 IP 地址的前 n 位为网络地址，则其对应的子网掩码的前 n 位就为 1，后 32-n 位对应 IP 地址中的主机地址部分就为 0。因此，通过子网掩码就可以判断 IP 地址中真正的网络地址部分和主机地址部分。

在校园网中设置一台主机 IP 地址时要用到子网掩码。子网掩码的作用是区分 IP 地址的网络地址与主机地址，IP 地址和子网掩码进行相与运算即得到网络地址。例如，IP 地址为 192.168.12.180，子网掩码为 255.255.255.224，进行下列运算。

IP 地址：	11000000 10101000 00001100 10110100	192.168.12.180
子网掩码：	11111111 11111111 11111111 11100000	255.255.255.224
结果：	11000000 10101000 00001100 10100000	192.168.12.160

根据运算结果可以知道，网络号为 192.168.12，子网号为 5。

3. 域名系统

利用 IP 地址能够在计算机之间进行通信，但其由于是 4 个数字，难以记忆，因此用户希望能有一种比较直观的、容易记忆的名字。为了使 IP 地址便于用户使用，同时也易于维护与管理，Internet 设立了域名系统（Domain Name System，DNS），主要负责把域名地址转化为相对应的 IP 地址。DNS 采用层次结构，整个域名空间就像一棵倒着的树，树上每个节点上都有一个名字。网络中一台主机的域名就是从树叶到树根路径上各个节点名字的序列，中间用"."隔开，如图 4-16 所示。

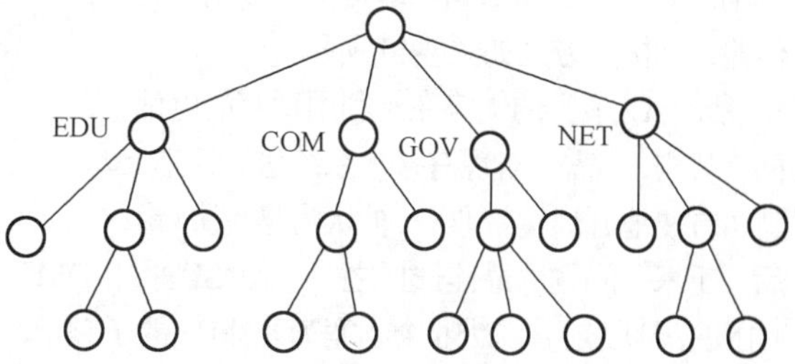

图 4-16 域名空间结构

域名用点号将各级子域名分隔开来，域名从右到左分别称为顶级域名、二级域名、三级域名等。DNS 的一般结构为"主机名.单位名.机构名.国家名"。

顶级域名代表建立网络的部门、机构或网络所隶属的国家、地区。大体可分为两类，一类是组织性顶级域名，一般采用由 3 个字母组成的缩写来表明各机构类型，如表 4-3 所示；另一类是地理性顶级域名，以两个字母的缩写代表其所处的国家（地区）。

表 4-3 组织性顶级域名

最高层域名	机构类型	最高层域名	机构类型
.com	商业类	.firm	商业或公司
.edu	教育机构	.store	商场
.gov	政府类	.web	主要活动与 WWW 有关的实体
.mil	军事类	.arts	文化娱乐
.net	网络机构	.arc	康乐活动
.org	非营利组织	.info	信息服务
		.nom	个人

单位名和主机名一般由用户自定，但需要向相应的域名管理机构申请并获批准。

地理性顶级域名为国家（地区）名，其中 cn 代表中国，uk 代表英国，jp 代表日本。

二级域名分为类别域名和行政区域名两类。其中，行政区域名对应我国的各省、自治区和直辖市，采用两个字符的汉语拼音表示。例如 bj 为北京市、js 为江苏省等。

4. 网关

网关（Gateway）又称网间连接器、协议转换器，它是连接基于不同通信协议的网络的设备，使文件可以在这些网络之间传输。除传输信息外，网关还将这些信息转化为接收网络所用协议认可的形式。网关实质上是一个网络通向其他网络的 IP 地址，只有设置好网关的 IP 地址，TCP/IP 才能实现不同网络之间的相互通信。

4.2.3 Internet 接入

Internet 服务提供商（Internet Service Provider, ISP）是为用户提供 Internet 接入和 Internet 信息服务的公司和机构。当我们需要将计算机接入 Internet 时，就要申请建立本地计算机和 ISP 网络的网络连接，并从 ISP 那里获得 IP 地址。从某种意义上讲，ISP 是全世界数以亿计的用户通往 Internet 的必经之路。

建立本地计算机和 ISP 网络的网络连接有多种方式，主要有非对称数字用户线路（Asymmetrical Digital Subscriber Line, ADSL）接入、有线电视接入、光纤接入和无线接入。

1. ADSL

ADSL 是一种能够通过普通电话线和公用电话网接入 Internet 的技术，配上专用调制解调器（ADSL Modem）即可实现数据高速传输，其接入方式如图 4-17 所示。

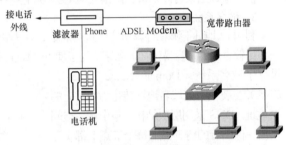

图 4-17　ADSL 接入

ADSL 最大的优势在于利用现有的电话网络架构，不需要对现有接入系统进行改造，就可方便地开通宽带业务，被认为是解决"最后一千米"问题的最佳选择之一。ADSL 采用 DMT（离散多音频）技术，将原来电话线路 0kHz～1.1MHz 频段划分成 256 个频宽为 4.3kHz 的子频带。其中，4kHz 以下频段用于传送传统电话业务，20～138kHz 的频段用来传送上行信号，138kHz 以上频段用来传送下行信号。也就是说，它采用频分复用技术把普通的电话线分成了电话、上行和下行 3 个相对独立的信道，从而避免了相互之间的干扰。ADSL 支持上行速率为 640kbit/s～1Mbit/s，下行速率为 1～8Mbit/s，其有效传输距离在 3～5km。

在 ADSL 接入方案中，每个用户都有单独的一条线路与 ADSL 局端相连，它的结构可以看作星形结构，数据传输带宽是由每个用户独享的。

2. 有线电视接入

有线电视接入是一种利用有线电视（CATV）网络接入 Internet 的技术。它通过线路调制解调器（Cable Modem）连接有线电视网，进而连接到 Internet，也是一种宽带的 Internet 接入方式。

有线电视接入方式可分为两种，即对称速率型和非对称速率型。前者的数据上传（Data Upload）速率和数据下载（Data Download）速率相同，都在 500kbit/s ～ 2Mbit/s；后者的数据上传速率在 500kbit/s～10Mbit/s，数据下载速率为 0～2Mbit/s。其接入示意如图 4-18 所示。

有线电视接入的缺点在于 Cable Modem 模式采

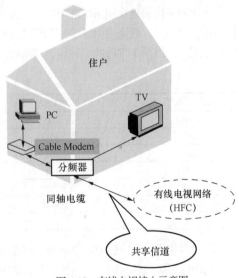

图 4-18　有线电视接入示意图

用的是相对落后的总线型网络结构，这就意味着网络用户共同分享有限带宽，用户数量增多后会大大降低上网速度。

3. 光纤接入

光纤接入（Fiber To The Home，FTTH 又称为光纤到户，是一种以光纤为主要传输媒介的接入技术。用户通过光纤 Modem 连接到光网络，再通过 ISP 的骨干网出口连接到 Internet，是一种宽带的 Internet 接入方式。

光纤接入的主要特点是：带宽高、端口带宽独享、抗干扰性能好、安装方便。由于光纤本身高带宽的特点，光纤接入的带宽很容易就到 20MB、100MB，升级很方便而且还不需要更换任何设备。光纤信号不受强电、电磁和雷电的干扰。光纤体积小、重量轻、容易施工。

4. 无线接入方式

个人计算机或者移动设备可以通过 WLAN 连接到 Internet。在校园、机场、酒店等公共场所内，由电信公司或单位统一部署了无线接入点，建立起无线局域网，并接入 Internet，如图 4-19 所示。带有无线网卡的个人计算机以及配备 Wi-Fi 功能的智能手机、平板电脑等移动设备都可以接入 WLAN，通过无线路由器接入 Internet，如图 4-20 所示。

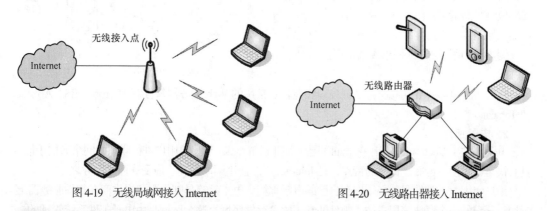

图 4-19　无线局域网接入 Internet　　　　　图 4-20　无线路由器接入 Internet

4.3　Internet 应用

4.3.1　Internet 的基本服务

1. WWW 服务

万维网（World Wide Web，WWW）服务也称为 Web 服务，是目前 Internet 上最方便和最受欢迎的服务类型。通过 WWW，用户可以获得从全世界任何地方调来的文本、图像（包括活动影像）、声音等信息。

（1）网页 Web 站点

WWW 中的信息资源主要由一篇篇的 Web 文档，或称 Web 页构成。多个相关的网页合在一起便组成一个 Web 站点，如图 4-21 所示。放置 Web 站点的计算机称为 Web 服务器，主要提供 WWW 服务。使用 WWW 浏览器访问 Internet 上的任何 Web 站点所看到的第一个页面称为主页（Home Page），它是一个 Web 站点的首页。从主页出发，通过超链接可以访问有关的所有页面。主页的文件名一般为 index.html 或者 default.html。如果把 WWW 看作一个巨大的图书馆，Web 站点就像一本书，而 Web 页好比书中特定的页。页可以包含新闻、图像、动画、声音、3D 世界以

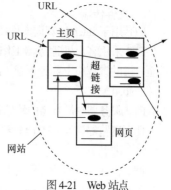

图 4-21　Web 站点

及其他任何信息，而且能存放在全球任何地方的计算机上。

（2）统一资源定位器

为了能使客户程序找到位于 Internet 范围内的某种信息资源，WWW 系统使用统一资源定位器（Uniform Resource Locators，URL）来标识 Web 站点中每个信息资源（网页）的位置。URL 是一种标准化的命名方法，它提供一种 WWW 页面地址的寻址方法。URL 由四部分（资源类型、存放资源的主机域名、端口号、文件名）构成。

其中，http 表示客户端和服务器执行超文本传输协议（Hypertext Transfer Protocol，HTTP），将 Web 服务器上的网页传输给用户的浏览器；主机域名指的是提供此服务的 Web 服务器的域名；端口号通常是默认的，如 Web 服务器使用的是 80，一般不需要给出；文件路径/文件名指的是网页在 Web 服务器中的位置和文件名，如果不明确指出，则表示访问 Web 站点的主页。

（3）浏览器和服务器

WWW 的客户端程序被称为 WWW 浏览器，它是用来浏览 Internet 上 WWW 页面的软件。WWW 采用客户机/服务器工作模式。用户在客户机上运行浏览器发出访问请求，服务器响应浏览器请求，传送网页文件给浏览器，如图 4-22 所示。

浏览器和服务器之间交换数据使用 HTTP。

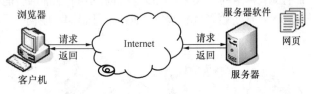

图 4-22　WWW 服务

常用的浏览器有 IE 浏览器、360 安全浏览器；常用的 Web 服务器软件有 Microsoft IIS、Apache 和 Tomcat。

2. 电子邮件

电子邮件（Electronic Mail，E-mail）是一种通过 Internet 与其他用户进行联系的网络通信手段，具有快速、简便、可靠、价廉的特点，是 Internet 用户使用频率最高、最受欢迎的服务之一。

用户使用电子邮件服务必须拥有自己的电子邮箱。电子邮箱是邮件服务提供商在邮件服务器上为用户分配的一个存放该用户往来邮件的专用磁盘存储区域，这个区域是由电子邮件系统管理的。每个电子邮箱都有一个唯一确定的邮箱地址，称为 E-mail 地址。

E-mail 地址具有统一的标准格式：用户名@邮件服务器域名，@是英文 at 的意思。例如，xf2010@mail.edu.cn 为一个电子邮件地址，其中 mail.edu.cn 为邮件服务器名，xf2010 为该服务器上的一个合法账号名。

电子邮件应用程序种类较多，它们具有不同的用户界面和命令形式，但功能基本相似，常用的有 Outlook、Foxmail 等。发送邮件时使用的协议是简单邮件传输协议（Simple Mail Transfer Protocol，SMTP），接收邮件时使用的协议是邮局协议版本 3（Post Office Protocol Version 3，POP3）。

3. 文件传输

FTP 用于 Internet 双向文件传输控制。同时，它也是一个应用程序。

FTP 采用客户机/服务器工作方式。用户的本地计算机称为客户机，用户从远程服务器上复制文件至自己的计算机上称为下载（Download），将文件从自己的计算机中复制至远程服务器上称为上传（Upload）。

FTP 服务器端最有名的软件是 Serv-U；FTP 客户机上使用的软件有 Internet Explorer 和 CuteFTP。

使用浏览器访问 FTP 服务器有以下两种方式。

（1）匿名方式

例如，在浏览器地址栏输入 ftp://192.168.*.*，即采用匿名方式登录上了 FTP 服务器。这种形式相当于使用了公共账号 Anonymous。

（2）使用账号和密码

在地址栏输入 ftp://test:123456@192.168.*.*，就可以 test 用户登录到 FTP 服务器，其中 test 是账号，123456 是密码。

FTP 用户的权限是在 FTP 服务器上设置的，不同的 FTP 用户拥有不同的权限。

4．其他应用

（1）即时通信

即时通信（Instant Messenger，IM）是 Internet 提供的一种能够即时发送和接收信息的服务。现在即时通信不再是一个单纯的聊天工具，它已经发展成集交流、资讯、娱乐、电子商务、办公协作和企业客户服务等为一体的综合化信息平台。随着移动互联网的发展，互联网即时通信也在向移动化扩张，用户可以通过手机与其他已经安装了相应客户端软件的手机或计算机收发消息。

常用的即时通信服务有腾讯的 QQ、新浪的 UC、微软的 MSN 和阿里旺旺等。

（2）VPN

虚拟专用网络（Virtual Private Network，VPN）指的是在公用网络上建立专用网络的技术。VPN 的任意两个节点之间的连接并没有传统专网所需的端到端的物理链路，而是架构在公用网络服务商所提供的网络平台上。

VPN 实现方案是在内网中架设一台 VPN 服务器，它既连接内网，又连接公网。单位员工出差到外地，他想访问企业内网的服务器资源，只要通过 Internet 找到 VPN 服务器，然后通过它进入企业内网。为了保证数据安全，VPN 服务器和客户机之间的通信数据都进行了加密处理。

（3）远程桌面

远程桌面（Remote Desktop，RDP）是让用户在本地计算机上控制远程计算机的一种技术。通过远程桌面功能我们可以实时操作远程计算机，在上面安装软件、运行程序等，所有的一切都好像是直接在该计算机上操作一样。

使用远程桌面不需要安装专用的软件，只需要进行简单的设置。

① 在远程计算机上设置独立的 IP 地址和用户名/密码。

② 在远程计算机上的"系统属性"对话框中选择"远程"选项卡，选中"允许远程协助连接这台计算机"复选框，如图 4-23 所示。

③ 在本地计算机上，运行"附件"|"远程桌面连接"程序，输入远程计算机的域名或 IP 地址，再输入远程计算机的密码，如图 4-24 所示。

图 4-23　远程计算机开启远程桌面功能

图 4-24　本地计算机连接远程计算机

4.3.2 信息浏览和检索

要想在 Internet 上获得自己所需要的信息，就必须知道这些信息存储在哪里，也就是说要知道提供这些信息的服务器在 Internet 上的地址，然后通过该地址去访问服务器提供的信息。在 Internet 上，WWW 信息浏览一般分为 3 个层次：基本信息浏览、搜索引擎和文献检索。

1. 基本信息浏览

用户只需要在浏览器的地址栏中输入相应的 URL 或 IP 地址即可。例如，浏览教育部考试中心主页，只需在浏览器的地址栏中输入其网址按回车键即可，如图 4-25 所示，然后选择单击自己感兴趣的超链接，就可以浏览其他相关内容了。

浏览网页时，可以用不同方式保存整个网页，或保存其中的文本、图片等。保存当前网页时要指定保存类型。常用的保存类型有如下几种。

图 4-25　浏览网页

① 网页，全部（*.htm，*.html）。保存整个网页，网页中的图片被保存在一个与网页同名的文件夹内。

② Web 档案，单一文件（*.mht）。把整个网页的文字和图片一起保存在一个 mht 文件中。

2. 搜索引擎

搜索引擎又称 WWW 检索工具，是 WWW 上的一种信息检索软件。WWW 检索工具的工作原理是对信息集合和用户信息需求集合的匹配和选择。搜索引擎有一个庞大的索引数据库，向用户提供检索结果的依据，其中收集了 Internet 上数百万甚至数千万主页信息，包括该主页的主题、地址，包含于其中的被链接文档主题，以及每个文档中出现的单词的频率、位置等。用户只需要输入检索词以及各检索词之间的逻辑关系，然后检索软件根据输入信息在索引库中搜索，获得检索结果并输出给用户。

3. 文献检索

文献检索是指将文献按一定的方式组织和存储起来，并根据用户的需要找出有关文献的过程。在 Internet 上进行文献检索，因其具有速度快、耗时少、查阅范围广等显著优点，正日益成为科研人员的一项必备技能。

为方便利用计算机进行文献检索，在 Internet 上建立了许多文献数据库，存放了数字化的文献信息和动态信息。用户可以从这些数据库中以文献的关键字、作者、发表年份等查找相关文献，最后以 PDF 或 CAJ 格式呈现给用户。目前各高校的图书馆都陆续引进了一些大型文献数据库，如中国知网（CNKI）、万方数字资源系统、维普中国科技期刊等，这些电子资源以镜像站点的形式链接在校园网上供校内师生使用，各学校的网络管理部门通常采用 IP 地址控制访问权限，在校园网内进入时不需要账号和密码。

4.3.3 网页设计

1. 基本概述

随着 Internet 的发展与普及，尤其是 Web 的快速增长，人们都想建立自己的网站，将企业的信息甚至是个人信息发布在网上。

目前市场上有很多网页设计工具，但是使用时功能有限。Dreamweaver 因具有网页设计的强大功能和编程的强大功能而从众多的网页制作工具中脱颖而出，受到众多网页制作者的青睐。另外，网页中通常需要嵌入许多图片和动画，Photoshop 是用来制作图像的软件，Flash 是生成矢量动画的软件。Dreamweaver、Photoshop 和 Flash 被称为网页设计的三剑客。

超文本标记语言（Hypertext Markup Language, HTML）是用来制作超文本文档的简单标记语言，直接由浏览器进行解析，不需要被编译成指令才能执行。

【例 4-1】一个用 HTML 编写的简单网页，浏览效果如图 4-26 所示。

```
<Html>
    <Head>
        <Title>HTML 示例</Title>
    </Head>
    <Body>
        <h2>HTML 欢迎您! </h2>
        <font size=3>刚刚尝试自己写网
页，感觉很棒! </font>
    </Body>
</Html>
```

图 4-26　网页设计工具

一个标准的 HTML 文件一般包括以下标签。

<Html>标签：此标签告诉浏览器此文件是 HTML 文档。

<Head>标签：用来说明文件的相关信息，如文件的编写时间，所使用的编码方式和关键字等。标记中的内容不在浏览器窗口中显示。

<Body>标签：网页的正文部分内容。

HTML 可以说是迄今为止最为成功的标记语言，由于其简单易学，因而在网页设计领域被广泛应用。但 HTML 也存在缺陷，主要表现为太简单、太庞大、数据与表现混杂，难以满足日益复杂的网络应用需求，所以在 HTML 的基础上发展出 XHTML。

可扩展超文本标记语言（The Extensible Hypertext Markup Language, XHTML）是一个基于可扩展标记语言（The Extensible Markup Language, XML）的标记语言，它结合了部分 XML 的强大功能及大多数 HTML 的简单特性，因而可以看成是一个扮演着类似 HTML 的角色的可扩展标记语言，它的可扩展性和灵活性将适应未来网络应用更多的需求。

2. Dreamweaver

直接使用 HTML 或 XHTML 编写网页，需要一定的编程基础并且费时费力，而可视化网页设计工具可以使网页设计变得轻松自如，即使是非专业的人员也能制作出精美、漂亮的网页来。

常用的网页设计工具有 Adobe 公司的 Dreamweaver，它集网页设计和网站管理于一身，将"所见即所得"的网页设计方式与源代码编辑完美结合，在网站设计制作领域应用非常广泛。本节使用的是 Dreamweaver CS3。

（1）窗口布局

Dreamweaver 采用将全部元素置于一个窗口中的集成布局，如图 4-27 所示。在集成的工作区中，全部窗口和面板都被集成到一个更大的应用程序窗口中。

① 文档窗口。有 3 种视图，可以通过文档工具栏切换。

设计视图：显示网页编辑界面，查看网页的设计效果。

代码视图：显示网页的源代码。

拆分视图：同时显示当前文档的代码视图和设计视图，上面为网页的源代码，下面为网页的设计效果。

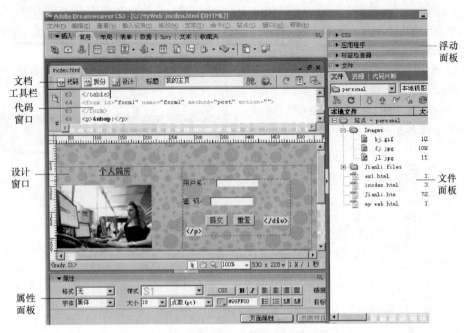

图 4-27　Dreamweaver CS3 工作窗口

② 属性面板。在网页中选择对象，其属性就显示在下面的属性面板中，在其中可以设置和修改。

（2）网页模板

Dreamweaver 为网页设计提供了不同类型的模板供用户选择，如图 4-28 所示，利用模板可以方便地制作各种专业网页。

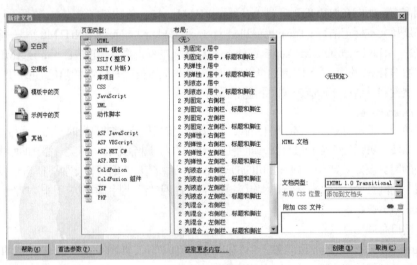

图 4-28　网页模板

（3）站点管理

在 Dreamweaver 中，不仅可以创建单独的网页，还可以创建完整的 Web 站点。若要充分利用 Dreamweaver 的功能，则需要创建站点。例如，创建站点后，可以将站点上传到 Web 服务器、自动跟踪和维护链接、管理文件以及共享文件。

下面介绍创建本地站点的操作步骤。

执行"站点"|"新建站点"命令，显示图 4-29 所示的对话框，用户可以在向导的引导下一步步地创建站点。由于这里是在本地计算机上创建由简单网页组成的站点，所以除了确定站点名称和对应的文件夹以外，还应做如下的选择。

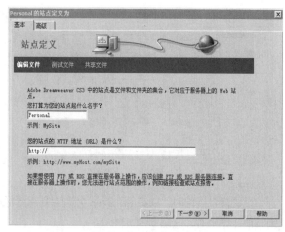

① 您的站点的 HTTP 地址（URL）是什么？不指定。

② 选择"否，我不想使用服务器技术。"

③ 选择"编辑我的计算机上的本地副本，完成后我再上传到服务器。"

④ 您如何连接到远程服务器？无。

图 4-29　创建站点

也可以通过"高级"选项卡，设置本地站点。创建了站点之后，可以随时通过"站点"|"站点管理"命令对站点的属性进行设置和修改。

创建站点后，"文件"面板中显示站点中的文件夹和文件。在"文件"面板中，可以对本地站点内的文件夹和文件进行创建、删除、重命名、移动和复制等操作。

3. Dreamweaver 网页设计

设计一个简单网页

【例 4-2】创建名为 Personal 的站点，并在其中按如下要求设计简单网页 Index.html，如图 4-30 所示。

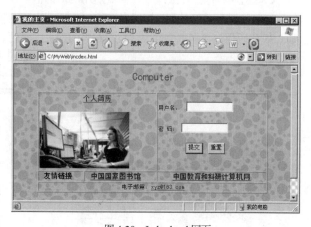

要求如下。

① 网页背景为 bj.gif，标题为"我的主页"。

② 创建 CSS 样式。

S1：黑体、红色、18pt，格式化"Computer"。

S2：黑体、12pt，格式化"个人简历"和"友情链接"。

图 4-30　Index.html 网页

S3：10pt，格式化其他文字。

③ "个人简历"链接到 Jianli.htm，在同一个 IE 窗口打开。

④ 表格第 1 行第 1 列是一张图片，第 2 列是一个表单，其中用户名和密码的字符宽度和最多字符数均为 12 个字符。

⑤ 第 2 行两个超链接分别链接到中国国家图书馆、中国教育和科研计算机网。

⑥ 设置超链接到电子邮件地址 xyz@163.com。

设计步骤如下。

① 创建 C:\MyWeb 作为站点文件夹，再在其中创建 Images 文件夹用于存放网页的图片。

② 执行"站点"|"创建站点"命令创建 Personal 站点。

③ 执行"文件"|"新建"命令制作 Html 基本页，初始文件名为 Untitled-1.html，保存时改为 Index.html。

④ 执行"修改"|"页面属性"命令，打开"页面属性"对话框，在"外观"类中设置背景图像为 bj.gif，如图 4-31 所示；在"标题/编码"类中设置网页标题为"我的主页"，如图 4-32 所示。

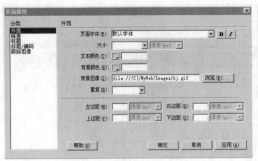

图 4-31　设置网页背景图像　　　　　　　　图 4-32　设置网页标题

设置背景图像时，Dreamweaver 会提醒复制图像文件到站点文件夹中。若不复制，则网页复制到其他计算机时会遗漏图像文件。

⑤ 执行"文本"｜"CSS 样式"｜"新建"命令建立 S1、S2、S3 样式。

风格样式表（Cascading Style Sheet，CSS）用于网页风格设计。例如，如果想让超链接未单击时是蓝色的，用鼠标指针指向超链接后字变成红色且有下画线，这就是一种风格。通过设立样式表，可以统一地控制网页的外观以及创建特殊效果。

CSS 有两种保存方法：在图 4-33 所示的对话框中，若选择"新建样式表文件"选项，则以文件的形式单独保存 CSS 代码，扩展名.CSS，将来可以在其他网页中使用；若选择"仅对该文档"选项，则 CSS 代码保存在网页文件中，只能在当前网页中使用。"CSS 规则定义"对话框如图 4-34 所示。

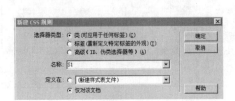

图 4-33　"新建 CSS 规则"对话框　　　　　　图 4-34　"CSS 规则定义"对话框

⑥ 输入标题，并用 S1 格式化；执行"插入"｜"表格"命令插入 3×2 的表格。标题和表格设置为居中。

使用 CSS 格式化的方法：首先选定文本，然后在属性面板的"样式"下拉列表中选择所需的 CSS 样式，如图 4-35 所示。

⑦ 输入表格中的文字，并按要求用 S2 和 S3 进行格式化；插入图片，并调整大小。

⑧ 设置超链接："个人简历"链接到 Jianli.html，"中国国家图书馆"链接到其网址，"中国教育和科研计算机网"链接到其网址，"xyz@163.com"链接到 mailto:xyz@163.com。

"个人简历"超链接目标设置为"_self"，浏览时可以在同一个浏览器窗口打开，如图 4-36 所示。

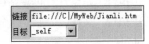

图 4-35　使用 CSS 格式化　　　　　　　　图 4-36　超链接

⑨ 执行"插入"｜"表单"命令插入表单，并且在其中插入 2 个文本域、2 个按钮。

表单在网页中主要负责数据采集，插入后用虚线显示。文本域、按钮都必须插入在表单中，否则提交和重置时将失效。也就是说，提交和重置按钮只对同一个表单中的表单域有效。

文本域和按钮的属性设置非常简单，方法是首先选定文本域或按钮，然后在下面的属性面板中设置，如图 4-37 和图 4-38 所示。

图 4-37　文本域属性设置

图 4-38　按钮属性设置

最后保存网页，并用浏览器浏览。

4.3.4　网络安全

网络安全威胁是指某个人、物、事件或概念对网络资源的机密性、完整性、可用性或合法性所造成的危害。病毒的破坏和黑客的攻击就是网络威胁的具体实现。

面对网络安全的脆弱性，除了在网络设计上增加安全服务功能，完善系统的安全保密措施外，用户也必须了解常见的网络安全威胁，掌握必要的防范措施，防止泄露自己的重要信息。

1. 网络病毒

计算机病毒是 1983 年美国计算机科学专家首先提出的，并明确提出了计算机病毒是一段计算机程序，就像生物病毒一样，计算机病毒有独特的复制能力，它可以很快地蔓延，又非常难以根除。它能在计算机系统中生存，通过自我复制来传播，满足一定条件时被激活，从而给计算机系统造成了一定的损害甚至更为严重的破坏。轻则影响机器运行速度，使机器不能正常运行；重则使机器瘫痪，给用户带来损失。随着反病毒技术的不断发展，查毒和杀毒技术日益成熟，传统的单机病毒已经比较少见了。

网络病毒传播途径多，扩散速度快。与网络紧密结合，通过系统漏洞、局域网、网页、邮件等方式进行传播，破坏性极强，病毒往往与其他技术相融合，传播感染网络中的可执行文件。网络病毒主要分为蠕虫病毒和木马病毒两大类。

（1）蠕虫病毒

与传统的计算机病毒相比，蠕虫病毒具有更大的危害性。它具有病毒的一些共性，如传播性、隐蔽性、破坏性等，同时还具有自己的一些特性，如不利用文件寄生（有的只存在于内存中），对网络造成拒绝服务，以及和黑客技术相结合等。

传统计算机病毒主要通过计算机用户之间的文件复制来进行传播，并且病毒的发作需要计算机运行病毒文件，其影响的只是本地计算机。而蠕虫病毒是一个独立的程序，它会主动搜索网络上存在缺陷的目标系统，利用各种漏洞获得被攻击的计算机系统的使用权限，进行感染，并且蠕虫病毒本身可能就包含了传统病毒功能。蠕虫病毒的传播不仅可以对目标系统造成破坏，占用被感染主机的大部分系统资源，同时还会抢占网络带宽，造成网络严重堵塞，甚至整个网络瘫痪。

（2）木马病毒

木马病毒源自古希腊神话的特洛伊木马记。传说古希腊士兵就是藏在木马内进入并攻占特洛伊城的。特洛伊木马因此而得名。人们之所以用特洛伊木马来命名各种远程控制软件，因为它是隐藏在合法程序中的未授权程序，这个隐藏的程序完成用户不知道的功能。当合法的程序被植入了非授权代码后就认为是木马病毒。

木马病毒一旦入侵用户的计算机，就悄悄地在宿主计算机上运行，在用户毫无察觉的情况下，让攻击者获得远程控制系统的权限，进而在宿主计算机中修改文件、修改注册表、控制鼠标、监视/控制键盘或窃取用户信息。

2．网络病毒的防范

在防范网络病毒的斗争中，仍然要做到防重于杀。预防网络病毒首先必须了解网络病毒进入计算机的途径，然后想办法切断这些入侵的途径就可以提高网络系统的安全性，下面是常见的病毒入侵途径及相应的预防措施。

① 通过安装插件程序。用户浏览网页的过程中经常会提示安装某个插件程序，有些木马病毒就是隐藏在这些插件程序中，如果用户不清楚插件程序的来源就应该禁止其安装。

② 通过浏览恶意网页。由于恶意网页中嵌入了恶意代码或病毒，用户在不知情的情况下浏览这样的恶意网页就会感染上病毒，所以不要去随便浏览那些具有诱惑性的恶意站点。另外可以安装 360 安全卫士和 Windows 清理助手等工具软件来清除那些恶意软件，修复被更改的浏览器地址。

③ 通过在线聊天。QQ、MSN 等聊天工具可以被用作向好友发送病毒的工具，除了信得过的好友，双方约定发送文件外，不要接受任何陌生人发送的文件，不要随意单击聊天软件发送来的超级链接。

④ 通过邮件附件。邮件附件中可能隐藏病毒，遇到邮件中带有可执行文件（*.exe、*.com）或带有宏功能的文件（*.doc）时，不要直接打开，应该利用"另存为"命令将附件保存到磁盘中，然后用杀毒软件查杀。不要心存好奇打开带有附件的陌生人的邮件，而是应该直接删除它们包括所带的附件，或者通过邮件工具的过滤功能将这些主题的邮件过滤掉。

⑤ 通过局域网的文件共享。设置共享文件必须非常慎重，实在需要共享的话，也不要将 Windows 目录或整个驱动器共享；建议设置专门的共享目录，将必须共享的文件复制到该目录中共享。

以上传播方式大都利用了操作系统或软件中存在的安全漏洞，所以应该定期更新操作系统，安装系统的补丁程序，也可以用一些杀毒软件进行系统的漏洞扫描，并进行相应的安全设置，以提高计算机和网络系统的安全性。

4.3.5 网络攻击及其防范

1．黑客攻防

黑客（Hacker）指的是热衷于计算机技术，水平高超的计算机专家，尤其是程序设计人员。他们精通计算机技术和网络技术，善于发现系统中存在的漏洞。他们会利用自己的计算机，入侵国家、企业、个人的计算机、服务器，对数据进行篡改、破坏或是窃取数据。为了尽可能地避免受到黑客的攻击，首先要了解黑客常用的攻击手段和方法，然后才能有针对性地进行防范。

（1）黑客攻击方式

① 密码破解：通常的做法是通过监视通信信道上的口令数据包，破解口令的加密形式。有 3 种方法：一是通过网络监听非法得到用户口令，这类方法有一定的局限性，但危害性极大，监听者往往能够获得其所在网段的所有用户账号和口令，对局域网安全威胁巨大；二是在知道用户的账号（如电子邮件@前面的部分）后利用一些专门软件强行破解用户口令，这种方法不受网段限制，但黑客要有足够的耐心和时间；三是在获得一个服务器上的用户口令文件（此文件称为 shadow 文件）后，用暴力破解程序破解用户口令，该方法的使用前提是黑客获得口令的 shadow 文件。此方法在所有方法中危害最大，因为它不需要像第二种方法那样一遍又一遍地尝试登录服务器，而是在本地将加密后的口令与 shadow 文件中的口令相比较就能非常容易地破解用户密码。

应对的策略就是使用安全密码，首先在注册账户时设置强密码（8～15 位），采用数字与字母的组合，这样不容易被破解；其次在电子银行和电子商务交易平台尽量采用动态密码（每次交易时密码会随机改变），并且使用鼠标单击模拟数字键盘输入而不通过键盘输入，可以避免黑客通过记录键盘输入而获取自己的密码。

② IP 嗅探：黑客利用网络监听的工作模式，使主机可以接收到本网段在同一条物理通道上传

输的所有信息，而不管这些信息的发送方和接收方是谁。此时，如果两台主机进行通信的信息没有加密，只要使用某些网络监听工具，就可以轻而易举地截取包括口令和账号在内的信息资料。

应对的措施就是对传输的数据进行加密，即使被黑客截获，也无法得到正确的信息。

③ 欺骗（网络钓鱼）：黑客伪造电子邮件地址或 Web 地址，从用户处骗得口令、信用卡号码等。当一台主机的 IP 地址假定为有效，并为 TCP 和 UDP 服务所相信。利用 IP 地址的源路由，黑客的主机可以伪装成一个被信任的主机或客户。黑客将用户要浏览的网页的 URL 改写为指向黑客自己的服务器，当用户浏览目标网页的时候，实际上是向黑客服务器发出请求，那么黑客就可以达到欺骗的目的了。

防范此类网络诈骗的最简单方法就是不要轻易单击邮件发送来的超级链接，除非是确实信任的网站，一般都应该在浏览器的地址栏中输入网站地址进行访问；其次是及时更新系统，安装必要的补丁程序，堵住软件的漏洞。

④ 端口扫描。利用一些远程端口扫描工具如 Superscan、IP Scanner、Fluxay 等对被攻击的目标计算机进行端口扫描，查看该机器的哪些端口是开放的，然后通过这些开放的端口发送木马程序到目标计算机上，利用木马来控制被攻击的目标。

应对的措施是关闭闲置和有潜在危险的端口，定期检查各个端口，有端口扫描的症状时，立即屏蔽该端口。

（2）防止黑客攻击的策略

① 身份认证。通过密码、指纹、视网膜、签字或智能卡等特征信息来确认操作者身份的真实性，只对确认了的用户给予授权。

② 访问控制。采取各种措施保证系统资源不被非法访问和使用。访问控制通常用于系统管理员控制用户对服务器、目录、文件等网络资源的访问。

③ 审计。通过一定的策略，通过记录和分析历史操作事件发现系统的漏洞并改进系统的性能和安全。

④ 保护 IP 地址。通过路由器可以监视局域网内数据包的 IP 地址，只将带有外部 IP 地址的数据包路由到 Internet 中，其余数据包被限制在局域网内，这样可以保护局域网内部数据的安全。路由器还可以对外屏蔽局域网内部计算机的 IP 地址，保护内部网络的计算机免遭黑客的攻击。

2. 防火墙

防火墙是指隔离在内部网络与外部网络之间的一道防御系统。它可以在用户的计算机和 Internet 之间建立起一道屏障，把用户和外部网络隔离，用户可以通过设定规则来决定哪些情况下防火墙应该割断计算机与 Internet 间的数据传输，哪些情况下允许两者间进行数据传输。通过这样的方式，防火墙挡住了来自外部网络对内部网络的攻击和入侵，从而保障了用户的网络安全。

（1）防火墙的功能

防火墙的主要功能包括：监控进出网络的信息，仅让安全的、符合规则的信息进入内部网络，为用户提供一个安全的网络环境；限制他人进入内部网络，过滤掉不安全服务和非法用户；防止入侵者接近内部网络的防御措施；限定内部用户访问特殊站点；为监视 Internet 安全提供方便。

防火墙是加强网络安全非常流行的方法。在 Internet 上的 Web 站点中，超过三分之一的 Web 网站都是由某种形式的防火墙加以保护，这是对黑客防范最严、安全性最强的一种方式。任何关键性的服务器，都应该放在防火墙之后。

（2）Windows 防火墙

在 Windows 操作系统中自带了一个 Windows 防火墙，用于阻止未授权用户通过 Internet 或网络访问用户计算机，从而帮助保护用户的计算机。

Windows 防火墙能阻止从 Internet 或网络传入的"未经允许"的尝试连接。当用户运行的程序需要从 Internet 或网络接收信息时，那么防火墙会询问用户是否取消"阻止连接"。若取消"阻止连接"，Windows 防火墙将创建一个"例外"，即允许该程序访问网络，以后该程序需要从 Internet 或网络接收信息时，防火墙就不会再询问用户了。

Windows 防火墙只是一个网络防火墙，对于绝大多数的网络病毒却无能为力。Windows 防火墙能做到：阻止计算机病毒和蠕虫到达用户的计算机；请求用户的允许，以阻止或取消阻止某些连接请求；创建记录（安全日志），可用于记录对计算机的成功连接尝试和不成功的连接尝试，此日志可用作故障排除工具。

Windows 防火墙不能做到：检测或消除计算机病毒和蠕虫（如果它们已经在用户的计算机上）；阻止用户打开带有危险附件的电子邮件；阻止垃圾邮件或未经请求的电子邮件出现在用户的收件箱中。

习题

一、填空题

1. 计算机网络就是用通信线路和_____将分布在不同地点的具有独立功能的多个计算机系统相互连接起来，在网络软件的支持下实现彼此之间的数据通信和资源共享的系统。

2. 建立计算机网络的基本目的是实现数据通信和_____。

3. 计算机网络主要有_____、资源共享、提高计算机的可靠性和安全性、分布式处理等功能。

4. 在计算机网络中，所谓的资源共享主要是指硬件、软件和_____资源。

5. 计算机网络在逻辑上分为资源子网和_____。

6. 在当前的网络系统中，由于网络覆盖面积的大小、技术条件和工作环境不同，通常分为广域网、____和城域网 3 种。

7. 网络_____决定了网络的传输速率、网络段的最大长度、传输的可靠性及网卡的复杂性。

8. 常用的通信介质主要有有线介质和_____介质两大类。

9. Internet 是全球最大的计算机网络，它的基础协议是____。

10. 目前常用的网络连接器主要有中继器、网桥、_____和网关。

11. 局域网中常用的拓扑结构主要有星形、_____和总线型几种。

12. 局域网的两种工作模式是_____和客户机/服务器模式。

13. 目前，局域网的传输介质主要有_____和光纤。

14. 在局域网中，为网络提供共享资源并对这些资源进行管理的计算机称为_____。

15. 以太网采用的介质访问控制方法是_____。

16. 接入 Internet 的方法有_____接入、有线电视网接入、光纤接入和无线接入。

17. 给每一个连接在 Internet 上的主机分配的唯一 32 位地址又称为_____。

18. 有一个 IP 地址的二进制形式为 10000011 11000100 00000101 00011001，则其对应的点分十进制形式为_____。

19. 在 IPv4 中，IP 地址由_____和主机地址两部分组成。

20. 通过 IP 与_____进行与运算，可以在计算机上得到子网号。

21. IPv6 用_____个二进制位来描述一个 IP 地址。

22. 域名系统的英文缩写是_____。

23. 通用顶级域名是由 3 个字母组成，gov 表示_____机构。

24. 某 Web 服务器的域名是***.com，则访问其主页的 URL 可以写成_____。

25. Homepage 是指个人或机构的基本信息页面，我们通常称之为_____。

26. Internet 提供的主要服务有_____、文件传输 FTP、远程登录 Telnet、超文本查询 WWW 等。

27. 传输电子邮件是通过_____和 POP3 两个协议完成的。

28. 虚拟专用网络是一种远程访问技术，其英文简称为_____。

29. 目前常用的让用户在本地计算机上控制远程计算机的技术是_____。

30. 网络病毒主要包括_____病毒和木马病毒。

31. 网络安全系统中的_____是位于计算机与外部网络之间或内部网络与外部网络之间的一道安全屏障。

二、选择题

1. 计算机网络的最突出的优点是_____。
   A. 存储容量大　　　B. 资源共享　　　C. 运算速度快　　　D. 运算速度精

2. 计算机网络按覆盖范围划分为_____。
   A. 广域网和局域网　B. 专用网和公用网　C. 低速网和高速网　D. 部门网和公用网

3. OSI 参考模型的最底层是_____。
   A. 传输层　　　　　B. 网络层　　　　　C. 物理层　　　　　D. 应用层

4. 文件传输协议是_____上的协议。
   A. 网络层　　　　　B. 运输层　　　　　C. 应用层　　　　　D 物理层

5. 网上共享的资源有_____。
   A. 硬件、软件、文件　　　　　　　　B. 软件、数据、信道
   C. 通信子网、资源子网、信道　　　　D. 硬件、软件、数据

6. 下面 4 种答案中，哪一种属于网络操作系统_____。
   A. DOS 操作系统　　　　　　　　　B. Windows 7 操作系统
   C. Windows Server 2003 操作系统　　D. 数据库操作系统

7. LAN 通常是指_____。
   A. 广域网　　　　　B. 资源子网　　　　C. 局域网　　　　　D. 城域网

8. 为网络提供共享资源进行管理的计算机称为_____。
   A. 网卡　　　　　　B. 服务器　　　　　C. 工作站　　　　　D. 网桥

9. 在计算机网络中，TCP/IP 是一组_____。
   A. 支持同类型的计算机（网络）互连的通信协议
   B. 局域网技术
   C. 支持异种类型的计算机（网络）互连的通信协议
   D. 广域网技术

10. 在 TCP/IP（IPv4）下，每一台主机设定一个唯一的_____位二进制的 IP 地址。
    A. 16　　　　　　　B. 32　　　　　　　C. 8　　　　　　　　D. 4

11. B 类地址中用_____位来标识网络中的一台主机。
    A. 8　　　　　　　　B. 14　　　　　　　C. 16　　　　　　　D. 24

12. 局域网的网络硬件主要包括网络服务器、工作站、_____和通信介质。
    A. 计算机　　　　　B. 网络协议　　　　C. 网络拓扑结构　　D. 网卡

13. 局域网的网络软件主要包括_____。
    A. 网络操作系统、网络应用软件和网络协议
    B. 服务器操作系统、网络数据库管理系统和网络应用软件
    C. 工作站软件和网络应用软件
    D. 网络传输协议和网络数据库管理系统

14. 在计算机网络中，一般局域网的数据传输速率要比广域网的数据传输速率_____。

    A. 高   B. 低   C. 相同   D. 不确定

15. 局域网中的计算机为了相互通信，必须安装_____。

    A. 调制解调器   B. 电视卡   C. 声卡   D. 网络接口卡

16. 下列的_____不属于无线网络的传输媒体。

    A. 无线电波   B. 微波   C. 红外线   D. 光纤

17. 合法的 IP 地址是_____。

    A. 252.12.47.148   B. 0.112.36.21   C. 157.24.3.257   D. 14.2.1.3

18. 不属于局域网常用的拓扑结构是_____。

    A. 星形结构   B. 环形结构   C. 集中式结构   D. 树形结构

19. _____是纯粹 AP 与宽带路由器的一种结合体。

    A. 网卡   B. 无线路由器   C. Modem   D. 交换机

20. 在 IP 地址方案中，159.226.181.1 是一个_____。

    A. A 类地址   B. B 类地址   C. C 类地址   D. D 类地址

21. Internet 是由_____发展而来的。

    A. 局域网   B. ARPANET   C. 标准网   D. WAN

22. Internet 上有许多应用程序，其中用来传输文件的是_____。

    A. WWW   B. FTP   C. Telnet   D. SMTP

23. 一个 IP 地址由网络地址和_____两部分组成。

    A. 广播地址   B. 多址地址   C. 主机地址   D. 子网掩码

24. 已知接入 Internet 网的计算机用户为 Xinhua，而连接的服务商主机名为 pulic.***.tj.cn 它相应的 E-mail 地址为_____。

    A. Xinhua@public.***.tj.cn   B. @Xinhua.public.***.tj.cn

    C. Xinhua.public@***.tj.cn   D. public.***.tj.cn@Xinhua

25. 互联网上服务都是基于一种协议，WWW 是基于_____协议。

    A. SNMP   B. SMIP   C. HTTP   D. Telnet

26. IE 8.0 是一个_____。

    A. 操作系统平台   B. 浏览器   C. 管理软件   D. 翻译器

27. DNS 的中文含义是_____。

    A. 邮件系统   B. 地名系统   C. 服务器系统   D. 域名服务系统

28. 具有异种网互联能力的网络设备是_____。

    A. 路由器   B. 网关   C. 网桥   D. 桥路器

29. ADSL 是一种宽带接入技术，通过安装 ADSL Modem 即可实现 PC 用户的高速联网。下面关于 ADSL 的叙述中，错误的是_____。

    A. 它利用普通铜质电话线作为传输介质，成本较低

    B. 在上网的同时，还可接听和拨打电话，两者互不影响

    C. 用户计算机中必须有以太网卡

    D. 无论是数据的下载还是上传，传输速度都很快，至少在 1Mbit/s 以上

30. 下列叙述中，_____是不正确的。

    A. "黑客"是指黑色的病毒   B. 计算机病毒是程序

    C. 网络蠕虫是一种病毒   D. 防火墙是一种被动防卫技术

31. 下述_____不属于计算机病毒特征。

    A. 传染性和隐蔽性　B. 侵略性和破坏性　C. 潜伏性和自灭性　D. 破坏性和传染性

32. 下面关于计算机病毒的一些叙述中，错误的是_____。

    A. 网络环境下计算机病毒可以通过软件下载和电子邮件进行传播

    B. 电子邮件是个人间的通信手段，即使传播计算机病毒也是个别的，影响不大

    C. 目前防火墙还无法确保单位内部的计算机不受病毒的攻击

    D. 多数情况下邮件病毒是通过电子邮件的附件进行传播的，所以打开附件需谨慎

33. 感染_____病毒以后用户的计算机有可能被别人控制。

    A. 文件型病毒　　　B. 蠕虫病毒　　　　C. 引导型病毒　　　D. 木马病毒

34. _____技术可以防止信息被窃取。

    A. 数据加密　　　　B. 访问控制　　　　C. 数字签名　　　　D. 审计

35. 下列软件中，不能制作网页的是_____。

    A. Dreamweaver　　B. FrontPage　　　C. Photoshop　　　D. MS Word

36. 制作网页时，若要使用链接目标在新窗口中打开，则应选择_____。

    A. _blank　　　　　B. _self　　　　　C. _top　　　　　D. _parent

第 5 章

多媒体技术基础

数字电视、数字广播、教育培训、游戏娱乐、电子商务等改变了人们的生活、工作和交流方式。这是由于通信技术、计算机技术和网络技术得到了迅速发展并且相互渗透融合，从而形成了一项新的技术——多媒体技术。多媒体技术使得计算机具备处理图、文、声、像的综合能力，丰富的多媒体信息极大地改善了人机交互界面，为计算机渗透至人们生活、工作的各个领域开辟了广阔的道路。

多媒体技术包括数字媒体的获取、表示和操作、媒体编码、压缩、存储、传输等。本章主要介绍多媒体概述、文本的处理技术、音频处理技术、图形图像与视频媒体处理技术等多媒体技术的基本概念和基础知识。

5.1　多媒体概述

随着通信技术、计算机技术的飞速发展，人们获得信息的方式越来越方便、获得信息的形式越来越丰富、获得信息的途径也越来越多样。作为信息表示和传播的载体，"媒体"一词也越来越为人们所熟知。媒体有时也被称为媒介。媒体包括多种含义，在计算机领域，凡是能表示相应信息的文字、声音、图形、图像、动画、视频等都可以称为媒体。

5.1.1　媒体的概念

媒体的英文是 Medium，复数表示形式 Media。"现代大众传播学之父"施拉姆（Wilbur Schramm）认为"媒体就是插入传播过程之中，用以扩大并延伸信息传送的工具。"一般来说，媒体包含下面两层含义。

① 传递信息的载体，称为媒介，是由人类发明创造的描述和记录信息的抽象表示，也称为逻辑载体，如文字、编码、图形、图像等。

② 存储信息的实体，称为媒质，如纸、磁盘、光盘等实物载体，也称为物理载体。

国际电信联盟（International Telecommunication Union，ITU）从技术的角度定义媒体为感觉、表述、表现、存储和传输。全面、系统地解释了传播范畴的媒体，按照国际电信联盟分类，将媒体划分为以下几类。

① 感觉媒体（Perception）：是指能够直接作用于人的感官，使人产生直接感觉的媒体，如能对视觉、听觉产生感觉的文字、语言、音乐、各种图像、图形、动画等。

② 表示媒体（Presentation）：是指为了处理、加工、传送感觉媒体而人为研究设计出来的媒体，借助这一媒体可以更加有效地表示感觉媒体，或者是将感觉媒体从一方传送到另一方的媒体，这样更便于加工和处理。如文本编码、语言编码、静止或活动图像编码等。

③ 显示媒体（Display）：是显示感觉媒体的设备。显示媒体又分为两类，一类是输入显示媒体，如键盘、话筒、扫描仪、摄像头等，另一类为输出显示媒体，如显示器、打印机、音箱等，指感觉

媒体转换成表示媒体或把表示媒转换成感觉媒体的物理设备。

④ 存储媒体（Storage）：用于存储表示媒体的物理设备，以便计算机处理加工信息编码的物理实体。也即存放感觉媒体数字化代码的媒体称为存储媒体，如磁盘、光盘、磁带等。简而言之，是指用于存放表示媒体的载体。

⑤ 传输媒体（Transmission），传输媒体是指传输信号的物理载体，也就是用来将媒体从一台计算机传送至另一计算机的通信载体，如同轴电缆、双绞线、光纤，乃至于电磁波等都是传输媒体。有时也可将信息存储和信息传输的媒体称为信息交换媒体。

另外，根据媒体对时间的依赖情况，还可以把媒体分为离散媒体和连续媒体。

离散媒体的信息显示不依赖于时间，是一种离散的、非连续的、时间无关的媒体。例如，文本、图形、图像等无实时要求的媒体。

连续媒体是指依赖于时间的媒体，声音、动画、视频等都是连续媒体，其内容随着时间的变化而变化。时间和时序关系是整个信息的一部分，媒体表示要根据时序进行处理。

5.1.2　多媒体的特性

现在的媒体信息一般是集数据、文字、图形图像、动画于一体的综合媒体信息，其主要特性如下。

① 多样性。多样性主要表现为信息媒体的多样化。人类对信息的接收和产生主要靠视觉、听觉、触觉、嗅觉和味觉。这其中视觉、听觉、触觉所获取的信息占了 90% 以上的信息量。但普通计算机远没有人类如此敏锐的感知系统，人类的信息很多是经过变形之后才能为计算机使用。多媒体技术把计算机所能处理的信息空间范围扩展，而不再局限于数值、文本或一些静态的图像。多媒体使得计算机处理的信息多样化，现在主要体现在听觉和视觉两方面，通过对获取的信息进行加工、组合、变换，使计算机所能处理的信息范围从传统的数值、文本、静态图像扩展到声音、动画、视频等。

② 集成性。多媒体的集成性包括两个方面的含义：一是指多媒体技术能将各种单一的、零散的、多种媒体形式的信息有机地进行组合，形成一个完整的多媒体信息，使信息的表现质量得到提高，媒体表现形式得到进一步完善；二是指把多种与媒体相关的外部设备、网络设备与计算机系统连接，合成一个性能较高和功能完备的有机实体，以适应多媒体处理所需要的高速计算能力、并行处理能力、海量存储能力、宽带通信能力和多种多样的输入/输出能力。集成性主要表现为多种媒体信息如文字、图形、图像、语音、视频等信息的集成，就是将各种信息媒体按照一定的数据模型和组织结构集成为一个有机的整体，来传情达意，更形象地实现信息的传播。

③ 交互性。交互性是多媒体技术的关键特性，使人们获取和使用信息由被动变为主动。交互性可以增加对信息的注意力，延长信息保留的时间。交互性将向用户提供更加有效的控制和使用信息的手段，同时也为应用开辟了更加广阔的领域。我们从数据库中检索出文字、声音以及图片资料，这是多媒体的初级交互应用。通过交互特性使用户介入到信息生成过程中，而不仅仅只是获取信息，这是中级交互应用。虚拟现实技术的发展和实现，让我们完全进入到一个与信息环境一体化的虚拟信息空间，这就是高级的交互应用。

④ 实时性。多媒体信息中，很多是与时间有关的媒体信息，多媒体技术由于是多种媒体集成的技术，因此其中的声音及活动的视频图像等都是和时间密切相关的，良好的实时性体现在多媒体信息在传输过程中的快速和交互的及时，用户的任何请求，系统都能立即给予回应，不会因延迟太久而影响用户的接收和视听。

电视能够传播文字、声音、图像集成信息，但它不是多媒体系统。通过电视，我们只能单向被动地接收信息，不能双向地、主动地处理信息，没有所谓的交互性。所谓多媒体，是指能够同时采集、处理、编辑、存储和展示两个或以上不同类型信息媒体的技术，这些信息媒体包括文字、声音、图形、图像、动画和活动影像等，下面就一一介绍文本处理技术、音频处理技术、图形图像与视频处理技术。

5.2 文本处理技术

　　文本信息是计算机处理的最基本信息之一,由于计算机所能处理和存储的数据都是二进制形式,所以文本信息必须按特定的规则进行二进制编码才能被计算机处理。对于文本信息的编码方法较简单,只需将要编码的字符总数确定好,再将每个字符按一定顺序排列,以确定不同的编号,然后把编号以二进制形式处理。这就是字符编码的基本方式,这里编号大小并无意义,这些编号只是用来区分不同的字符。

5.2.1 西文字符

　　西文字符的编码使用最普遍的是美国标准信息交换代码(American Standard Code for Information Interchange, ASCII)。因西文所需处理的各种字符仅包含 96 个可视字符,其中包括数字 0~9, 26 个大写英文字母, 26 个小写英文字母以及各种运算符号、标点符号等;外加 32 个控制字符,共计 128 个需要表示的字符,这就需要有 128 个不同的编码来表示这些符号,在计算机中用 7 位二进制数刚好可以表示 2^7 即 128 种不同的状态,所以 ASCII 采用 7 位二进制数表示一个字符,如表 5-1 所示。

表 5-1　7 位 ASCII 表

$b_3b_2b_1b_0$ \ $b_6b_5b_4$		000	001	010	011	100	101	110	111
		0	1	2	3	4	5	6	7
0000	0	NUL	DLE	SP	0	@	P	`	p
0001	1	SOH	DC1	!	1	A	Q	a	q
0010	2	STX	DC2	"	2	B	R	b	r
0011	3	ETX	DC3	#	3	C	S	c	s
0100	4	EOT	DC4	$	4	D	T	d	t
0101	5	ENQ	NAK	%	5	E	U	e	u
0110	6	ACK	SYN	&	6	F	V	f	v
0111	7	BEL	ETB	'	7	G	W	g	w
1000	8	BS	CAN	(	8	H	X	h	x
1001	9	HT	EM	)	9	I	Y	i	y
1010	A	LF	SUB	*	:	J	Z	j	z
1011	B	VT	ESC	+	;	K	[	k	{
1100	C	FF	FS	,	<	L	\	l		
1101	D	CR	GS	-	=	M	]	m	}
1110	E	SO	RS	.	>	N	^	n	~
1111	F	SI	US	/	?	O	_	o	DEL

　　ASCII 用 7 位二进制编码就够了,但是计算机内存储信息的最小单位为字节,也就是 8 位二进制数,因此 ASCII 的最高位为 "0"。一般情况下,最高位做校验位。

　　对于表中几个特殊字符的 ASCII 值,需要读者记住,如 "A" 的编码为 01000001,对应的十进制数为 65,十六进制数为 41H;"a" 的编码为 01100001,对应的十进制数为 97,十六进制数为 61H;"0" 字符的编码为 00110000,对应的十进制数为 48,十六进制数为 30H。

　　根据表 5-1 可以很容易地写出各西文字符的 ASCII。例如,大写 "V" 的 ASCII 是 01010110 (56H),大写 "P" 的 ASCII 码是 01010000 (50H)。

5.2.2 中文字符

中文的字符集要比西文字符集大得多，而且中文是象形文字，处理中文编码时，对输入中文、内部处理中文、输出中文时编码的方式各不相同，而西文字符的输入、内部处理、存储都采用同一编码，所以中文的编码要比西文编码复杂得多。中文的编码大致有3种：汉字输入码、汉字机内码和汉字字形码。

1．汉字输入码

计算机标准键盘上并没有汉字，要利用键盘向计算机输入汉字需要通过按键的不同组合来输入不同的汉字，这就需要编制相应的中文输入编码。根据输入编码方式的不同，大致将输入法分成以下几种类型。

（1）字音编码

此类编码是采用汉语拼音的方法来输入汉字，特点是简单易用，但重码率高，如智能 ABC、全拼等输入法。

（2）字形编码

此类编码是根据汉字字形特点来输入汉字，特点是输入速度快，重码率低，但规则烦琐，不易掌握，如五笔字型、表形码等。

（3）数字编码

此类编码是采用不同数字来表示不同汉字的方法来输入汉字，其特点是无重码，但难以记忆，如区位码等。

此外还有音形结合的编码，如自然码等，现在使用普遍的输入法还有手写汉字输入法，语音汉字输入法等。不管哪一种输入法，都是人们向计算机输入汉字的手段而已，而汉字在计算机内部还是以二进制形式表示也就是机内码。

2．汉字机内码

为了计算机处理汉字信息的需要，我国在1980年颁布了《信息交换用汉字编码字符集·基本集》（GB2312）。该标准共收录汉字、字母、数字等各种符号7 445 个，由3部分组成。第一部分为字母、数字以及各种符号共 682 个（统称为 GB2312 图形符号）；第二部分为一级常用汉字，共3 755个，以汉语拼音顺序排列；第三部分为二级常用汉字，共3 008 个，按偏旁部首顺序排列。

为了编码，将汉字分成 94 区，每区设置 94 个位置，也就是一个 94×94 的二维表，每个位置定位一个汉字，这样就可以分别用区号、位号来定位一个汉字，例如，"中"字就在该阵列的 54 区 48 位，所以"中"的区位码为 5448。考虑到与 ASCII 的编码类似，国标码也使用了每个字节的低 7 位，每个汉字采用两个字节表示，为了与 ASCII 中可打印字符的取值范围一致，实际每个字节的编码取值范围为 33～126（其中 0～32 表示控制字符，127 表示 DEL，余下 94 种状态可表示可打印字符，这也就是区位码分成 94 区、94 位的原因）。所以只需把区位码的区号和位号分别加上 32 形成国标码。"中"字的国标码为 8680（见例 5-1）。

【例 5-1】

```
"中"字的区位码：    54  48
                +   32  32
"中"字的国标码：    86  80
（十进制形式）
```

此时的 86 和 80 是两个十进制数，国标码多用十六进制表示，"中"字的国标码为：5650H（见例 5-2）。

【例 5-2】

```
16 | 86  ……6        16 | 80  ……0
16 | 5   ……5        16 | 5   ……5
     0                   0
```

"中"字的国标码：5650H

（十六进制形式）

56H 为 ASCII 表中的"V"，50H 为 ASCII 码表中的"P"，也就是说"中"字如果以 5650H 在计算机中表示的话，会与西文字符"V""P"混淆，为了与西文字符区分开来，利用西文字符最高位为"0"的特点，把中文字符最高位置"1"，以示区别。所以以 GB2312 标准"中"字在计算机内的机内码为 D6D0H（见例 5-3）。GB2312 的所有字符和汉字在计算机内都采用 2 个字节来表示，且每个字节最高位均为"1"。

【例 5-3】

```
    0101 0110                0101 0000
  + 1000 0000              + 1000 0000
    1101 0110                1101 0000
      D 6 H                    D 0 H
```

"中"字的机内码为 D6D0H（GB2312）

GB 2312 只有 6 763 个简体汉字，在表示古文字、繁体字以及一些生僻的地名等有缺憾。我国于 1995 年发布了又一个汉字编码标准——《汉字内码扩展规范》，GBK 码。它共有 21 003 个汉字和 883 个图形符号，当然它包括 GB 2312 标准的全部汉字和符号，与 GB 2312 向下兼容，因此所有与 GB 2312 相同的符号和汉字，其编码也与 GB 2312 相一致，新增加的符号和汉字则采用另外的编码。GBK 的所有字符和汉字在计算机内也都采用 2 字节来表示，其第 1 字节的最高位必须为"1"，第 2 字节的最高位可以是"0"或"1"。

为了实现全球不同语言文字的统一编码，国际标准化组织制订出了"通用多 8 位编码字符集" UCS 标准，其最新标准包含了世界各国和地区当前使用的各种书写符号共约 11 万个字符，与此等同的还有由微软、IBM 等公司联合制订的工业标准称为联合码（Unicode 码）。

21 世纪后，为了能与国际标准 UCS（Unicode）接轨，并保护已有的大量中文信息资源，我国发布并执行新的汉字编码国家标准 GB18030，采用双/四字节混合编码。

3. 汉字字形码

汉字字形码用于汉字在显示器或打印机上输出，也称汉字字模。通常有两种表示方式：点阵表示方式和矢量表示方式。

点阵表示方式就是用汉字字形点阵的代码来表示该汉字字形码。根据输出汉字点阵的多少，简易型汉字为 16×16 点阵，提高型汉字为 24×24 点阵、32×32 点阵、48×48 点阵等。点阵规模越大，字形越清晰，当然所占有的存储空间也大。以 16×16 点阵为例，每个汉字字形就要占用 16×16÷8=32B，图 5-1 所示为"大"字的 16×16 点阵字形。由此可见一个简易汉字字形在机内占有 32B，一个汉字机内码占 2 字节，所以字模点阵只能用来构成"字库"，而不用于存储汉字。字库中存储了每个汉字的点阵代码，需要输出时检索字库，输出字模点阵，就在显示器或打印机上得到了字形。

矢量表示方式是存储汉字字形的轮廓特征，需要输出汉字时，由计算机计算来生成所需大小和形状的汉字字形。矢量表示方式描述的汉字与显示的大小无关，不会因为字形放大而效果差，生成的汉字输出字形质量高。

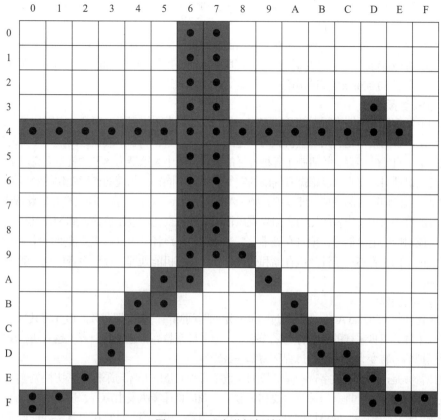

图 5-1　16×16 字形点阵示例

声音是人们用来传递信息最自然、最熟悉的方式，也是人类进行交流和认识自然的重要媒体形式之一，语言、音乐等自然界的各种声响构成了声音的丰富内涵，人类一直被包围在丰富的声音世界之中。想要将音频信号集成到多媒体信息中，为了实现这一目标科学家们付出了艰辛的劳动，并取得了突破，尤其在 20 世纪 90 年代，计算机的音频技术在多媒体环境中得到了淋漓尽致的发挥和体现。

计算机是如何处理声音的？我们不妨先来对自然界的声音现象做一简单了解。

5.3.1　声音的特性

声音是由物体振动产生的，任何振动都会带动空气中的分子振动，这种振动被我们的耳膜所感知，就是我们所听到的声音。

声音在物理学上有 3 个基本特性，分别是频率、振幅和音色。对应于人的主观感觉就是音调、响度和音色。

频率就是物体在振动时，单位时间内的振动次数，单位为赫兹（Hz）。物体振动越快，频率就越高，人们听到的音调也越高。所以我们也把声音称为"音频"。

振幅是指发声物体在振动时偏离中心位置的幅度，表示发声物体振动时动能、势能的大小。振幅是由物体振动时所产生声音的能量或声波压力的大小所决定的。声能、声压越大，引起人感觉到的响度也越大。所以物理学上声音被视为一种有能量的波，即声波。

声波的波形决定声音的纯度，也即音色。即使两个声音的振幅和频率都一样，但如若它们的波形不一样，听起来也会有明显的差别。

声音在生活中无处不在，不但能够为人们传递信息，优美的音乐也能够给人带来愉悦的感受。但并不是所有声音都是人耳可以捕捉到的，人耳可听到的频率范围为 20～20 000Hz，低于 20Hz 称为次声波，高于 20 000Hz 称为超声波。

1. 模拟音频

最初声音信息是不能进行存储和回放的，直到爱迪生发明留声机，声音才得以记录和回放。人们最早记录声音的技术是利用一些机械的、电的或磁的参数，随着声波引起的空气压力的连续变化来模拟并记录自然的声音，并研制了各种各样的设备，其中大家最为熟悉的就是麦克风了。当我们对着麦克风讲话时，麦克风能根据其周围的空气压力的不同输出相应的连续变化的电压值，这个电压值就是对人讲话声音的模拟，即模拟音频（Analog Audio）它把声音的压力变化转化成电压信号，电压信号的大小对应于声音的压力。当麦克风输出的连续变化的电压值输入到录音机时，录音设备将它转换成对应的电磁信号，记录在磁带上，这就记录了声音。因计算机只能处理数字信号，所以这种方式记录的声音不利于计算机存储和处理，要使计算机能处理、存储声音信息，就必须将模拟音频数字化。

2. 数字化音频

数字化音频（Digital Audio）是通过间隔一定的时间测量一次模拟音频的值并将其数字化。这一过程称为采样，每秒采样的次数称为采样率。一般采样率越高，记录的声音就越真切，反之就会失真。由模拟信号转变为数字量的过程称为模—数转换。

模拟音频是连续的，数字音频是离散的，数字音频质量的好坏与采样率密切相关。数字音频信息能被计算机存储、处理。但计算机要利用数字音频信息让喇叭发出声音，还需要一设备将离散的数字音频信号还原为连续的模拟信号，这一过程称为数—模转换。计算机上具备处理这项功能的部件就是声卡。

5.3.2 声音信号的数字化

自然界的声音是一种模拟的音频信息，而计算机只能处理数字量，这就要求将声音信号数字化。音频信号数字化具有：传输过程抗干扰能力强，易于处理，重放性能好，还能对声音数据进行压缩的优点。要将模拟音频信息数字化，其关键步骤是采样、量化和编码。

目前将模拟信号数字化已经有了坚实的理论基础和成熟的实现技术，PCM 技术（脉冲编码调制技术）在数字音频系统中使用较为广泛。图 5-2 所示为 PCM 方法的工作原理。

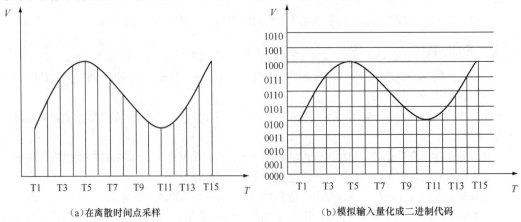

（a）在离散时间点采样　　　　　　　　（b）模拟输入量化成二进制代码

图 5-2　PCM 工作原理

1. 采样

图中曲线代表声波模拟量，是连续变化的（如电压值 V），时间轴以离散分段的方式来表示，并以固定的时间间隔来测量相应的值，也就是离散化的样本采集，这样的处理方式称为采样。每个采样点用相应的电压值数字化，计算机存储下来的就是这些数字，而不是波形。

每秒采样的次数称为采样频率也叫采样率。采样率的倒数是采样时间，采样时间间隔越短，采样率越高，记录下来的数字音频与模拟音频就越接近。为了保证数字化音频不失真，选择合适的采样率是重要的工作之一。那么，怎样才能用数字化音频精确表示模拟音频波形呢？经过长期研究，人们已经形成了一套采样理论。根据奈奎斯特（Nyquist）采样定律，我们要想获得无损的采样，必须以波形允许的最高频率的两倍作为采样率。我们人耳可听到的频率范围为 20～20 000Hz（20～20kHz），按照此定律，采样率要大于 40kHz 就能满足需要。实际采样中，一般采用 44.1kHz 作为较高质量声音的采样率。当前市场上非专业声卡的最高采样率为 48kHz，专业声卡能达到 96kHz 甚至更高。

2. 量化

将采样后得到的音频信息进行数字化的过程称为量化。也就是把每个采样点的信息数字化。把连续的幅值转换成离散的值，一般采用的量化方法是均匀量化法。量化等级的数量越多，精度越高，引进的噪声越小，这也就是为什么用 16 位二进制数表示的音质比 8 位二进制数表示的音质要好得多。因此量化位数是影响量化精度的一个重要因素。量化位数 2 位，则有 4 个区分度，量化位数 4 位，则有 16 个区分度，量化位数 8 位，则有 256 个区分度，量化位数 16 位，则有 65 536 个区分度。区分度越高，与模拟量的误差就越小。

3. 编码

编码是将量化后的整数值用二进制数码来表示。每个采样值的二进制码组成为码字，其位数称为字长。若有 N 个量化级，则每次采样需要 $\log_2 N$ 位二进制码。

编码的方法有多种，很多编码方案均结合了数据压缩技术，根据数据质量有无损失（即有无失真）可分为无损编码和有损编码。最常用的编码方式是脉冲编码调制（Pulse Code Modulation，PCM），它具有抗干扰能力强、失真小、传输性稳定等优点。

声音的数字化过程通常需要上述 3 个步骤：采样、量化和编码。计算机上的声音数字化设备就是声卡，声卡具有双向转换功能，既能将模拟声音数字化，也能将数字化声音转换成模拟信号通过喇叭播放出来。把模拟音频信号转变为数字音频信号的过程称为声音的数字化，它是通过对模拟音频信号进行采样、量化和编码来实现的，如图 5-3 所示。

图 5-3　模拟音频信号数字化过程

经过采样和量化后的声音信号再经过编码后就形成了数字音频信号，可以磁盘文件形式保存到计算机的存储介质中，称为音频文件。文件的大小与采样率和量化位数有关，未经压缩的音频文件大小可以用以下公式进行计算：

$$每秒数据量（字节数）=采样率（Hz）×量化位数（bit）×声道数÷8$$

其中，每秒数据量的单位是字节（B）；采样率的单位是赫兹（Hz）；量化位数的单位是位（bit）；声道数无单位。声道数是指所使用的声音通道的个数，它表明声音记录只产生一个波形（即单音或单声道）还是两个波形（即立体声或双声道）。当然立体声听起来要比单音丰满优美，但需要两倍于单音的存储空间。

第5章　多媒体技术基础

【例5-4】 以44.1kHz的采样率，每个采样点采用16位的二进制数表示，则录制1min的立体声（声道数2）节目，未经压缩的数据量为

$$44\,100 \times 16 \times 2 \div 8 \times 60 = 10\,584\,000B \approx 10MB$$

由例题可见数字化波形声音的数据量非常大，立体高保真的数字音乐1min的数据量大约为10MB，1小时的数据量达到600MB。为了降低存储的成本，提高传输效率，对数字声音进行数据压缩十分必要。

5.3.3 音频信息的压缩技术

对数字波形声音进行数据压缩十分必要，也是完全可行的。因为声音信号中有大量的冗余信息，加上人的听觉感知特性，使得压缩数字化音频信息数据量成为可能。也因此产生了许多压缩算法。一个好的声音数据压缩算法要能做到压缩倍数高，声音失真小，算法简单，编码/解码成本低。

音频信息的压缩方案有多种。从压缩数据还原是否失真来分有两种，即无损压缩和有损压缩。无损压缩细分又有哈夫曼（Huffman）编码和行程编码。有损压缩又可分为波形编码、参数编码和同时应用前两种技术的混合编码。波形编码利用采样和量化过程来表示音频信号，使编码后的波形与原始波形尽可能匹配。它根据人耳的听觉特性进行量化，以达到压缩数据的目的。波形编码的特点是在较高码率的条件下可以获得高质量的音频信号，适合对音频信号的质量要求较高和高保真语音与音乐信号的处理。参数编码把音频信号表示成某种模型的输出，利用特征提取的方法抽取必要的模型参数和信号信息，并对这些信息编码，最后再输出合成原始信号。参数编码的压缩率较大，但计算量也大，保真度不高，适合于语音信号的编码。混合编码则介于波形编码和参数编码之间，集中了这两种方法的优点。

下面介绍几种常用的全频带声音的压缩编码方案。

1. MPEG-1

1991年国际标准化组织和国际电信联盟开始联合制定面向多媒体信息的压缩标准，为此成立了运动图像专家组（Moving Picture Experts Group，MPEG）。该小组制定了一系列MPEG标准，用于压缩运动图像信息、声音信息和视音频同步的信息，以及数字媒体的存储与重现。

MPEG-1的声音压缩编码标准分为3个层次：第1层（Layer 1）的编码较简单，主要用于数字合式录音磁带；第2层（Layer 2）的算法复杂度为中等，主要应用于数字音频广播和VCD等；第3层（Layer 3）的编码较为复杂，主要应用于因特网上高质量声音的传输。MP3音乐就是采用的MPEG-1第3层的标准，它能以10～12倍的压缩率来降低高保真数字声音的数据量。

2. MPEG-2

MPEG-2的声音压缩编码采用与MPEG-1相同的编译码器，但它能支持5.1声道和7.1声道的环绕立体声。这不仅成为DVD影片的格式，而且还能适应新一代的高清晰度电视（High Definition Television，HDTV）要求。

3. MPEG-4

MPEG-4压缩技术是通过多媒体传送整体框架（The Delivery Multimedia Integration Framework，DMIF）原理，来建立用户端和服务器端的交互和传输。借助DMIF该标准可以提供具有保证频宽的通道，以及面向每个基本串流的速度。可以说MPEG-4的诞生，成为新一代影像压缩技术成长的推手。

5.3.4 声音的重构

经过采样、量化、编码3个步骤我们就得到了便于计算机存储和处理的数字语音信息，若要重新播放数字化的声音，还必须要经过解码、D-A转换和插值。其中解码是编码的逆过程，也称解压

缩；D-A 转换是将数字信号再转化成为模拟信号，便于喇叭发音；插值是为了弥补在采样过程中引起的语音信号失真而采取的补救措施，可以使声音更加真实自然。图 5-4 所示为声音的重构过程。

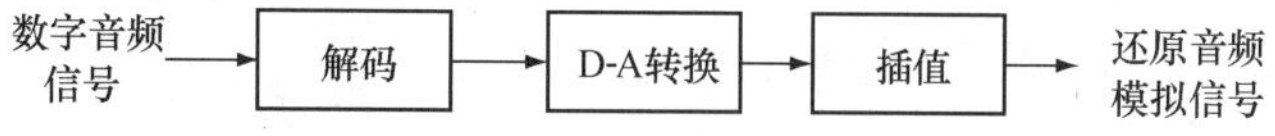

图 5-4　声音的重构过程

5.3.5　音频文件的存储格式

音频数据是以文件的形式保存在计算机中。在因特网上、计算机上运行的音频文件格式有很多，目前比较流行的有 .WAV、.MP3、.WMA 等，下面简单介绍几种较为常见的音频文件及其特点。

1．WAV 格式

WAV 格式音频文件是 Microsoft 和 IBM 共同开发的 PC 标准声音格式。没有采用压缩算法，因此无论进行修改还是剪辑都不会产生失真，而且处理速度也相对较快。这类文件最典型的代表就是 PC 上的 Windows PCM 格式文件，它是 Windows 操作系统专用的数字音频文件格式，扩展名为 wav，即波形文件。

标准的 Windows PCM 波形文件包含了 PCM 编码数据，这是一种未经压缩的脉冲编码调制数据，是对声波信号数字化的直接表示形式，主要用于自然声音的保存与重放。其特点是声音层次丰富、还原性好、表现力强，如果使用足够高的采样率，其音质极佳。WAV 格式文件是数字音频技术中最常用的格式，几乎所有的播放器均能播放 WAV 格式的音频文件，而 PowerPoint、多媒体工具软件、各种算法语言都能直接使用。但是，波形文件的数据量比较大，其数据量的大小直接与采样率、量化位数和声道数成正比。

2．MIDI 格式

MIDI 格式文件是电子乐器数字接口（Musical Instrument Digital Interface）的缩写，是一种用于计算机和音乐合成器、乐器之间交换音乐信息的标准协议。MIDI 是计算机和乐器使用的一种标准语言，它其实是一整套指令，由指令指示要做什么、如何做。MIDI 不是声音信号，而是发给 MIDI 设备或其他装置让它产生声音或执行某个动作的指令。

MIDI 文件记录的并不是声音经数字化后的波形数据，而是一系列计算机指令，编辑指令要比编辑声音波形要容易得多，所以 MIDI 音乐容易编辑，而且 MIDI 文件比波形文件的数据量小，还可以与其他媒体，如数字电视、图形、语音等一起播放，以加强演示效果。

3．MP3 格式

MP3 是对 MPEG Layer 3 的简称，它是用一种按 MPEG 标准的音频压缩技术对 WAV 文件进行压缩而得到的数字音频文件，是一种有损压缩，通过记录未压缩的数字音频文件的音高、音色和音量信息，在它们的变化相对不大时，用同一信息替代，并且用一定的算法对原始的声音文件进行代码替换处理，这样就可以将原始数字音频文件压缩得很小。MP3 文件的特点是能以较小的比特率、较大的压缩率达到近乎 CD 的音质，MP3 具有 1∶10～1∶12 的高压缩率，相同长度的音乐文件，用 MP3 格式来存储，一般只有 WAV 文件的 1/10，当然音质要次于 WAV 格式的声音文件。由于人耳的听觉特性，可以认为 MP3 是一种文件尺寸小、音质好的数字化声音保存格式。

MP3 的流行得益于 Internet 的发展，网络代替了传统唱片的传播途径，扩大了数字音乐的流传范围，加速了数字音乐的传播速度，MP3 凭借其优美的音质和高压缩比成为 Internet 上最为流行的音乐格式。

4．CD 格式

CD 格式的音频文件扩展名为 CDA。标准 CD 格式的采样率为 44.1kHz，量化位数为 16bit，速率为 176kbit/s。CD 音轨是近似无损的，因此它的声音基本保真度高。CD 可以在 CD 唱机中播放，也能用计算机中的各种播放软件来重放。一张 CD 可以播放 74min 左右。

一个 CD 音频文件是一个 CDA 文件,这只是一个索引信息,并不是真正地包含声音信息,所以不论 CD 音乐的长短,在计算机上看到的.cda 文件都是 44B。不能直接复制 CD 格式的 CDA 文件到硬盘上播放,需要使用音频抓轨软件进行格式转换。

5. WMA 格式

WMA(Windows Media Audio)文件是 Windows Media 格式中的一个子集,而 Windows Media 格式是由 Microsoft Windows Media 技术使用的格式,包括音频、视频或脚本数据文件,可用于创作、存储、编辑、分发、流式处理或播放基于时间线的内容。

WMA 文件能以只有 MP3 文件一半数据量大小保持相同的音质。同时,现在的大多数 MP3 播放器都支持 WMA 文件。

声音是表达信息的一种有效方式。在多媒体应用中,适当地运用语音和音乐,能起到文本等媒体无法替代的效果,使得要表达的信息更生动形象。

5.4 图形与图像处理技术

在日常生活中,我们会认为图形和图像基本是一致的,但在计算机中的数字图像按生成方法不同而分为两类:图形和图像。图形是使用计算机合成或者也称计算机制作的图像,使用计算机来描述相应景物的形状、结构等而生成的景物的图像,称之为矢量图形或称作图形。图像是从现实世界中通过扫描仪、数码相机等设备获取的图像,称之为取样图像,也称位图图像或点阵图,简称图像。下面就分别介绍图形与图像这两种计算机中的数字图像。

5.4.1 图形

图形又称矢量图形或几何图形,它是指用计算机绘图工具绘制的画面,用一组指令来描述,这些指令给出构成该画面的所有直线、曲线、矩形、椭圆等的形状、位置、颜色等各种属性和参数。这种方法实际上是用数学方法来表示图形,然后变成许许多多的数学表达式,编制成程序,用程序语言来表达。这种方法不存储图像每一点的数据,而是存储图像内容的轮廓部分,输出时由程序执行相应的数学算法把轮廓、颜色以及相关渲染效果"画"到屏幕上;其特点是不需存储大量数据,文件规模小,可以任意缩放而不会改变图像质量,适合描述轮廓明显的图形。

通常图形绘制和显示的软件称为绘图软件,如 CorelDraw、Freehand 和 Illustrator 等。它们可以由人工操作交互式绘图,或是根据一组或几组数据画出各种几何图形,并可方便地对图形的各个组成部分进行缩放、旋转、扭曲和上色等编辑和处理工作。

矢量图形的优点在于不需要对图上每一点进行量化保存,只需要让计算机知道所描绘对象的几何特征即可。比如要描绘一个圆,只需要知道其半径和圆心坐标,计算机就可调用相应的函数画出这个圆,并填上相应的颜色,就得到相应的图像。因此矢量图形所占用的存储空间相对较少,而且图形放大缩小不会失真。矢量图形主要用于计算机辅助设计、工程制图、广告设计、美术字和地图等领域。

5.4.2 图像

图像是由图像输入设备拍摄或采集的实际场景或任意画面,视觉效果如同照片,使用扫描仪和数码相机等图像采集设备都可获得数字化的图像。图像通常又称点阵图像或位图图像,它是指在空间和亮度上已经离散化的图像。以点阵形式描述一幅图,即图中所有点的数值组成了一个矩阵,这个矩阵与照片和屏幕上的像素矩阵有对应关系,一般适用于描述和显示彩色照片一类的图像,特别是要想达到较高质量的分辨效果,需要足够密度的像素矩阵,数据量会很大,进行缩放操作可能会改变图像的清晰度，从而影响图像的质量；可以把一幅位图图像理解为一个矩形，矩形中的任一元素都对应图像上的一个点，在计算机中对应于该点的值为它的灰度或颜色等级。这种矩形中的元素就称为像素，像素的颜色等级越多则图像越逼真。因此，图像是由许许多多像素组合而成的。

计算机上生成图像和对图像进行编辑处理的软件通常称为绘画软件，如 Photoshop、PhotoImpact 和 PhotoDraw 等。它们的处理对象都是图像文件，它是由描述各个像素点的图像数据再加上一些附加说明信息构成的。位图图像主要用于表现自然景物、人物、动植物和一切引起人类视觉感受的景物，特别适应于逼真的彩色照片等。通常图像文件总是以压缩的方式进行存储的，以节省内存和磁盘空间。

图形与图像除了在构成原理上的区别外，还有以下几点区别。

① 图形的颜色作为绘制图元的参数在指令中给出，所以图形的颜色数目与文件的大小无关；而图像中每个像素所占据的二进制位数与图像的颜色数目有关，颜色数目越多，占据的二进制位数也就越多，图像的文件数据量也会随之迅速增大。

② 图形在进行缩放、旋转等操作后不会产生失真；而图像有可能出现失真现象，特别是放大若干倍后可能会出现严重的颗粒状，缩小后会丢失部分像素点。

③ 图形适应于表现变化的曲线、简单的图案和运算的结果等；而图像的表现力较强，层次和色彩较丰富，适应于表现自然的、细节的景物。

图形侧重于绘制、创造和艺术性，而图像则偏重于获取、复制和技巧性。在多媒体应用软件中，目前用得较多的是图像，它与图形之间可以用软件来相互转换。利用真实感图形绘制技术可以将图形数据变成图像，利用模式识别技术可以从图像数据中提取几何数据，把图像转换成图形。

5.4.3 数字图像数据的获取

图像数据的获取其实质是模拟信号数字化的过程，它分 3 个处理步骤：采样、分色、量化（见图 5-5）。

（1）采样

采样时将整个画面划分为 $M×N$ 个网格，每个网格就是一个采样点，用它的亮度值表示。一幅模拟图像就转换为 $M×N$ 个采样点组成的一个阵列。

（2）分色

将彩色图像采样点的颜色分解为 3 个基色，如 R、G、B 三基色。如不是彩色图像，则不必进行分色，每个采样点只有一个亮度值。

（3）量化

对采样点的每个分量进行模—数转换（A-D 转换），把模拟量的亮度值使用数字量来表示，一般用 8～12 位二进制正整数表示。

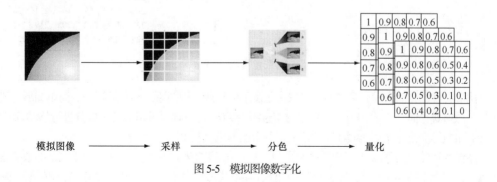

图 5-5 模拟图像数字化

5.4.4 数字图像的表示

由数字图像数据的获取我们知道了一幅取样图像由 $M \times N$ 个采样点组成，每个采样点就是组成采样图像的最基本单位，称为像素。计算机可以控制像素的明暗度和颜色。颜色的控制基于三原色原理，自然界中的所有颜色都可以用红、绿、蓝（RGB）这 3 种基本色来合成，每种基本色取不同的强度就能合成不同的颜色。每个像素的三原色 R、G、B 分别用一个整数来表示，如（0，0，0）表示白色，（1，1，1）表示黑色，这些整数的取值范围决定了像素可产生颜色的数目。如果让三原色各用 8 位二进制数表示，一种基色的强度有 2^8 种，3 种基色组合则有 $2^8 \times 2^8 \times 2^8$ 种，则一个像素可显示 2^{24} 种颜色，足够表达原始图像的真实色彩（即所谓的"真彩色"）。对于一个图形，可以将它看作是由一定数量的点（像素）组成，如果将这些点的颜色或明暗度以及相对位置以 8 位或 24 位二进制数表示，就实现了这个图形的数字化。

彩色图像的像素由多个彩色分量组成，一般有 3 个分量（R、G、B）。黑白图像的像素只有 1 个亮度值。由此可知，采样图像在计算机中的表示：彩色图像用一组矩阵来表示（一般是 3 个矩阵），矩阵的行数称为图像的垂直分辨率，列数称为图像的水平分辨率，矩阵中的元素是像素颜色分量的亮度值，使用整数表示，一般是 8～12 位二进制正整数（见图 5-6）。黑白图像只用一个矩阵来表示即可（见图 5-7）。

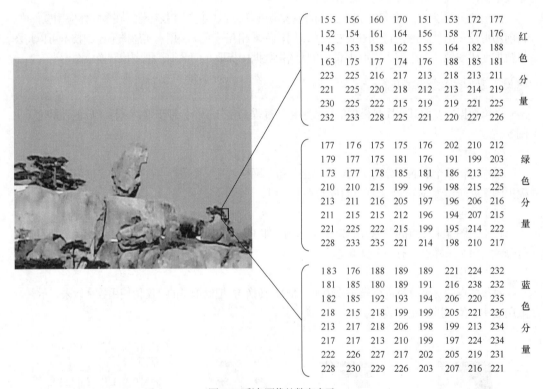

图 5-6　彩色图像的数字表示

图形文件的存储表示有多种形式，取决于图形的形式、构图原理和压缩算法。简单图形一般采用矢量图形式存储，以图中各成分为单位描述图形参数，通过程序可以对各个成分进行移动、缩放、旋转和扭曲等变换操作，能够在绘图仪上将各个图形成分输出。

图像的存储方式可以是位图或矢量图，取决于采集设备和图像生成软件。由于图像的数字化结果需要占用大量的存储空间，几乎所有的图像存储格式都采用压缩技术，以提高存储和传输的效率。

图像编码格式的规范不但要考虑到图像质量，还要考虑便于对图像进行编辑操作，例如对图像进行剪切、缩放、旋转、着色等。

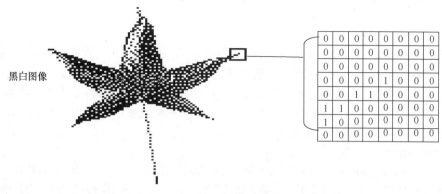

图 5-7　黑白图像的数字表示

5.4.5　静态图像压缩

对图像数据进行压缩主要通过编码技术来实现，也分为无损编码和有损编码两种。用于图像压缩的算法也有很多，这里简单介绍一下静止图像编码联合专家组（Joint Photographic Expels Group，JPEG）标准。国际标准化组织和国际电信联盟为制定压缩编码和通用算法的国际标准，建立了JPEG。该小组为静态图像压缩制定的标准被称为 JPEG 标准。

JPEG 标准用于连续色调、多级灰度、彩色、单色静态图像的压缩。压缩的工作方式分为两种：顺序方式和渐近方式。

在顺序方式中，图像被分割为成行成列的小块，编码时由左至右、自上而下地逐行逐列对每个小块进行运算，直到所有小块都被编码为止。每个小块的编码均一次完成。解码时按编码顺序逐块解码，也是一次完成。

在渐近方式中，需要对图像进行多次编码。先对整个图像以低于最终质量要求（分辨率或精度）的标准进行编码，完成后再以较上次高一级的质量要求进行第二次编码，但仅传输和处理为改善质量所需要增加的那部分信息。这种过程重复若干次，直至达到最终的质量要求为止。每次编码的子过程仍然是顺序方式。相应地，解码过程也是分为若干步，先解出较低质量的图像后，加上改善质量的附加信息进行第二次解码，得到质量高一级的全幅图像，如此重复若干次，直到显示出最终质量的图像。渐近方式也称为渐近传输，非常适合于网络传输的图像。渐近传输的特点使浏览器显示JPEG 图像时，可以解压出逐步清晰的图像，在传输未完时用户即可判断是否需要等待图像全部解出，以节省时间浏览其他信息。

早期的 JPEG 压缩属于有损压缩方式，压缩比较高时，产生的失真度也较大。为了适应高质量图像处理的要求，JPEG 专家组制定了 JPEG2000 标准，于 2000 年 3 月发布。该标准采用了以离散小波变换算法为主的多解析编码方式，具有高压缩比、无损压缩、渐近传输和区域压缩等特点。JPEG2000 使具有较高压缩比的图形文件（如一张 1 000KB 的 BMP 文件压缩成 JPEG 格式后只有20～30KB）在压缩过程中的失真程度很小。

5.4.6　常用图像文件格式

1. BMP 格式

BMP 图像是微软公司在 Windows 操作系统下使用的一种标准图像文件格式，一个文件存放一幅图像，可以使用行程长度编码（Run Length Encoding，RLE）进行无损压缩，也可以不压缩。不压缩的 BMP 文件是通用的图像文件格式，几乎所有 Windows 应用软件都能支持。

2. JPEG 格式

目前最流行的压缩图像文件格式，采用静止图像数据压缩编码的国际标准压缩，大量用于因特网和数码相机等。

3. GIF 格式

GIF（Graphics Interchange Format）是目前因特网上广泛使用的一种图像文件格式，它的颜色数目较少，一般少于 256 色，文件特别小，适合网络传输。由于颜色数目有限，GIF 适用于插图、剪贴画等色彩数目不多的应用场合。GIF 格式能够支持透明背景，具有在屏幕上渐进显示的功能。特别是可以将许多张图像保存在同一个文件中，显示时按预先规定的时间间隔逐一进行显示，从而形成动画效果，在网页制作中大量使用。

4. TIFF 格式

TIFF（Tag Image File Format）是 Mac 中广泛使用的图像格式，它由 Aldus 和微软公司联合开发，最初是出于跨平台存储扫描图像的需要而设计的。它的特点是图像格式复杂、存储信息多。正因为它存储的图像细微层次的信息非常多，图像的质量也得以提高，故非常有利于原稿的复制。该格式有压缩和非压缩两种形式，其中压缩的 TIFF 文件可采用 LZW 无损压缩方案存储。目前在 Mac 和 PC 上移植 TIFF 文件也很方便，因此 TIFF 文件格式也是当前微机上使用较广泛的图像文件格式之一。

5. PSD 格式

PSD（Photoshop Document）是 Adobe 公司的图像处理软件 Photoshop 的专用格式。PSD 其是 Photoshop 进行平面设计的一张"草稿图"，它里面包含有各种图层、通道、遮罩等多种设计的样稿，以便于下次打开文件时可以修改上一次的设计。在 Photoshop 所支持的各种图像格式中，PSD 存取速度比其他格式快很多，功能也很强大。由于 Photoshop 越来越被广泛地应用，所以这种格式也逐步地流行起来。

6. PNG 格式

1994 年，由于 Unysis 公司宣布 GIF 是拥有专利的压缩方法，要求开发 GIF 软件的作者必须交一定费用，由此促使了免费的 PNG 图像格式的诞生。PNG 一开始便结合了 GIF 和 JPEG 两家之长，1996 年 PNG 向国际网络联盟提出并得到推荐认可，大部分绘图软件和浏览器开始 PNG 图像浏览，从此 PNG 图像格式便生机焕发。PNG 是目前保证最不失真的格式，它汲取了 GIF 和 JPEG 的优点，兼有 GIF 和 JPEG 的色彩模式，并能把图像文件压缩到极限以利于网络传输，但又能保留所有与图像品质有关的信息，因为 PNG 采用无损压缩方式来压缩文件，这与 JPEG 牺牲图像品质以换取高压缩率不同。PNG 文件的显示速度很快，只需下载 1/64 的图像信息就可以显示出低分辨率的预览图像，PNG 还支持透明图像的制作。唯一的缺点是不支持动画效果。Macromedia 公司的 Fireworks 软件的默认格式就是 PNG。

7. SVG 格式

SVG（Scalable Vector Graphics）是可缩放的矢量图形。它基于 XML，由 World Wide Web Consortium（W3C）联盟进行开发。用户可以直接用代码来描绘图像，可以用任何文字处理工具打开 SVG 图像，通过改变部分代码来使图像具有交互功能，并可以随时将 SVG 图像插入 HTML 中以便通过浏览器观看。

5.5 视频媒体处理技术

视频是运动的图像，即具有一定的时间长度并能够以某种频率连续播放的图像信息，一般是指录影和录像一类的媒体。

5.5.1 视频媒体

视频信息（Video）是由一幅幅的静态图像组成的。视频信息有 3 项技术指标：色彩、分辨率和帧速率。例如，目前的高分辨率电视图像有 65 536 种颜色，576 行扫描线，25 帧/s 的帧速率。电影播放的帧速率大约是 24 帧/s，是人眼睛视觉暂留允许的最低速率。

数字视频（Digital Video）是数字化的视频信息，生活中可以使用摄像机一类的视频捕捉设备进行录制。传统的视频源如录像带、摄录机、LD 视盘、CCD 摄像头、监视器的视频输出等，可以使用视频采集卡将模拟视频进行数字化。采集卡将视频信号经过数字化转换后，经过 PCI 总线实时送往内存和显存。播放时，视频信号被转变为帧信息，并以约 30 帧/s 的速度投影到显示器上。

视频信息数字化以一幅一幅的彩色画面为单位进行。每幅彩色画面用亮度（Y）和色差（U、V）3 个分量来确定分辨率，需要对 Y、U、V 分别采样和量化才能得到一幅数字图像。数字视频的数据量是非常巨大的，一张光盘甚至放不下 1min 的录像。令人感到宽慰的是，在连续的一段画面中常常有大量重复出现的局部信息，反映了视频信息的内部有很强的关联性，如果使用压缩技术处理画面数据，不会造成质量下降。目前一些先进的压缩算法可以将数据量大幅度压缩。

5.5.2 运动图像的压缩

如果没有数据压缩技术，在计算机上看电影几乎是不可能的。以 NTSC 制式的电视图像为例，以大约 640 像素×480 像素的分辨率、24bit/像素、30 帧/s 的质量传输时，其数据传输率达 28Mbit/s，20s 的未压缩视频图像将占用 560MB 的存储空间，几乎装满一张 CD-ROM 光盘。Windows 的视频格式是音视频交错（Audio Video Interleave，AVI），是 Microsoft 公司于 1992 年推出的。它是一种音视频交插记录的数字视频格式，由于压缩比不够高，文件仍然较大。动态 JPEG（M-JPEG）可顺序地对视频的每一帧进行压缩，就像每帧都是独立的图像一样。动态 JPEG 能产生高质量、全屏、全运动的视频，但是，它需要依赖附加的硬件。

目前在多媒体数据压缩标准中，较多采用 MPEG 系列标准。ISO 的 MPEG 小组开发了 4 个版本的运动图像压缩标准：MPEG-1、MPEG-2、MPEG-3 和 MPEG-4，以适用于不同带宽和数字影像质量的要求，其中 MPEG-3 被放弃。

MPEG 压缩图像的基本方法是在单位时间内采集并保存第一帧信息，然后只存储其余帧相对第一帧发生变化的部分，以达到压缩的目的。压缩算法主要采用两个基本技术：运动补偿预测编码和插补编码以及离散余弦变换技术。所以 MPEG 是有损的、非对称的压缩编码技术。

5.5.3 计算机动画

计算机动画是在传统的电影动画的基础上，使用计算机图形图像技术进行图画绘制和播放的一门视觉媒体新技术。动画形象生动，富于表现力，易于表达需要一定时间延续的信息，用于配合多媒体信息可增加引人入胜的效果。计算机动画已成为一个富有吸引力的计算机应用领域，在商业和娱乐业都有广阔的应用前景，普通动画处理软件和技术简单易学，许多青少年对此产生了浓厚兴趣。

1. 动画原理

如果我们观看一个物体在一段连续时间内发生移动，例如一只足球被踢向空中，我们知道这只球进行了连续运动。如果我们在这段连续时间内从固定角度抓拍了几幅照片，可以看到这只球在运动中的几个不连续的瞬间画面。如果能在每秒内拍摄到最少 24 幅照片并把它们按同样速度播放出来，我们仍能看到这只球以连续的运动飞向空中。这种现象是由人眼的视觉残留造成的。动画和电影就是利用人眼的这一视觉残留特性进行的视觉活动。广义上说，图形图像的运动显示都可以称作动画。

动画是一种艺术，动画的基础是绘画，但是动画必须描绘运动的物体，可以说表现运动是动画

第 5 章　多媒体技术基础

的本质，因此说动画是运动的艺术。电影动画的基本制作方法是，以每秒24帧的速度在连续多格胶片上拍摄一系列单个画面，拍摄对象的某个物体在每一幅画面中都会有微小的移动或变化。实验证明，动画或电影的画面刷新率至少为24帧/s，按此速率放映足以使人眼看到连续的画面效果。实际上，24帧/s的刷新率仍会使人眼感到画面的闪烁，要想消除闪烁感，画面刷新率还要提高1倍。人们采用了一个巧妙的办法，在电影的放映机中加装一个透明的遮挡板，放映时遮挡24次，从而使电影画面的刷新率实际上达到每秒48次。这样既能有效地消除闪烁，又能节省1倍长度的胶片。

传统动画片的生产过程非常复杂，主要制作过程分为脚本编制、设计关键帧、绘制中间帧、拍摄合成等多个阶段。每个阶段有多道工序，从目标规划开始，经过编剧、设计角色造型、设计具体场景、设计关键帧、逐幅绘制画面、复制到透明胶片上、上墨涂色、检查编辑、最后到逐帧拍摄，人力、物力消耗巨大，制作成本高，制作周期长。因此，当多媒体计算机技术发展起来以后，人们开始尝试用计算机进行动画创作。经过几十年的发展，一些世界顶级工作室已达到非常高的制作水平。

2. 计算机动画的概念和分类

计算机动画是指以计算机为工具制作、存储和播放能产生运动效果的图像，即用计算机硬件和软件实现静止图像的连续播放以产生景物运动的效果。计算机动画的原理与传统动画基本相同，只是图形和图像是数字化的，可以采用多媒体技术对图形和图像进行处理。由于采用智能化软件工具处理数字图像，动画制作者可以发挥无穷的想象力，并精确控制动画的时间节奏、运动效果、画面色调、景物的纹理、光影效果等各项因素，从而达到传统动画所无法实现的异常效果。

计算机动画可以按照控制方式和视觉空间加以分类。

如果说运动着和变化着的图像都可以称作动画，那么有两种产生动画的方法，一种是通过运行程序来生成并显示一个动画，称为实时动画（Real-Time Cartoon）；另一种是先画好动画的每一帧图画，并以磁盘文件形式保存起来，需要观看时用播放软件将该动画文件播放出来，称为逐帧动画（Frame-by-Frame Cartoon）。两种方法的具体介绍如下。

① 实时动画也称为算法动画，它是采用预先设计的算法来描述物体的运动控制，并在程序执行时给予实现。实时动画程序一般不存储大量的动画数据，而是对有限的数据进行快速处理，得到关于位置、颜色、节奏和显示时长等方面的信息，并将结果随时显示出来，动画的效果受程序的控制。实时动画的特点是存储容量不需要太大，但对计算机处理速度要求较高。实时动画的响应时间（时间延迟）与多方因素有关，如计算机的运算速度、软硬件处理能力、景物的复杂程度、画面的大小等。

在实时动画程序中，一种最简单的运动形式是对象的移动，即屏幕上一个局部图像（对象）在二维平面上沿着某一固定轨迹做步进运动，运动对象或物体本身的属性（如形状、大小、色彩等）在运动过程中保持不变。制作实时动画程序的工具软件有多种，如专用于制作多媒体课件的Authorware和制作网络动画的Flash等。实时动画的最广泛应用是游戏软件。实时动画也被称作多种数据媒体的综合显示。

② 逐帧动画也称为帧动画或关键帧动画，即通过一帧一帧连续显示的图像序列而实现物体运动的效果。由于至少需要24帧/s的刷新率，制作帧动画的工作量巨大，因此，在一般的应用场合应尽量避免逐帧制作。帧动画最广泛的应用是动画故事片。由于相邻画面的差别相当微小，在制作帧动画的时候，可以使用一些计算机处理技巧，其结果能够大大减少工作量，提高工作效率，这也计算机动画制作与传统动画制作相比的最大优势。

根据视觉空间的不同，计算机动画又有二维动画与三维动画两种类型。

首先是二维画面和三维画面的不同。二维画面是平面上的画面，如纸质图画、照片或计算机屏幕显示，无论画面的立体感有多强，都只是在二维空间上模拟现实中的三维空间效果。真正的三维画面存在于现实中，在现实中的景物有正面、侧面和背面等多个方面，调整三维空间的视角，便能看到不同的画面。而在二维画面中，无论怎么看，画面的深度是不变的。

再来看二维动画与三维动画的不同。计算机可以在屏幕上显示二维空间图像和映射到二维平面上的三维空间图像。图像中物体的维度与现实中的维度有映射关系，通过数据采集和计算可以获得基于这种映射关系的图像，以及景物的运动轨迹，根据这些数据和计算结果能够制作具有二维空间效果和三维空间效果的动画。二维动画效果相当于平面空间的传统卡通片，三维动画效果则相当于立体空间的木偶片。三维动画被称作计算机生成动画，即动画中的景物对象的属性不是简单地由外部输入，而是根据采集的三维数据在计算机内生成的，运动轨迹和动作的设计也需要在三维空间中考虑。

许多软件都能实现一些简单的动画，例如，一行文字（字幕）从屏幕的左边移入，从屏幕的右边移出，这样一个动作在 FrontPage 这类软件中通过简单的菜单设置就能实现。而对于大型的复杂动画，制作过程则非常复杂，如动画片《海底总动员》，需要大量专业计算机软硬件的支持并花费相当长的时间才能完成。动画创作本身是一种艺术活动，一个优秀动画片的剧情、角色、构图、造型和色彩等各方面的设计都需要高素质的美术专业人员来完成。总之，计算机动画制作是一种高技术、高智力和高艺术的创造性工作。

3．动画处理软件Flash简介

Flash 是美国 Micromedia 公司出品的矢量图形编辑和动画创作的专业软件，主要应用于网页设计和多媒体创作等领域，功能十分强大和独特，已成为交互式矢量动画的标准。Flash 具有支持矢量图形，交互性好，文件体积小，融图形、音乐、声效、交互控制于一体，及适合 Web 应用等特点。Flash 与 Dreamweaver 配合是目前最为理想的多媒体网页开发工具。

利用 Flash，制作出的动画后缀名为 SWF（Shock Wave Format），这种格式的动画图像能够用较小的体积来表现丰富的多媒体画面。在图像传输方面，可以边下载边看，不必等到文件全部下载完才能观看，特别适合网络传输，特别是网络传输速率不理想的情况下，也能得到较好的效果。SWF 现已被大量应用于 Web 网页的交互性设计和多媒体演示。SWF 是基于矢量技术制作的，因此体积小，且画面不管放大多少倍都不会影响画面质量，现已受到了越来越多的网页设计者的青睐，成为网页动画和网页图片设计制作的主流。

5.6 网络多媒体应用

5.6.1 网络多媒体应用概述

在计算机与数字信息广泛应用的社会中，一个完整的信息系统应由两部分组成，一部分是包括基本的计算机设备、数据库系统和声像处理软件的多媒体系统，另一部分就是能够传输多媒体信息的网络通信系统。多媒体系统作为网络端结点进行多媒体信息的处理、显示以及与网络之间的接口处理；网络通信系统负责信息分发和信息传输，这样的系统称为网络多媒体系统。

网络多媒体系统应用广泛，目前最主要的应用体现在以下几个方面。

（1）远程教学

利用网络多媒体系统可以建立网络课堂和网络学校。网络多媒体教学系统由主播教室、远程教室和通信网络组成。在系统运行模式上一般有单向和双向两种解决方案。一种是采用一点到多点的广播式传送，在这类网络课堂上，教师的讲解、文字和图片以及板书都可以结合在一起制作成实时同步的视频信号发送到网上，学生在远程教室的计算机前同时收看教师的讲授，具有身临其境的效果。此方案的不足之处是单向传输，教师和学生之间不能在课堂上交互沟通，但课后学生和教师可以随时在网上进行多种形式的咨询、答疑、练习和讨论，也可以在网上进行考试。另一种方案是基于网络会议模式，教师通过网络授课时，学生在远程教室自己的电脑前向教师提出问题，教师可以立即给予解答，具有双向互动功能，有助于提高教学质量。由于网络多媒体教学系统需要同步传输音频和视频信息，对网络带宽要求较高。

（2）网络多媒体信息咨询与服务

由于多媒体信息具有直观、易于理解和表现形式丰富等特点，网络多媒体系统广泛应用于信息咨询与服务领域。例如，银行建立支持异地取款的自动取款机（Automatic Teller Machine，ATM），商店建立网络多媒体导购系统，机场、火车站和汽车站建立机票或车票销售信息公告系统，以及各类消息发布与服务系统，等等。这些系统的主要特点是能够实现异地信息集成处理，信息数据由用户自己操作获取，或者是自动播放，系统能够及时更新信息，具有较高的时效性、易用性和安全性。

（3）视频流点播

视频点播（Video On Demand，VOD）是一种发挥用户主动性的自助娱乐方式，点播系统提供可视化的操作界面（或提供触摸屏设备），由用户根据自己的愿望来点取和播放节目。通过网络进行的视频点播设备采用流媒体技术，以使点播操作得到较快的响应。视频流点播技术也可用于网络购物、网络游戏和交互式 CAI（计算机辅助教育）系统等多个领域。

（4）IP 可视电话

IP 电话（IP Telephone）是在互联网上进行的呼叫和通话，其语音信息的传递工作由基于 TCP/IP 的网络来完成，而不是使用传统线路的公共交换电话网络（Public Switched Telephone Network，PSTN）。在因特网上进行的通话也叫作因特网电话（Internet Telephone）。

IP 电话的工作机制也是基于客户/服务器模式，提供服务的机构和其管理的服务器称为 IP 电话服务提供者（IP Telephone Service Providers）。客户端是应用程序，实现 IP 分组与数字语音之间的转换和语音数据的压缩。用户想要使用 IP 电话，需要在自己的计算机上安装客户端程序，如 Netmeeting 或 Spider 等。

IP 电话允许 3 种基本的通话方式：在 IP 终端（计算机）之间的通话、IP 终端与普通电话之间的通话、普通电话之间通过 IP 网络和 PSTN 的通话。普通电话和 IP 网络之间设有专用小型交换机（Private Branch Exchange，PBX）和 IP 电话网关，PBX 负责把用户拨打的电话号码转发到最近的 IP 网关，IP 网关查找通过网络能够到达被叫用户号码的路径，然后建立呼叫。

IP 电话与 PSTN 电话在技术上的差别主要是交换技术的不同。互联网使用的是动态路由技术，交换结点为 IP 网关/路由器，语音信息被分割成 IP 数据包进行传送；而 PSTN 使用的是电路交换，即静态交换技术，对每一路通话分配固定的带宽，可连续地传送语音信息。由于互联网的带宽和数据流量不太稳定，目前 IP 电话的通话质量比传统的 PSTN 电话稍差。

（5）多媒体会议

与较早出现的电视会议系统不同，网络多媒体会议系统（Network Multimedia Conference System，NMCS）实际上是计算机会议系统。其定义为基于计算机的、以网络为基础的进行多媒体信息交流的会议支持系统。与会者使用多媒体计算机上网开会，每位发言人的声音和图像实时地发布到网上，还可以向每人散发会议资料。将 IP 电话和可视电话结合进来，就可以构成网络上的"多点视频会议"。最有应用价值的多媒体会议是通过网络的远程诊断（会诊），实时的图像传送有助于医生对病人以及病情的了解，使诊断及时和准确。

（6）网络游戏与交互式娱乐

自从个人计算机普及以来，计算机游戏进入了千家万户。网络的发展又使单人游戏发展为多人游戏。多媒体技术（如三维动画、虚拟现实）的发展和引入，则使计算机游戏的画面美观度、音响效果和视觉效果的逼真度大大提高，其引人入胜的情节和交互操作的动感吸引了无数的游戏爱好者。如今，游戏和娱乐产品的开发成为计算机业界的一大分支行业。

（7）基于网络多媒体系统的计算机协同工作

这一类应用如共同编辑系统，群件决策、协调与调度系统和分布式 CAD 系统等，诸如此类，即网上多台计算机同时参与进行一项活动。

5.6.2 网络多媒体系统的特点

网络多媒体系统与一般网络计算机系统的主要不同点在于，它更加强调网络资源的实时调度和服务质量的保证。除了多媒体系统共同具有的集成性和交互性以外，网络多媒体系统还具有以下技术特点。

（1）同步机制

在网络用户的多媒体终端上显示的图像、声音和文本是以同步方式工作的。信息的同步与否，决定了系统是多媒体系统，还是多种媒体系统。网络多媒体系统可以从不同的媒体信息数据库提取所需的数据，如一段声音和一段文字以及若干幅图像，通过不同的传输途径将它们同步传送至用户终端，并合成为一段整体的视频信息呈现给用户。实现同步的技术保证是足够大的带宽、精确的同步算法和足够快的压缩/解压缩技术。

（2）客户机/服务器模式

多媒体信息的存储、管理和发布工作由服务器承担，客户机将媒体信息下载到本地机上处理和显示。这种两层的体系结构充分利用了用户的计算机处理能力，减轻了服务器的负荷。但需要采取措施保证信息传输的实时与同步，如采用服务器处理后仅将结果传送至客户机的方法。

（3）分布式模式

在具有较高性能的网络环境中，允许将不同的媒体数据库和处理程序分布在不同的网络节点上，并在网络的全局范围进行统一管理，对用户提供具有一致性的访问接口。接口负责对多媒体传输的同步、服务质量（Quality of Service，QoS）描述和用户命令的传递等功能。用户程序通过接口向系统提出访问请求，系统通过接口向用户提供多媒体应用服务。分布式模式比客户机/服务器模式具有更加复杂的体系结构。

5.6.3 多媒体信息传输对通信系统的要求

多媒体信息数据量庞大，尽管采用压缩技术进行了处理，仍然远远大于文本信息的数据量。例如普通显示器中等分辨率的一幅图像有 640×480 个像素，若以每像素 24 位编码，则需要 900KB 的存储空间，通过正常负载的以太网传输将需要 9s。即使按 25∶1 的压缩比处理为 36KB，通过以太网传输也需要 1/3s。而经过压缩的一幅 1 280 像素×1 024 像素的大屏幕图像在以太网上传输需要 1.3s 的传送时间。

多媒体信息的数据量与采用的编码标准和压缩算法有关。随着编码标准和压缩比的提高，信息数据量得到更好的控制。目前，在语音传输方面，通信网络只要提供 32kbit/s 或 16kbit/s 的传输速率就可以满足要求，甚至还可以低到 4kbit/s 也能使用。采用 MPEG 标准的 MUSICAM 方法压缩的立体声CD 质量的音频数据需要 192kbit/s 的传输速率。压缩静止图像的传输速率不应低于 50Mbit/s。对于视频流数据，当活动帧为 720 像素×560 像素标准帧频，每个像素 24 位且为非压缩时，需要 166Mbit/s 的传输速率。执行 MPEG-2 压缩标准的广播电视质量视频流数据，需要 6Mbit/s 的传输速率。

由于多媒体信息含有多种复杂的数据成分，在传输多媒体数据时，不但要求网络具有高速传输能力，还要求通信系统具有对各种信息的高效综合能力。这些要求归纳起来有以下 3 点。

（1）高带宽

从总体上说，数据传输速率在 100Mbit/s 以上的网络才有可能充分满足各类媒体通信应用的需求。

（2）实时性和可靠性

在多媒体通信中为了获得真实的临场感觉，一般对实时性和可靠性有很高的要求，传输语音和图像时，可以接受的时延都要求小于 0.25s，静止图像要小于 1s。压缩的活动图像可接受的差错率（误码率）应小于 10^{-6}。

（3）时空约束

在多媒体通信系统中，同一对象的各种媒体之间在时间和空间上是相互约束、相互关联的，多媒体通信系统必须正确反映出它们之间的这种约束关系。

5.6.4　流媒体技术简介

流媒体是网络多媒体发展的成果。过去，我们在网上听音乐看电影，实际是把所选节目的压缩文件下载到本地计算机上解压后再播放，对于现场实况转播的文艺、体育节目，则无法同步观看。

所谓流媒体，就是使用流式传输技术的、时间连续的媒体，可以是音频、视频、动画或其他多媒体文件。流媒体技术是一种客户机/服务器模式的动态网络传输服务技术，在服务器端存储经过压缩处理的具有流媒体格式的声音、图像或影像等多媒体信息，以备用户选择播放；在客户机支持流媒体技术的播放程序先建立一个缓冲区，在播放前预先下载一段资料作为缓冲。在播放过程中，如果网络实际传输速度小于播放中耗用资料的速度时，播放程序就从缓冲区内取用一小段资料以避免由于网络延误造成的播放中断，于是播放质量得到了保证。

流媒体文件格式主要有 3 种类型，包括 ASF、RM 和 QT 等，分别由 Microsoft 公司、RealNetworks 公司和 Apple 公司研制开发。ASF 是 Windows 的数据格式，可用系统中的媒体播放器（Media Player）观看节目。目前网上电影最流行的是 Apple 公司的 QT（QuickTimeMovie），它已成为数字媒体的工业标准。

习题

一、填空题

1. CCITT 将媒体分为：感觉媒体、_____媒体、_____媒体、_____媒体和_____媒体五种类型。

2. 多媒体是_____、_____、_____、_____等信息的载体中的两个或两个以上组合。

3. 美国信息交换标准代码是_____。

4. 汉字“白”的区位码为 0F37H，则其机内码为_____，如果要将“白”字显示在计算机屏幕上，则需要用到该字的_____码。

5. RGB 彩色图像是由红、绿、蓝 3 种基本颜色混合而成的，如采用 8 位数据表示各基色，则每个基色有_____种变化。总共可表达_____种颜色。

6. 一幅分辨率为 640 像素×480 像素的彩色图像，图像深度为 24 位，不经压缩，则这一幅图像需要_____字节的存储空间。

7. CD 音质的音乐采样频率为 44.1kHz、样本精度为 16 位，若要录制一首 4min 的立体声音乐，在不采用压缩技术的情况下，其数据量为_____。如果该声音信号的实际数据大小为 8.07MB，则数据压缩比是_____。

8. 矢量图相对于像素图最大的优点是_____。

9. 为了在因特网上支持视频直播或视频点播，目前一般都采用_____技术。

10. 计算机合成音乐叫_____音乐。

二、选择题

1. 多媒体技术的基本特征表现为_____。

A. 集成性、灵活性、交互性、扩展性

B. 集成性、灵活性、交互性、实时性

C. 集成性、多样性、灵活性、实时性

D. 集成性、多样性、交互性、实时性

2. 每隔一定时间在声音或视频信号上取一个幅度值的过程称为_____。

A. 采样　　　　　B. 量化　　　　　C. 编码　　　　　D. 转换

3. 下列采集的波形声音质量最好的是_____。

A. 单声道、8 位量化、22.05kHz 采样频率

B. 双声道、8 位量化、44.1kHz 采样频率

C. 单声道、16 位量化、22.05kHz 采样频率

D. 双声道、16 位量化、44.1kHz 采样频率

4. 以下数字图像的文件格式中，哪一种能够在网页上发布并具有动画效果_____。

A. JPEG　　　　　B. BMP　　　　　C. TIF　　　　　D. GIF

5. MP3 是目前流行的一种音乐文件，它采用_____标准对数字音频进行压缩而得到。

A. MPEG-1　　　　B. MPEG-2　　　　C. MPEG-3　　　　D. MPEG-4

6. 已知某汉字的区位码是 3222，则其国标码是_____。

A. 4252D　　　　B. 5242H　　　　C. 4036H　　　　D. 5524H

7. 多媒体技术的主要特点是_____。

A. 实时性和信息量大　　　　　　　B. 集成性和交互性

C. 实时性和分布性　　　　　　　　D. 分布性和交互性

8. 下列关于 ASCII 的叙述中，正确的是_____。

A. 国际通用的 ASCII 是 8 位码

B. 所有大写英文字母的 ASCII 值都小于小写英文字母"a"的 ASCII 值

C. 所有大写英文字母的 ASCII 值都大于小写英文字母"a"的 ASCII 值

D. 标准 ASCII 表有 256 个不同的字符编码

9. 汉字区位码分别用十进制的区号和位号表示，其区号和位号的范围分别是_____。

A. 0~94，0~94　　　　　　　　　B. 1~95，1~95

C. 1~94，1~94　　　　　　　　　D. 0~95，0~95

10. 多媒体计算机是指_____。

A. 必须与家用电器连接使用的计算机　　B. 能处理多种媒体信息的计算机

C. 安装有多种软件的计算机　　　　　　D. 能玩游戏的计算机

11. 存储一个 32×32 点阵的汉字字形码需用的字节数是_____。

A. 256　　　　　B. 128　　　　　C. 72　　　　　D. 16

12. 根据汉字国标码 GB 2312 的规定，将汉字分为一级常用汉字和二级常用汉字两级。二级常用汉字的排列次序是按_____。

A. 偏旁部首　　　B. 汉语拼音字母　　C. 笔画多少　　　D. 使用频率多少

13. 显示或打印汉字时，系统使用的是汉字的_____。

A. 机内码　　　　B. 字形码　　　　C. 输入码　　　　D. 国标码

14. 图像数据的获取分 3 个处理步骤：_____。

A. 采样、量化、编码　　　　　　　B. 采样、分色、量化

C. 采样、编码、量化　　　　　　　D. 采样、量化、分色

15. 下列扩展名中不是视频文件格式的是_____。

A. MPG　　　　　B. AVI　　　　　C. TGA　　　　　D. HDTV

第 6 章

数据库基础

随着计算机技术的迅速发展，人们对信息处理的要求不断提高，促成了数据库技术的产生。数据库技术作为数据管理最有效的手段，它的出现极大地促进了计算机应用的发展。目前数据库技术已成为现代计算机信息系统和应用系统开发的核心技术，基于数据库技术的计算机应用已成为计算机应用的主流。本章主要介绍数据库的基本概念、结构化查询语言以及常用软件 Access 数据库的应用。

6.1 数据库的基本概念

6.1.1 数据与信息

如今人类已进入了信息时代，信息的概念变得越来越复杂，对于信息这个词很难给出精确、全面的定义。控制论创始人维纳（N.Wiener）曾经说过：信息就是信息，它既不是物质，也不是能量。站在客观事物立场上来看，信息是对事物运动的状态以及状态变化的方式的描述。在信息社会，信息是一种资源，它和物质、能量是客观世界的三大构成要素。信息是现实世界中的实体特性在人脑中的反映。人们用文字和符号来记录信息，进行交流、传送或处理。

数据是信息的载体，是信息的具体表示形式。数据的表现形式很多，可以是文字、数字、图形、图像、声音等。从计算机的角度来看，数据泛指可以被计算机接受并能被计算机处理的符号；从数据库的角度来看，数据就是数据库中存储的基本对象。

信息只有通过数据的形式表示出来才能被理解和接受。数据是信息的符号表示或载体，信息则是数据的内涵，是对数据的语义解释。数据与信息是不可分的。例如，一个数字 60，它的语义可能是考试的成绩为 60 分、60 个学生、某物品的价格为 60 元、某人的年龄 60 岁等，再如，文字"荷花"，它的语义可能是一个词语、也可能是一个人的人名、也可以是一幅画、还可以是一种植物等。可见，数据的形式本身并不能完全表达其内容，需要经过语义解释。因此，数据的概念包括两个方面：其一是描述事物特性的数据内容，其二是存储在某一种媒体上的数据形式。

6.1.2 数据管理系统的发展

随着计算机技术的发展，计算机数据管理系统经历了人工管理、文件系统和数据库系统 3 个发展阶段。

1. 人工管理阶段

在 20 世纪 50 年代中期以前，计算机的外存只有纸带、卡片、磁带，没有磁盘等直接存取的存储设备，没有操作系统，也无管理数据的软件。计算机主要用于科学计算，其数据管理的主要特点如下。

（1）数据不保存

由于当时计算机主要用于科学计算，一般不需要将数据长期保存，只是在计算某一课题时将数据输入，用完就撤走。不仅对用户数据如此处置，对系统软件有时也是这样。

（2）数据需要由应用程序自己管理

没有相应的软件系统负责数据的管理工作，应用程序中不仅要规定数据的逻辑结构，而且要设计物理结构，包括存储结构、存取方法、输入方式等，因此程序员负担很重。

（3）数据不共享

数据是面向应用的，一组数据只能对应一个应用程序。当多个应用程序涉及某些相同的数据时，由于必须各自定义，无法互相利用、互相参照，因此程序与程序之间有大量的冗余数据。

（4）数据不具有独立性

数据的逻辑结构或物理结构发生变化后做相应的修改，这就进一步加重了程序员的负担。

2. 文件系统阶段

20世纪50年代后期到20世纪60年代中期，计算机的应用范围逐渐扩大，这时硬件上已有了磁盘、磁鼓等直接存取存储设备，软件有了操作系统，人们在操作系统的支持下，设计开发了一种专门管理数据的软件，称之为文件系统。这时，计算机不仅用于科学计算，而且还大量用于管理，其数据管理的主要特点如下。

（1）数据可以长期保存

由于计算机大量用于数据处理，数据需要长期保留在外存上，反复进行查询、修改、插入和删除等操作。

（2）由专门的软件即文件系统进行数据管理

程序和数据之间由软件提供的存取方法进行转换，使应用程序与数据之间有了一定的独立性，程序员可以不必过多地考虑物理细节，将精力集中于算法。而且数据在存储上的改变不一定反映在程序上，这可以大大节省维护程序的工作量。

（3）数据共享性差

在文件系统中，一个文件基本上对应一个应用程序，即文件仍然是面向应用的。当不同的应用程序具有相同的数据时，也必须建立各自的文件，而不能共享相同的数据，因此数据的冗余度大，浪费存储空间。同时由于相同数据的重复存储、各自管理，给数据的修改和维护带来了困难，容易造成数据的不一致性。

（4）数据独立性低

文件系统中的文件是为某一特定应用服务的，文件的逻辑结构对该应用程序来说是优化的，因此要想对现有的数据再增加一些新的应用会很困难，系统不容易扩充。一旦数据的逻辑结构发生改变，必须修改应用程序，修改文件结构的定义。而应用程序的改变，例如，应用程序改用不同的高级语言等，也将引起文件的数据结构的改变。因此数据与程序之间仍缺乏独立性。可见，文件系统仍然是一个不具有弹性的无结构的数字集合，即文件之间是孤立的，不能反映现实世界事物之间的内在文件系统阶段应用程序与数据之间的关系。

3. 数据库系统阶段

20世纪60年代后期以来，随着计算机技术的发展，数据管理的规模越来越大，数据量急剧增长，同时多种应用、多种语言互相覆盖地共享数据集合的要求越来越强烈。这时硬件已有大容量磁盘，硬件价格下降，软件价格上升，为编制和维护系统软件及应用程序所需的成本相对增加；在处理方式上，联机实时处理要求更多，并开始提出考虑分布处理。在这种背景下，以文件系统作为数据管理手段已经不能满足应用的需求，于是为解决多用户、多应用共享数据的需求，使数据为尽可能多的用户服务，就出现了数据库技术，出现了统一管理的专门软件系统——数据库管理系统。

数据库管理系统克服了传统的文件管理方式的缺陷，提高了数据的一致性、完整性，减少了数据冗余。与人工管理和传统的文件管理阶段相比，现代的数据库系统阶段其数据管理的主要特点如下。

（1）数据结构化

数据和程序之间彼此独立，数据不再面向某个特定的应用程序，而是面向整个系统，从而实现了数据的共享，并且避免了数据的不一致性。

（2）数据以数据库的形式保存

在数据库中，数据按一定的模型进行组织，可以有限地减少数据的冗余。

（3）数据由数据库管理系统统一管理和控制。

6.1.3 数据库系统的组成

数据库系统（DataBase System，DBS）也称为数据库应用系统，它由计算机硬件、数据库管理系统、数据库、应用程序和用户等部分组成。

1．计算机硬件

计算机硬件（Hardware）是数据库系统赖以存在的物质基础，是存储数据库及运行数据库管理系统的硬件资源，主要包括主机、存储设备、I/O 通道等。大型数据库系统一般都建立在计算机网络环境下。

为使数据库系统获得较满意的运行效果，应对计算机的 CPU、内存、磁盘、I/O 通道等技术性能指标，采用较高的配置。

2．数据库管理系统

数据库管理系统（DataBase Management System，DBMS）是指负责数据库存取、维护、管理的系统软件。DBMS 提供对数据库中数据资源进行统一管理和控制的功能，将用户应用程序与数据库数据相互隔离。它是数据库系统的核心，其功能的强弱是衡量数据库系统性能优劣的主要指标。

DBMS 必须运行在相应的系统平台上，在操作系统和相关的系统软件支持下有效地运行。

3．数据库

数据库（DataBase，DB）是指数据库系统中以一定的组织方式将相关数据组织在一起，存储在外部存储设备上所形成的、能为多个用户共享的、与应用程序相互独立的相关数据集合。数据库中的数据也是以文件的形式存储在存储介质上的，它是数据库系统操作的对象和结果。数据库中的数据具有集中性和共享性。所谓集中性是指把数据库看成性质不同的数据文件的集合，其中的数据冗余很小。所谓共享性是指多个不同用户使用不同的语言，为了不同的应用目的可同时存取数据库中的数据。

数据库中的数据由 DBMS 进行统一管理和控制，用户对数据库进行的各种数据操作都是通过 DBMS 实现的。

4．应用程序

应用程序（Application）是在 DBMS 的基础上，由用户根据应用的实际需要所开发的、处理特定业务的程序。应用程序的操作范围通常仅是数据库的一个子集，也即用户所需的那部分数据。

5．数据库用户

用户（User）是指管理、开发、使用数据库系统的所有人员，通常包括数据库管理员、应用程序员和终端用户。数据库管理员（DataBase Administrator，DBA）负责管理、监督和维护数据库系统的正常运行；应用程序员（Application Programmer）负责分析、设计、开发和维护数据库系统中运行的各类应用程序；终端用户（End-User）是在 DBMS 与应用程序的支持下，操作使用数据库系统的普通使用者。不同规模的数据库系统，用户的人员配置可以根据实际情况有所不同，大多数用户都属于终端用户，在小型数据库系统中，特别是在微机上运行的数据库系统中，通常 DBA 就由终端用户担任。

综上所述，数据库中包含的数据，是存储在存储介质上的数据文件的集合；每个用户均可使用其中的部分数据，不同用户使用的数据可以重叠，同一组数据可以为多个用户共享；DBMS 为用户提供对数据的存储组织和操作管理的功能；用户通过 DBMS 和应用程序实现数据库系统的操作与应用。

6.1.4　数据库系统的特点

数据库系统的出现是计算机数据处理技术的重大进步，它具有以下特点。

1．数据共享

数据共享是指多个用户可以同时存取数据而不相互影响。数据共享包括以下 3 个方面：所有用户可以同时存取数据；数据库不仅可以为当前的用户服务，也可以为将来的新用户服务；可以使用多种语言完成与数据库的接口。

2．减少数据冗余

数据冗余就是数据重复，数据冗余既浪费存储空间，又容易产生数据的不一致。在非数据库系统中，由于每个应用程序都有自己的数据文件，所以数据存在着大量的重复。

数据库从全局观念来组织和存储数据，数据已经根据特定的数据模型结构化，从而有效地节省了存储资源，减少了数据冗余，增强了数据的一致性。

3．具有较高的数据独立性

所谓数据独立是指数据与应用程序之间的彼此独立，它们之间不存在相互依赖的关系。应用程序不必随数据存储结构的改变而变动，这是数据库一个最基本的优点。

在数据库系统中，数据库管理系统通过映像，实现了应用程序对数据的逻辑结构与物理存储结构之间较高的独立性。数据库的数据独立包括两个方面。

（1）物理数据独立

数据的存储格式和组织方法改变时，不影响数据库的逻辑结构，从而不影响应用程序。

（2）逻辑数据独立

数据库逻辑结构的变化（如数据定义的修改，数据间联系的变更等）不影响用户的应用程序。

数据独立提高了数据库处理系统的稳定性，从而提高了程序维护的效益。

4．增强了数据安全性和完整性保护

数据库加入了安全保密机制，可以防止对数据的非法存取。由于实行集中控制，有利于控制数据的完整性。数据库系统采取了并发访问控制，保证了数据的正确性。另外，数据库系统还采取了一系列措施，实现了对数据库破坏的恢复。

总之，数据库系统能实现有组织地、动态地存储大量有关的数据，能方便多用户访问。

6.1.5　数据库系统的体系结构

数据库系统的体系结构是数据库系统的总框架。为了有效地组织和管理数据，提高数据库的逻辑独立性和物理独立性，人们为数据库设计了一个严谨的体系结构，包括三级模式（外模式、模式和内模式）和二级映射（外模式—模式映射和模式—内模式映射）。

1．三级模式

数据库的三级模式是美国国家标准学会的数据库管理系统研究小组于 1975 年和 1978 年分别提出的标准化建议，将数据库结构分为三级。

（1）模式

模式又称概念模式或逻辑模式。它是由数据库设计者综合所有用户的数据，按照统一的观点构造的全局逻辑结构。是对数据库中全部数据的逻辑结构和特征的总体描述，是所有用户的公共数据视图。它是由数据库系统提供的模式数据定义语言来描述、定义的，体现、反映了数据库的整体观。

（2）外模式

外模式又称为用户模式或子模式。它是某个或某几个用户所看到的数据库的数据视图，是与某一应用有关的数据的逻辑表示。外模式是从模式导出的一个子集，包含模式中允许特定用户使用的那部分数据。用户可以通过外模式数据定义语言来描述、定义对应于用户的数据记录（外模式），也可以利用数据操纵语言（Data Manipulation Language，DML）对这些数据记录进行操作。外模式反映了数据库的用户观。

（3）内模式

内模式又称存储模式，对应于物理级。它是数据库中全体数据的内部表示或底层描述，是数据库最低一级的逻辑描述，它描述了数据在存储介质上的存储方式和物理结构，对应着实际存储在外存储介质上的数据库。内模式由内模式数据定义语言来描述和定义。一个数据库只有一个内模式。

2．二级映射

数据库系统的三级模式是数据在 3 个级别（层次）上的抽象，使用户能够逻辑地、抽象地处理数据而不必关心数据在计算机中的物理表示和存储。实际上，对于一个数据库系统而言，只有物理级数据库是客观存在的，它是进行数据库操作的基础，概念级数据库不过是物理数据库的一种逻辑的、抽象的描述（即模式），用户级数据库则是用户与数据库的接口，它是概念级数据库的一个子集（外模式）。

（1）外模式—模式映射

通过外模式—模式映射，定义和建立某个外模式与模式间的对应关系，将外模式与模式联系起来。当模式发生改变时，只要改变其映射，就可以使外模式保持不变，对应的应用程序也可以保持不变。

（2）模式—内模式映射

通过模式—内模式映射，定义建立数据的逻辑结构（模式）与存储结构（内模式）间的对应关系，当数据的存储结构发生变化时，只需改变模式—内模式映射，就能保持模式不变，因此应用程序也可以保持不变。

正是通过这两级映射，将用户对数据库的逻辑操作最终转换成对数据库的物理操作，在这一过程中，用户不必关心数据库全局，更不必关心物理数据库，用户面对的只是外模式，因此，方便了用户操作、使用数据库。这两级映射转换是由 DBMS 实现的，它将用户对数据库的操作从用户级转换到了物理级。

6.2　数据模型

数据模型是数据库中数据的存储方式，是数据库系统的核心和基础。一个数据模型的优劣将决定数据库的性能。

数据模型可以分为概念数据模型、逻辑数据模型和关系数据模型。

6.2.1　概念数据模型

概念数据模型也称信息模型，它用来建立信息世界的数据模型，强调语义表达，描述信息结构，这是对现实世界的第一层抽象。它与具体的 DBMS 和具体的计算机平台无关。最常用的概念数据模型是实体—联系（Entity-Relationship）数据模型，简称 E-R 模型。E-R 模型是数据库设计人员与用户进行交流的语言。

1．实体

实体（Entity）是客观存在并且可以相互区别的事物。实体可以是具体的事物，如一个学生、一个部门、一门课、张三同学。

2. 属性

属性（Attribute）是用来描述实体的某一特性。例如，学生实体可以用学号、姓名、性别、年龄、政治面貌等属性描述；考试实体可以用考试科目、考试时间、考试地点、考生班级等属性描述。

可以看出，一个实体是若干个属性值的集合，例如，某个学生具体的属性值可以是（0553021，李军，男，19，团员），而另一个学生具体的属性值可以是（0512008，王慧，女，18，团员）。

3. 实体集

实体集（Entity Set）是指具有相同属性的实体的集合。例如，若干个学生实体构成的学生实体集，全体教师也构成一个实体集。

4. 实体集间的联系

两个实体集之间的对应关系称为联系（Relationship），它反映了客观事物之间的相互联系，根据一个实体集中的每个实体与另一个实体集中的实体可能出现的数目对应关系，两个实体集之间的关系可以分为以下 3 种类型。

（1）一对一联系

如果实体集 E1 中的每一个实体至多和实体集 E2 中的一个实体有联系，反之亦然，则称 E1 和 E2 是一对一的联系，表示为 $1:1$。例如实体集校长和实体集学校之间的联系是一对一的联系，因为一位校长负责一个学校，而一个学校也只有一个校长。

（2）一对多联系

如果实体集 E1 中的每个实体与实体集 E2 中的任意一个实体有联系，而实体集 E2 中的每一个实体至多和实体集 E1 中的一个实体有联系，则称 E1 和 E2 之间是一对多的联系，表示为 $1:n$，其中 E1 称为一方，E2 称为多方。例如，实体集学校和实体集学生之间是一对多的联系，一方是实体集学校，多方是实体集学生，因为一个学校有多个学生，而一个学生只属于一个学校。

（3）多对多联系

如果实体集 E1 中的每个实体与实体集 E2 中的任意一个实体有联系，反之，实体集 E2 中的每个实体与实体集 E1 中的任意一个实体也有联系，则称 E1 和 E2 之间是多对多的联系，表示为 $m:n$。例如，实体集学生和实体集课程之间是多对多的关系，因为一个学生可以选修多门课程，而一门课程也可以由多个学生选修。

5. E-R 图

E-R 图是 E-R 模型的一种图形化表示，具有简单性和清晰性。E-R 图中的基本组成元素有实体、属性和联系等。

（1）实体

用矩形框表示，实体名称写在矩形框内。

（2）属性

用椭圆表示，框内标明属性的名称，属性与实体间用线连接。

（3）联系

用菱形框表示实体间的相互关系，框内注明联系的名称，应注意联系本身也有自己的属性；

（4）连线

用来连接实体和各个属性以及实体和联系，在连接联系时，应同时在直线上注明联系的种类，即 $1:1$、$1:n$ 或 $n:m$。

例如，图 6-1 所示为表示学生实体集和课程实体集之间关系的 E-R 图，其中两个实体集之间的联系"选课"也有自身的属性即"成绩"。

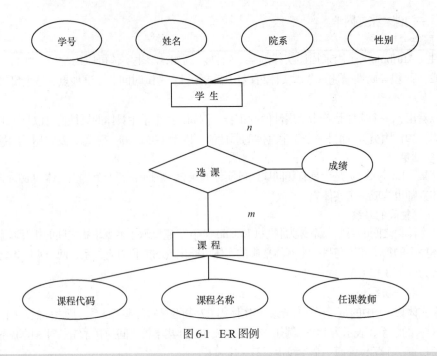

图 6-1 E-R 图例

6.2.2 逻辑数据模型

概念数据模型是概念上的抽象，它与具体的 DBMS 无关。而逻辑数据模型与具体的 DBMS 有关，是直接面向数据库的逻辑结构。通常将逻辑数据模型简称为数据模型。

数据模型是指数据库中数据与数据之间的关系。数据模型是数据库系统中的一个重要概念，数据模型不同，相应的数据库系统就完全不同。任何一个数据库管理系统都是基于某种数据模型的。数据库管理系统常用的数据模型有下列 3 种，即层次模型、网状模型和关系模型。

1. 层次模型

层次模型是指用树状结构表示实体与实体间联系的数据模型。可以表示实体之间的多级层次结构。

在树状结构中，各个实体被表示为节点，其中整个树状结构中只有一个为最高节点，其余节点有且仅有一个父节点，上级节点和下级节点之间表示了一对多的联系。

在现实世界中存在着大量的可以用层次结构表示的实体，例如单位的行政组织机构、家族的辈分关系等。

2. 网状模型

网状模型是指用网状结构表示实体与实体间联系的数据模型。它突破了层次模型的两个限制，一是允许节点有多于一个的父节点，二是可以有一个以上的节点没有父节点。

网状模型可以表示多对多的联系，但数据结构的实现比较复杂。

3. 关系模型

关系模型是指用二维表来表示实体及实体之间联系的数据模型。在实际的关系模型中，操作的对象和操作的结果都用二维表表示，每一个二维表代表了一个关系。

关系模型的实现比较容易，而且这种数据模型又是以数学中的关系代数理论为基础，因此，得到了广泛的应用和普及。

6.2.3 关系数据模型

由于关系数据模型是建立在严格的数学理论基础上，其概念清晰、简洁，因此，当今大多数数据库都支持关系数据模型。

1. 关系数据模型的基本概念

（1）关系

一个关系就是一张二维表，通常将一个没有重复行、重复列的二维表看成一个关系，每个关系都有一个关系名。例如表 6-1 所示的学生表是一个关系，表 6-2 所示的学生成绩表也是一个关系。

表 6-1　学生表

学号	姓名	性别	出生日期	籍贯	院系代码	专业代码
090010101	董红	女	1991/4/21	江苏	001	00101
090010103	闫静	女	1991/11/15	江苏	001	00102
090010113	谢京平	男	1991/10/18	山东	001	00101
090020205	宋明	男	1991/5/7	上海	002	00201
090040110	赵一民	男	1991/12/5	江西	004	00402
090030211	黄琳	女	1991/8/17	河南	003	00301

表 6-2　成绩表

学号	选择	word	excel	ppt	access	成绩
090010101	31	9	10	4	8	62
090010102	32	20	18	10	10	90
090010103	33	18	10	10	10	81

（2）元组

在二维表中，从第二行起的每一行称为一个元组，对应文件中的一个具体记录。

（3）属性

二维表的每一列在关系中称为属性，每个属性都有一个属性名，属性值则是各个元组在该属性上的取值。例如，表 6-1 中的第 2 列，"姓名"是属性名，"董红"则为第一个元组在"姓名"属性上的取值。

（4）域

属性的取值范围称为域。域作为属性值的集合，其类型与范围具体由属性的性质及其所表示的意义确定，如表 6-1 中"性别"属性的域是{男，女}。

（5）表结构

表结构是表中的第一行，表示组成该表的各个字段名称，在文件中，还应包括各字段取值的类型、宽度等。

2. 关系数据模型的完整性

关系数据模型的操作主要包括查询、插入、删除和更新数据。这些操作必须满足关系的完整性约束条件。关系的完整性约束条件包括 3 类：实体完整性、参照完整性和用户自定义的完整性。其中实体完整性和参照完整性是关系数据模型必须支持的完整性约束条件。

（1）实体完整性

一个关系的主关键字不能取空值。所谓"空值"就是指其值不能是未知的（记为 Null）或重值。例如，学生登记表中的"学号"是主关键字，此时不能将一个无学号的学生记录插入关系表中。

（2）参照完整性

表与表之间常常存在某种联系，如成绩表中只有学号，没有学生姓名，学生表和成绩表之间可通过学号相等查找学生姓名等属性值。成绩表中的学号必须是确实存在的学生学号。成绩表中的"学号"字段和学生表中的"学号"字段相对应，而学生表中的"学号"字段是该表的主键，成绩表中的"学号"字段是该表的外键。成绩表成为参照关系，学生表成为被参照关系。关系模型的参照完整性是指一个表的外键要么是空值，要么和被参照关系中对应的字段的某个值相同。

（3）用户自定义的完整性

用户根据数据库系统的应用环境的不同，自己设定约束条件。例如，性别字段只能取"男""女"，成绩字段取值范围在0～100等。

3. 关系模型的主要优点

关系模型具有如下优点。

（1）数据结构单一

关系模型中，不管是实体还是实体之间的联系，都用关系来表示，而关系都对应一张二维数据表，数据结构简单、清晰。

（2）关系规范化，并建立在严格的理论基础上

关系中每个属性不可再分割，构成关系的基本规范。同时关系是建立在严格的数学概念基础上，具有坚实的理论基础。

（3）概念简单，操作方便

关系数据模型最大的优点就是简单，用户容易理解和掌握，一个关系就是一张二维表格，用户只需用简单的查询语言就能对数据库进行操作。

6.3 结构化查询语言

结构化查询语言（Structure Query Language，SQL）是于1974年被提出的。由于其功能很强，使用方法灵活，1986年10月美国国家标准学会批准将SQL作为美国数据库的语言标准，随后国际标准化组织也做出同样的决定。最终成为关系型数据库的标准语言。

SQL集数据查询（Data Query）、数据操纵（Data Manipulation）、数据定义（Data Definition）和数据控制（Data Control）于一体。它包括3种主要程序设计语言：数据定义语言（Data Definition Language，DDL）、数据操作语言和数据控制语言（Data Control Language，DCL）。DML具有查询和更新功能，用来对数据库进行查询和维护操作。

6.3.1 数据定义

数据定义语言具有定义SQL模式、基本表、视图和索引的功能，用于定义和管理对象。由于视图是基于基本表的虚表，索引是基于基本表的，因此，SQL通常不提供修改视图和索引语句，用户如果要修改视图或索引，只能先将它们删除，然后重新创建。

1. 定义基本表

一个基本表由两部分组成，一部分是表名和列名构成的结构信息，一般称为表结构；另一部分是实际存放的数据，也就是具体的数据记录。在创建表时，只需要定义表的结构就可以了，主要内容就是表名、列名、列的类型和列级约束等。

SQL使用CREATE TABLE语句定义基本表，该语句的基本格式为

```
CREATE TABLE <表名>( <列名>< 数据类型> [列级完整性约束条件]
                [,<列名>< 数据类型> [列级完整性约束条件]]…
                [,<表级完整性约束条件>];）
```

说明：① 方括号（[]）中的内容是可选的，省略号（…）表示其项数可以有很多。

② <表名>是要定义的基本表的名称，它可以有一个或多个属性（列）。

③ 当有多个列时，<列名>不能重名，多个属性列之间要用逗号（，）分隔。

④ 在SQL中常用的数据类型有整型（Int或INTEGER）、浮点型（Float）、实型（Real）、文本

（Text）、图形和图像（Image）、字符型（Char）、二进制数（Binary）、数值型（Numeric）、可变长字符型（Varchar）、日期时间（Datetime）等。

【例6-1】 建立一个"报名"表，它由准考证号、学号、校区3个属性组成。

```
CREATE TABLE 报名
（ 准考证号 CHAR(10),
学号 CHAR(9),
校区 CHAR(10) );
```

执行该语句就在数据库中建立一个名为"报名"的空表，该表有3个字段，分别是准考证号、学号、校区。

2. 修改基本表

由于实际应用的需要，经常要修改基本表的结构，比如增加新列、删除列和增加完整性约束条件等。

SQL 使用 ALTER TABLE 语句修改基本表，该语句的基本格式为

```
ALTER TABLE <表名>
[ADD <新列名><数据类型>[完整性约束条件]]
[DROP COLUMN <列名>]
[MODIFY <列名><数据类型>];
```

说明：① ADD 子句用于增加新列和增加完整性约束条件

② DROP 子句用于删除指定的完整性约束条件。

③ MODIFY 子句用于修改原有的列定义，包括修改列名和数据类型。

【例6-2】 在"报名"表中增加一个"姓名"列。

```
ALTER TABLE 报名 ADD  姓名 CHAR(20);
```

3. 删除基本表

当某些基本表不再需要时，可将其删除。

SQL 语言使用 DROP TABLE 语句删除基本表，该语句的基本格式为

```
DROP TABLE <表名>
```

【例6-3】 将"报名"表删除。

```
DROP TABLE 报名
```

6.3.2 数据查询

建立数据库的目的是为了查询数据，因此，可以说数据库查询是数据库的核心操作。SQL 提供了 SELECT 语句进行数据库的查询，该语句具有灵活的使用方式和丰富的功能。其一般格式为

```
SELECT [ALL|DISTINCT]<目标列表表达式>[,<目标列表表达式>]…
FROM <表名或视图名>[,<表名或视图名>]…
[WHERE<条件表达式>]
[GROUP BY <列名1>[HAVING<条件表达式>]]
[ORDER BY <列名2>[ASC|DESC]]。
```

该语句的含义是：在根据 WHERE 子句的条件表达式，从 FROM 子句指定的基本表或视图中找出满足条件的元组，再按 SELECT 子句中的目标列表表达式，选出元组中的属性值形成结果表。如果有 GROUP 子句，则将结果按<列名1>的值进行分组，该属性列值相等的元组为一个组，每个组产生结果表中的一条记录。如果 GROUP 子句带 HAVING 短语，则只有满足指定条件的组才输出。如果有 ORDER 子句，则结果表按<列名2>的值升序或降序排序。

说明：① ALL|DISTINCT。选择 DISTINCT 表示去掉结果中相同的元组，选择 ALL 表示所有的元组，默认为 ALL。

② <目标列表表达式>。选定的列名可以是一列，也可以是多列，多列之间用逗号","分隔。当选定全部列时，可用"*"代替。

【例6-4】 查询全部的报名信息。

```
SELECT * FROM 报名;
```

1. 查询表中满足条件的记录

查询满足条件的元组可以通过 WHERE<条件表达式>子句实现。条件表达式是操作数和运算符的组合，操作数可以包括常数、变量和字段等。常用运算符如表6-3所示。

表6-3 常用运算符

类型	运算符
比较运算	=、>、>=、<、<=、!=或<>
逻辑运算	AND、OR、NOT
确定范围	BETWEEN AND、NOT BETWEEN AND
集合运算	IN、NOT IN
字符匹配	LIKE、NOT LIKE
空值判断	IS NULL、IS NOT NULL

（1）比较运算

比较运算的操作数一般为数值型、字符型和日期时间型。

【例6-5】 在数据库"学生信息管理系统.accdb"中基于"成绩"表查询"选择"成绩<24的学生的学号。

```
SELECT 学号
FROM 成绩
WHERE 选择<24;
```

（2）逻辑运算

利用逻辑运算符可以实现多重条件的查询。

【例6-6】 在数据库"学生信息管理系统.accdb"中基于"成绩"表查询成绩不合格（"选择"<24或者"成绩"<60）的学生的学号。

```
SELECT 学号
FROM 成绩
WHERE 选择<24 OR 成绩<60;
```

（3）确定范围

判断查找属性值在（BETWEEN AND）或不在（NOT BETWEEN AND）指定范围。

【例6-7】 在数据库"学生信息管理系统.accdb"中基于"成绩"表查询成绩为80~90分的学生的学号。

```
SELECT 学号
FROM 成绩
WHERE 成绩 BETWEEN 80 AND 90;
```

（4）集合运算

利用 IN 操作可以查询属性值属于指定集合的元组。

【例6-8】 在数据库"学生信息管理系统.accdb"中基于"学生"表查询山东籍和江苏籍的学生信息。

```
SELECT *
FROM 学生
WHERE 籍贯 IN ('上海', '山东');
```

（5）字符匹配

以上例子均属于完全匹配查询，当不知道完全精确的值时，用户可以使用 LIKE 或 NOT LIKE 进行部分匹配查询。其一般格式如下：

<属性名>[NOT] LIKE <字符串常量>

注意： 属性名必须为字符型，字符串常量可以是一个完整的字符串，也可以是包含通配符字符串。常用的通配符有以下几种。

* （星号）：代表任意长度的字符串（可以是 0 个字符）；

? （问号）：代表任意一个字符。

例如：'abc*'表示以'abc'开头的任意字符串，可以是：'abc'、'abc123'、'abc+123'。

'a? b' 表示第一个字符为'a'，第二个字符为任意字符，第三个字符是'b'的字符串，可以是：'a1b'、'aab'.

【例 6-9】 在数据库"学生信息管理系统.accdb"中基于"学生"表查询所有姓王的学生信息。

```
SELECT *
FROM 学生
WHERE 姓名 LIKE '王*';
```

【例 6-10】 在数据库"学生信息管理系统.accdb"中基于"学生"表查询姓王且全名为两个汉字的学生信息。

```
SELECT *
FROM 学生
WHERE 姓名 LIKE '王?';
```

（6）空值运算

如果某字段允许取空值，并且没有指定默认值，那么某记录如果在该字段上没有赋值，系统将为其赋空值（NULL），空值不是 0，也不是空字符，而是表示不确定。判断一个字段是否为空值，只能使用 IS NULL 或者 IS NOT NULL。

【例 6-11】 在数据库"学生信息管理系统.accdb"中基于"成绩"表查询 access 缓考的学生的学号。

```
SELECT 学号
FROM 成绩
WHERE access IS NULL;
```

2．对查询结果排序

如果没有指定查询结果的显示顺序，DBMS 将按元组在表中的先后顺序输出查询结果。用户也可以用 ORDER BY 子句指定按照一个或多个属性列的升序（ASC）或降序（DESC）重新排列查询结果，其中升序为默认值。

【例 6-12】 在数据库"学生信息管理系统.accdb"中基于"成绩"表查询成绩优秀（"选择">=36 并且"成绩">=90）的学生成绩记录，成绩按降序排序。

```
SELECT *
FROM 成绩
WHERE 选择>=36 AND 成绩>=90
ORDER BY 成绩 DESC;
```

3．对查询结果分组

用户可以使用 GROUP BY 子句将查询结果按某一列或多列值进行分组，值相等的为一组。

【例 6-13】 在数据库"学生信息管理系统.accdb"中基于"学生"表查询各地区学生人数，要求输出籍贯、人数。

```
SELECT 籍贯, Count（学号）AS 人数
```

```
FROM 学生
GROUP BY 籍贯;
```

本例中 Count 为 SQL 提供的集函数之一，用于计数。此外，SQL 提供了许多其他集函数，例如 Avg（平均值）、Min（最小值）、Max（最大值）、Sum（总和）等。

6.3.3 数据更新

SQL 中数据更新包括插入数据、删除数据和修改数据 3 条语句。

1. 插入数据

SQL 的数据插入语句 INSERT 通常有两种形式：一种是插入一个元组，另一种是插入多个元组。

（1）插入一个元组

插入一个元组的语法格式为

```
INSERT  INTO <表名>  [(<属性列1>[<,属性列2>…])]
VALUES (<常量1>[<,常量2>…]);
```

其功能是将新元组插入到指定表中。如果有属性列表，VALUES 中的参数将按次序分别赋予各属性列，即新记录属性列 1 的值为常量 1，属性列 2 的值为常量 2，…。如果某些属性列在 INTO 子句中没有出现，则新记录在这些列上将取默认值或空值。

【例 6-14】 在数据库"学生信息管理系统.accdb"中给"学生"表插入一条新记录（'080010101','杨敏','女','江苏'）。

```
INSERT
INTO 学生(学号,姓名,性别,籍贯)
VALUES ('080010101','杨敏','女','江苏');
```

如果 INTO 子句中没有指明任何列名，则新插入的记录必须在每个属性列上均有值，其赋值顺序与表中字段顺序相同。

【例 6-15】 在数据库"学生信息管理系统.accdb"中给"院系"表插入一条新记录（'011','商学院'）。

```
INSERT
INTO 院系
VALUES ('011','商学院');
```

（2）插入多个元组

插入多个元组也称为插入子查询结果。其语法格式为

```
INSERT  INTO <表名>  [(<属性列1>[<,属性列2>…])]
<SELECT 语句>
```

其功能是将 SELECT 查询得到的结果全部插入到指定表中。子查询结果中列数应与 INTO 子句中的属性数相同，否则会出现语法错误。

2. 修改数据

修改操作又称为更新操作，其语法格式为

```
UPDATE <表名>
SET <列名>=<表达式>[,<列名>=<表达式>]…
[WHERE <条件>];
```

其功能是修改指定表中满足 WHERE 条件的元组。其中 SET 子句用于指定修改方法，即用<表达式>的值取代相应的属性列值。如果省略 WHERE 子句，则表示要修改表中的所有元组。

【例 6-16】 在数据库"学生信息管理系统.accdb"中将"学生"表中姓名为"杨敏"的院系代码改为'011'。

```
UPDATE 学生
SET 院系代码='011'
```

```
WHERE 姓名='杨敏';
```

如果省略 WHERE 子句，则表示要修改表中的所有元组。

【例 6-17】 在数据库"学生信息管理系统.accdb"中将"奖学金"表中所有学生的奖励金额增加 500 元。

```
UPDATE 奖学金
SET 奖励金额=奖励金额+500；
```

3．删除数据

删除数据指删除表中的某些记录，删除语句的一般格式为

```
DELETE
FROM  <表名>
[WHERE <条件>]；
```

DELETE 语句的功能是从指定表中删除满足 WHERE 子句条件的所有元组。

【例 6-18】 在数据库"学生信息管理系统.accdb"中将"学生"表中姓名为"王海霞"的记录删除。

```
DELETE
FROM 学生
WHERE 姓名='王海霞'；
```

如果省略 WHERE 子句，则表示要删除表中的全部元组，但表的结构仍在。DELETE 语句删除的是表中的数据，而不是表的结构。

【例 6-19】 在数据库"学生信息管理系统.accdb"中将"新增报名"表中所有的记录删除。

```
DELETE
FROM 新增报名；
```

6.4　Access 数据库的建立与维护

目前，数据库管理系统软件有很多，而比较流行的关系型数据库管理系统主要有 Oracle、Sybase、DB2、SQL Server、Access、Visual FoxPro 等，虽然这些产品的功能不完全相同，操作上的差别也较大，但是，这些软件都是以关系模型为基础的。

6.4.1　Access 简介

Microsoft Office Access 是由 Microsoft 公司发布的关联式数据库管理系统。它结合了 Microsoft Jet Database Engine 和图形用户界面两项特点，是 Microsoft Office 套件中的一个重要组件。

Access 是把数据库引擎的图形用户界面和软件开发工具结合在一起的一个数据库管理系统。它是 Microsoft Office 的一个成员，在包括专业版和更高版本的 Office 版本里面被单独出售。本节以 Access 2010 为基础介绍关系数据库的基本功能及一般使用方法。

1．Access 2010 的特点

Access 2010 的主要特点就是使用方便，和其他关系数据库管理系统相比，Access 的主要功能和特点可归纳如下。

① Access 2010 本身具有 Office 系列的共同功能，如友好的用户界面、方便的操作向导、提供帮助等。

② Access 2010 是一个小型的数据库管理系统，它提供了许多功能强大的工具，例如设计使用查询方法、设计制作不同风格的报表、设计使用窗体等。

③ Access 2010 提供了与其他数据库系统的接口，它可直接识别由 SQL Server、Oracle、FoxPro 等数据库管理系统所建立的数据库文件，也可以方便与 Excel、Word、Outlook 等共享信息。

④ Access 2010 还提供了丰富的内置函数和程序设计开发语言 VBA，即 Visual Basic for Application，使用它可以帮助程序开发人员快捷地开发用户的应用程序。

⑤ Access 2010 的一个数据库文件中既包含了该数据库中的所有数据表，又包含了由数据表所产生和建立的查询、窗体和报表等，并提供了各种生成器、设计器和向导，可快速方便地创建数据库对象和各种控件。

⑥ Access 2010 提供了 Backstage 视图，可以快速轻松地完成对整个数据库文件的各项操作。

⑦ Access 2010 提供了更加简化的表达式生成器，可以快速建立数据库中的逻辑表达式。

此外，Access 2010 还提供了各种各样的数据库模板，可满足不同用户的个性化需求。

2．启动 Access

在 Windows 7 操作系统中，常用以下 4 种方式来启动 Access 2010。

① 通过桌面上的快捷方式。

② 单击屏幕下方任务栏中的"Microsoft Access 2010"程序图标。

③ 单击桌面左下方"开始"菜单按钮，在开始列表中单击"Microsoft Access 2010"。

④ 单击桌面左下方"开始"菜单按钮，然后依次选择"所有程序"→"Microsoft Office"→"Microsoft Access 2010"命令。

启动 Access 后，未打开数据库前，启动窗口如图 6-2 所示。

图 6-2　Access 2010 的启动窗口

在启动窗口中选中"空数据库"，单击"创建"按钮，这时在 Access 窗口内打开数据库 Database1，进入图 6-3 所示的 Access 的工作界面。

图 6-3　Access 的工作界面

3. Access 2010 数据库对象

Access 2010 数据库中包含的对象有数据表、查询、窗体、报表、宏、模块等，这些对象都存放在同一个数据库文件（.accdb）中，这样就方便了数据库文件的管理。

（1）数据表

数据表简称表，就是关系数据库中的二维表，是数据库中最基本的对象，它是数据库的核心。表是数据库中唯一用于存储数据的数据库对象，是其他数据库对象的基础。图 6-4 所示为 Access 2010 的一个二维表。一个数据库中可能有多个表，表与表之间通常存在相互的联系。

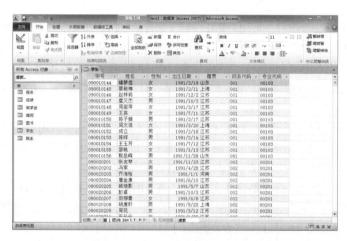

图 6-4　"test1" 数据库中的 "学生" 表

（2）查询

查询是数据库中应用最多的数据库对象。查询就是从一个或多个表（或查询）中查找满足条件的记录或统计结果。查询结果也是以二维表的形式显示的，供用户查看。但查询与表是有本质区别的，查询不是数据表，每个查询中只记录了查询的方式（即规则），并不真正保存查询结果数据，每执行一次查询操作，都是以基本表中的现有的数据进行的。查询可以从表中查询，也可以从另一个查询的结果中再查询。查询作为数据库的一个对象保存后，查询就可以作为窗体、报表甚至另一个查询的数据源。

例如，基于 "test1" 数据库中的 "学生" 表查询非江苏籍的学生记录。查询结果如图 6-5 所示。

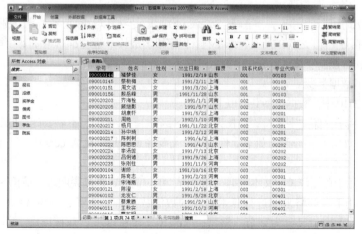

图 6-5　查询示例

（3）窗体

窗体对象是用户与数据库之间的人机交互界面，通过这个界面用户可以查看和访问数据库。窗体的数据源可以是表或查询。在窗体上，用户还可以对表中的数据进行添加、删除和修改等操作。

（4）报表

报表是 Access 数据库中以打印格式展示数据的对象。是一种按指定的格式进行显示或打印的数据形式。与窗体类似的是，报表的数据来源同样可以是一个表或多个表，也可以是查询，还可以是一个 SQL 语句。

（5）宏

宏是由一系列的命令组成，可用来简化一些经常性的工作。如果将一系列操作设计为一个宏，则在执行这个宏时，其中定义的所有操作就会按照规定的顺序依次执行。

每个宏都有宏名，建立和编辑宏在宏编辑窗口中进行，建立好的宏可以单独使用，也可以与窗体配合使用。Access 2010 提供了大量的宏操作，通过对宏操作的组合，自动完成各种数据库操作。

（6）模块

模块是 Access 2010 数据库中用于保存程序代码的地方。在模块中，用户可以用 Access 提供的 VBA 语言编写程序。模块通常与窗体、报表结合起来完成完整的应用功能。一般情况下，用户不需要创建模块，除非需要编写应用程序完成宏所无法实现的复杂功能。

综上所述，在一个 Access 的数据库文件中，"表"用来保存原始数据，"查询"用来查询数据，"窗体"和"报表"用不同的方式获取数据，而"宏"和"模块"则用来实现数据的自动操作。这些对象在 Access 中相互配合构成了完整的数据库。

6.4.2　数据表的建立和使用

Access 数据库是所有相关对象的集合，包括表、查询、窗体、报表、宏、模块等。每个对象都是数据库的组成部分，其中表是数据库的基础，它保存着数据库中的全部数据。所以，设计一个数据库的关键就是建立基本数据表。

一个完整的数据表由表结构和记录两部分组成，因此，建立表的过程就是分别设计表结构和输入记录的过程。

1．数据表结构

表结构就是表的框架，Access 2010 中的表结构由若干个字段组成，而每个字段是由字段名称、字段数据类型及其属性构成，在设计表结构时，应分别输入各字段的名称、类型、属性等信息。

（1）字段名称

为字段命名时可以使用汉字、字母、数字、下画线、空格以及除句号（.）、感叹号（!）、重音符号（`）和方括号（[]）之外的所有特殊字符，但字段名最长不超过 64 个字符，字段名称不能以空格开头，不能包含控制字符（即 0～31 的 ASCII 值所对应的字符）。

（2）字段的数据类型

在 Access 2010 中，数据类型共有以下 12 种。

① 文本：用于存储文字字符，最长为 255 个字符。一般来说，不需要计算的数值数据都应设置为文本类型，如学生的学号、姓名、性别等。需要注意的是，在 Access 中，一个汉字也是一个字符。

② 备注：用于存储较长的文本数据，如简历、单位简介、产品说明等，最长 65 536 个字符。

③ 数字：用于存储将来要进行算术计算的数值数据，如工资、学生成绩、年龄等。数字按照表现形式的不同，又分为字节、整型、长整型、单精度型、双精度型、同步复制 ID、小数等。

④ 日期/时间：字段大小为 8 个字节，用于保存 100～9999 年份的日期和时间值，如生产日期、入学日期、发货时间等。

⑤ 是/否：用于存放逻辑型数据，用于只能是两个值中的一个值的数据，如 Yes/No、True/False、On/Off 等。

⑥ OLE 对象：用于链接或嵌入 OLE 对象，如 Excel 电子表格、Word 文档、图像、声音等，其字段的最大长度可以为 1G 字节。

⑦ 自动编号：用于对数据表中的记录进行编号。当增加记录时，其值依次自动加 1。这个类型的数据不需要也不能输入。字段大小为长整型。

⑧ 货币：字段大小为 8 字节，用于保存科学计算中的数值或金额等数据，其精度为整数部分为15 位，小数部分为 4 位。

⑨ 超链接：用于保存链接到本地或网络上资源的地址，可以是文本或文本和数字的组合，以文本形式存储，用作超链接地址。它可以是 UNC 路径或 URL，最多存储 64 000 个字符。

⑩ 查阅向导：用于存放从其他表中查阅数据的字段类型，其长度占 4 个字节。

⑪ 计算：用于存放根据同一表中的其他字段计算而来的结果值，字段大小为 8 字节。计算不能引用其他表中的字段，可以使用表达式生成器创建字段。

⑫ 附件：可允许向 Access 数据库附加外部文件的特殊字段。可将图像、电子表格文件、Word文档、图表等文件附加到记录中，类似于在邮件中添加附件。

（3）字段属性

字段的属性用来指定字段在表中的存储方式，不同类型的字段具有不同的属性，常用属性如下。

① 字段大小：用于指定文本类型和数字类型字段的长度。文本类型字段大小范围为 1～255，默认值为 50。对数字类型字段，指定数据的类型，不同类型数据所在的大小范围不同。

② 格式：用于指定数据显示的格式，这种格式并不影响数据的实际存储格式。例如，可以选择"月/日/年"格式来设置日期。

③ 输入掩码：用于定义数据的输入格式。

④ 标题：用于指定字段在窗体或报表中所显示的名称。

⑤ 默认值：添加新记录时，自动加入到字段中的值。

⑥ 有效性规则：用于限定字段的取值，例如，对学生的考试成绩字段，可用有效性规则将其值限定在 0～100。

⑦ 有效性文本：当输入的数据不符合有效性规则时，向用户显示提示信息。

⑧ 必需：确定字段中是否必须有值。

⑨ 索引：可以设定字段是否为索引。

（4）设定主关键字

对每一个数据表都可以指定某个或某些字段为主关键字，主关键字的作用是：使数据表中的每条记录唯一可识别，如学生表中的"学号"字段；加快对记录进行查询、检索的速度；用来在表间建立关系。

2．建立数据表

在 Access 2010 中可通过以下 4 种方式创建一个新表。

① 使用数据表视图直接插入一个表。

② 使用设计视图创建表。

③ 使用 SharePoint 列表创建表。

④ 利用其他数据，如 Excel 工作簿、Word 文档、其他数据库等多种文件，导入表或链接到表。

Access 2010 提供了多种建立数据表的方法，最常用的是使用设计视图创建表结构。下面通过一个实例来说明建立表的方法和过程。

【例 6-20】 根据表 6-4 所示的"学生"表结构，在数据库"学生信息管理系统.accdb"中使用设计视图创建"学生"表。

表6-4 学生表的结构

字段名称	字段类型	字段大小
学号	文本	9
姓名	文本	20
性别	文本	2
出生日期	日期/时间	
籍贯	文本	50
院系代码	文本	3
专业代码	文本	5

先介绍创建数据库"学生信息管理系统"的操作步骤如下。

① 启动 Access 2010，建立一个"空数据库"，输入文件名"学生信息管理系统.accdb"，指定数据库文件存放路径，如图 6-6 所示。

图 6-6 Access 2010 的启动窗口

② 单击"创建"按钮，一个新的数据库"学生信息管理系统"就创建好了，此时数据库中只有一个默认名为"表1"的新表，并以数据表视图打开，如图 6-7 所示。

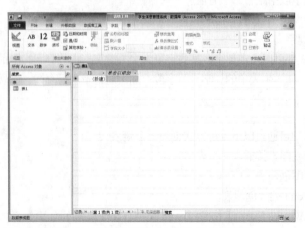

图 6-7 只有一个默认名为"表1"的数据库

接下来介绍在数据库"学生信息管理系统.accdb"中使用设计视图创建"学生"表的操作步骤。

① 打开"学生信息管理系统"数据库，在"创建"选项卡上的"表格"组中，单击"表设计"按钮，显示图6-8所示的表的设计视图。

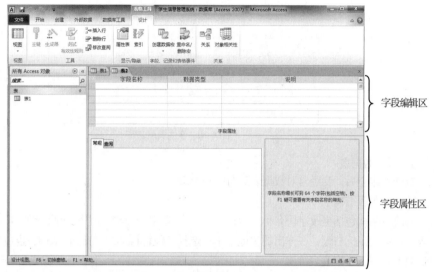

图6-8 表的设计视图

② 在字段编辑区第1行的"字段名称"单元格输入"学号"，在"数据类型"单元格选择"文本"，在字段属性区"字段大小"单元格输入"9"。这样，"学号"字段就定义好了。

③ 用步骤②同样的方法根据表6-4所示的表的结构定义其他的字段。

④ 定义"学号"为主键。主键不是必需的，但是应尽量定义主键。完成后如图6-9所示。

图6-9 表结构定义窗口、定义主键

⑤ 保存表。单击"文件"菜单中的"保存"命令，打开"另存为"对话框，在框中输入数据表的名称"学生"，然后单击"确定"按钮。

⑥ 输入记录。找到保存的表"学生"双击，打开数据表，在字段名下面的记录区内可以分别输入表中的记录数据，如图6-10所示。

学号	姓名	性别	出生日期	籍贯	院系代码	专业代码
090010144	褚梦佳	女	1991/2/19	山东	001	00103
090010145	蔡毅梅	女	1991/2/11	上海	001	00103
090010146	赵林莉	女	1991/12/2	江苏	001	00103
090010147	麋义杰	男	1991/10/3	江苏	001	00103
090010148	周丽萍	女	1991/3/17	江苏	001	00103
090010149	王英	女	1991/7/11	江苏	001	00103
090010150	陈子雅	男	1991/2/17	江苏	001	00103
090010151	周文洁	女	1991/3/20	上海	001	00103
090010152	成立	男	1991/2/18	江苏	001	00103
090010153	陈晖	男	1991/2/14	江苏	001	00103
090010154	王玉芳	女	1991/7/12	江苏	001	00103
090010155	邵艳	女	1991/1/13	江苏	001	00103
090010156	殷岳峰	男	1991/11/28	山东	001	00103
090020201	张友琴	女	1991/11/23	江苏	002	00201
090020202	冯军	男	1991/4/28	江苏	002	00201
090020203	齐海栓	男	1991/1/1	河南	002	00201
090020204	屠金康	男	1991/6/10	江苏	002	00201
090020205	顾继影	男	1991/5/7	山东	002	00201
090020206	彭卓	男	1991/10/3	江苏	002	00201
090020207	田梓青	女	1991/6/8	江苏	002	00201
090020208	胡康轩	男	1991/5/23	上海	002	00201
090020209	周花	女	1991/3/12	江苏	002	00201

图 6-10　学生表记录

3. 编辑数据表

数据表建立后，要经常对数据表进行编辑修改。

（1）修改表结构

修改表结构包括更改字段名称、数据类型、字段属性、增加字段、删除字段等。首先要选定基本表，可单击鼠标右键，在弹出的快捷菜单中选择"设计视图"，修改表结构，也可以双击数据表，进入数据表视图，修改表结构。

① 改字段名。在设计视图中单击字段名或在数据表视图中双击字段名，被选中的字段反相显示，此时输入新的名称后选择"保存"命令即可。

② 插入字段。在数据表视图中选择"插入字段"命令或在设计视图中选择"插入行"命令可插入新的字段。

③ 删除字段。在数据表视图中选择"删除字段"或在设计视图选择"删除行"命令可删除字段。

（2）编辑记录

记录的编辑操作是在数据表视图下进行，包括输入新记录、修改原有记录和删除记录。

4. 数据表的使用

数据表的使用包括对数据的排序、记录的筛选、数据的查找等，所有这些操作都在数据表视图下进行。

（1）记录排序

排序是指按某个字段值的升序或降序重新排列记录的顺序，操作步骤如下。

① 打开要排序的数据表，进入"数据表视图"。

② 单击排序字段所在列的任意一个数据单元格。

③ 单击"开始"选项卡的"排序和筛选"组中的"排序"按钮进行"升序"或"降序"排序。观察窗口中显示的记录顺序。

④ 关闭该表的数据表视图时，可选择是否将排序结果与表一起保存。

另外，在 Access 2010 中还可以对数据表按多个字段进行排序。

（2）筛选记录

筛选记录是指在屏幕上仅显示满足条件的记录，而暂时不显示不满足条件的记录。在 Access 2010 中常用的有按选定内容筛选、按窗体筛选和高级筛选。

6.4.3　查询

查询是 Access 2010 数据库中的一个重要对象，它是按照一定的条件或准则从一个或多个数据表中映射出的虚拟视图。利用查询可以通过不同的方法来查看、更改或分析数据。也可以将查询结果作为窗体和报表的数据来源。

在对多个表进行查询操作之前,首先需要在多个表之间建立关系。一般来说,查询结果只是一个临时的动态数据,当关闭查询的数据表视图时,保存的是查询的结构,并不保存该查询结果的动态数据表。

1. 查询的类型

Access 2010 中提供了多种查询方式,主要有以下几种类型。

(1)选择查询

选择查询是最常见的查询方式,可在一个或多个基本表中,按照指定的条件进行查找,并指定显示的字段。也可以使用选择查询对记录进行分组,并且对记录进行合计、计数、求平均值等计算。主要用于浏览、检索和统计数据库中的数据。

(2)参数查询

参数查询在执行时显示自己的对话框,以提示用户输入查询的参数,并根据不同的条件参数来检索满足条件的相应记录。

(3)交叉表查询

交叉表查询主要用于对数据库中的某个字段进行汇总,并将它们分组,一组位于交叉表的左侧,另一组位于交叉表的上部,然后在交叉表的行和列交叉处显示某个字段的统计值。

(4)操作查询

操作查询是一种可以更改记录的查询。它主要包括 4 种类型,分别是更新查询、删除查询、追加查询和生成表查询。用户可以利用操作查询来更改现有数据表中的数据。

(5)SQL 查询

SQL 查询是用户使用 SQL 语句创建的查询。

建立查询时可以在"设计视图"窗口或"SQL 视图"窗口下进行,而查询结果可在"数据表视图"窗口中显示。

2. 创建查询

在创建查询时,尤其是创建多表查询时,表和表之间要事先建立好关系。通常创建查询的方法有以下 3 种。

(1)利用查询向导创建查询

打开 Access 2010 数据库,在"创建"选项卡上的"查询"组中有"查询向导"和"查询设计"两个按钮,如图 6-11 所示,可用于创建查询。单击"查询向导"按钮,弹出"新建查询"对话框,在对话框中显示出 4 种创建查询的向导,如图 6-12 所示。

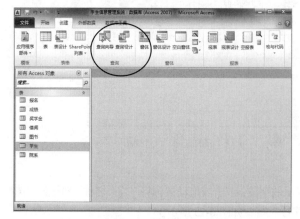

图 6-11 "创建"选项卡上的"查询"组

图 6-12 "新建查询"对话框中 4 种创建查询向导

（2）在设计视图中创建查询

利用查询向导只能创建不带条件的查询。对于有条件的查询可以在设计视图中创建，利用这种方法可以创建和修改各类查询，是创建查询的主要方法。下面通过一个例子来介绍在设计视图中创建查询的主要操作步骤。

【例 6-21】 在数据库"学生信息管理系统.accdb"中基于院系、学生和成绩表查询各院系成绩优秀（选择>=32 并且成绩>=85）的学生人数，要求输出院系名称、优秀人数。

操作步骤如下。

① 打开"学生信息管理系统"数据库，单击"创建"选项卡上"查询"组中的"查询设计"按钮，打开查询"设计视图"，同时会出现"显示表"对话框，如图 6-13 所示。

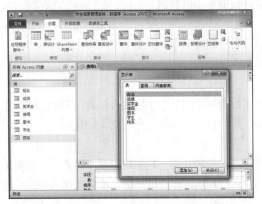

图 6-13 "查询设计"视图"显示表"对话框

② 从"显示表"对话框中依次双击"院系""学生""成绩"表，将这 3 个表添加到设计视图上部的"字段列表区"，关闭"显示表"对话框，如图 6-14 所示。

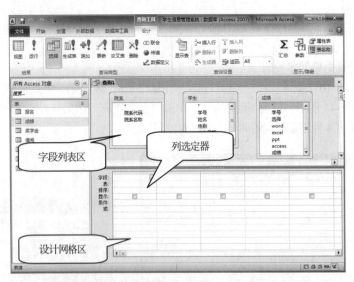

图 6-14 添加了"院系""学生""成绩"表的查询"设计视图"

③ 创建 3 个表之间的关联。

④ 从"字段列表区"选择查询结果输出的字段，双击或拖动鼠标将"院系名称""学号""选择""成绩"字段添加到"设计网格区"的"字段"行，如图 6-15 所示。

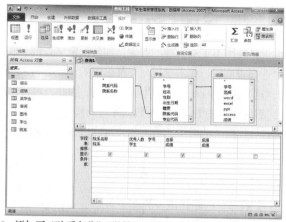

图6-15 添加了"院系名称""学号""选择""成绩"字段的查询"设计视图"

⑤ 设置"显示"行和"条件"行，若查询结果需要按字段排序，则在"排序"行进行设置，其中需要对"院系名称"进行分组，对"学号"进行计数，所以需要在"设计网格区"添加"总计"行，如图6-16所示。

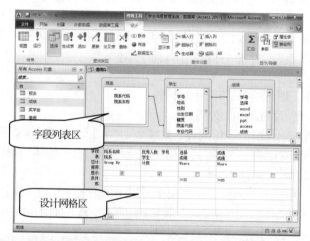

图6-16 在查询设计视图下设置查询的字段和条件

⑥ 输入查询名称，然后保存并退出，或者直接切换到查询的数据表视图，查看查询的结果，如图6-17所示。如果对结果不满意，可切换到设计窗口重新设计。

图6-17 查询运行的结果

（3）使用 SQL 查询语句

在查询的 SQL 视图下，可直接输入 SQL 语句来编写查询命令。使用这种方法可以创建所有类型的查询，尤其是在查询设计视图下无法实现的查询，如数据定义查询、联合查询和传递查询等。

用设计视图建立一个选择查询后，单击"视图"菜单中的"SQL 视图"，会发现在 SQL 窗口中也有了对应的 SQL 语句，这显然是 Access 自动生成的语句。因此，可以这样说，Access 执行查询时，是先生成 SQL 语句，然后用这些语句再去对数据库进行操作。

事实上，Access 中所有对数据库的操作都是由 SQL 语句完成的，而设计窗口只是在此基础上增加了方便操作的可视化环境。

6.4.4 窗体和报表

窗体（Form）是用户与 Access 应用程序之间的主要接口，窗体提供了非常便捷的方法来编辑数据。它可以将各种数据库对象组织在一起。在窗体上可以放置各种各样的控件，用于对表中的记录进行添加、删除和修改等操作。在窗体中，可以有文字、图形和图像，还可以播放声音和视频等。

Access 2010 通过"创建"选项卡中的"窗体"组提供了很多创建窗体的方法。其中，窗体向导是一种常用的自动创建窗体的方法。对于复杂的窗体，通常使用"窗体设计"并添加各种控件来完成。

报表也是 Access 数据库中的重要对象，主要作用是比较和汇总数据，显示经过格式化且分组的数据，并将它们打印出来。Access 2010 可以创建很多类型的报表，可以选择"报表"工具，"空报表"工具、报表向导、报表设计或"标签"工具进行创建。

1. 创建窗体

在 Access 2010 中，创建窗体的方法有很多种。

下面通过一个例子，说明窗体的创建过程。

【例6-22】 利用"窗体向导"创建窗体，数据源是"学生"，操作步骤如下。

① 打开"学生信息管理系统"数据库，单击"创建"选项卡上"窗体"组中"窗体向导"按钮，打开"窗体向导"对话框，如图 6-18 所示。

② 在"表/查询"中选择"学生"，在"可用字段"中选择选定字段，单击">"添加到"选定字段"中，如要选择全部字段，可单击">>"按钮选定所有字段，如图 6-19 所示。

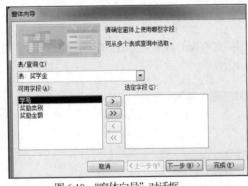

图6-18 "窗体向导"对话框

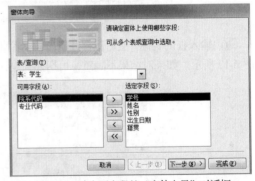

图6-19 确定了字段的"窗体向导"对话框

③ 单击"下一步"按钮，显示提示"请确定窗体使用的布局"，选择"纵栏表"，如图 6-20 所示。

④ 单击"下一步"按钮，显示提示"请为窗体指定标题"，输入窗体的标题"学生信息"，选中"打开窗体查看或输入信息"单选按钮，如图 6-21 所示。

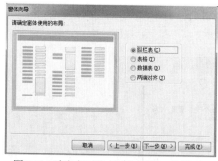

图 6-20 确定布局的"窗体向导"对话框

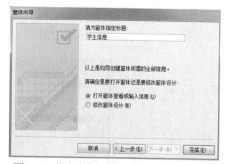

图 6-21 指定窗体标题的"窗体向导"对话框

⑤ 单击"完成"按钮，则窗体创建完毕，屏幕上显示出窗体的执行结果，这时可分别单击记录指示器的按钮，逐条显示或修改记录，也可输入新记录，如图 6-22 所示。

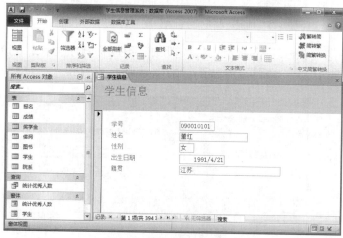

图 6-22 "学生信息"窗体视图

2. 创建报表

在 Access 2010 中，创建报表的方法和创建窗体十分相似。

下面也通过一个例子，说明报表的创建过程。

【例 6-23】 利用"报表向导"创建报表，数据源是"学生"，操作步骤如下。

① 打开"学生信息管理系统"数据库，单击"创建"选项卡上"报表"组中"报表向导"按钮，打开"报表向导"对话框，如图 6-23 所示。

② 在"表/查询"中选择"学生"，在"可用字段"中选择选定字段，如图 6-24 所示。

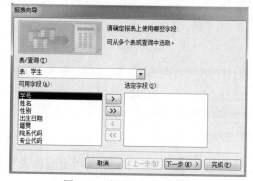

图 6-23 "报表向导"对话框

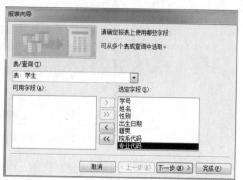

图 6-24 确定了字段的"报表向导"对话框

③ 单击"下一步"按钮,显示提示"是否添加分组级别",默认已选定"学号",单击">"按钮,学号便显示在该对话框右侧框的顶部,如图 6-25 所示。

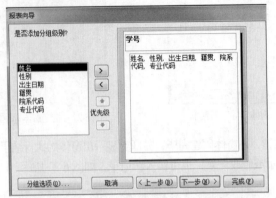

图 6-25　确定是否添加分组级别的"报表向导"对话框

④ 单击"下一步"按钮,显示提示"请确定明细记录使用的排序次序",在该对话框的第 1 个排序字段下拉列表框中选定"性别",并选定"升序",如图 6-26 所示。

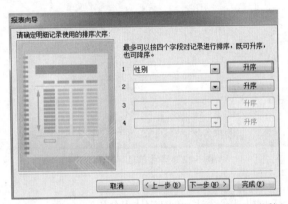

图 6-26　确定明细记录使用的排序次序的"报表向导"对话框

⑤ 单击"下一步"按钮,显示提示"请确定报表的布局方式",如图 6-27 所示。

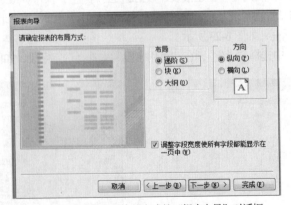

图 6-27　确定报表的布局方式的"报表向导"对话框

⑥ 单击"下一步"按钮,显示提示"请为报表指定标题",输入报表的标题"学生信息报表",选中"预览报表"单选按钮,如图 6-28 所示。

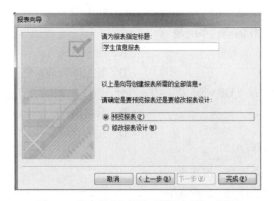

图 6-28 指定报表标题的"报表向导"对话框

⑦ 单击"完成"按钮，则报表创建完毕，显示"学生信息报表"，如图 6-29 所示。

图 6-29 "学生信息报表"

习题

一、填空题

1. 一个完整的数据库系统一般由＿＿＿＿、数据库管理系统、应用系统、数据库管理员和用户等构成。

2. 目前在数据库系统中普遍采用的数据模型是＿＿＿＿。

3. DBMS 中数据定义语言的英文缩写是＿＿＿＿＿，数据操纵语言的英文缩写是＿＿＿＿。

4. 在关系模型中，二维表中每一行的所有数据在关系中称为＿＿＿＿。

5. 二维表中每一列的所有数据在关系中称＿＿＿＿＿。

6. 迄今为止，数据管理技术经历了人工管理、文件系统和＿＿＿＿ 3 个发展阶段。

7. 在 Access 中，可以作为窗体和报表数据源的有表和＿＿＿＿＿。

8. Access 的数据表由＿＿＿＿＿和记录两部分构成。

9. SQL 中数据更新包括＿＿＿＿＿、删除数据和修改数据 3 条语句。

二、选择题

1. 数据模型是＿＿＿＿的集合。

A. 文件　　　　　　B. 记录　　　　　　C. 数据库　　　　　D. 记录及其联系

2. 支持数据库各种操作的软件系统是_____。

A. 数据库系统　　　　　　　　　　B. 命令系统

C. 操作系统　　　　　　　　　　　D. 数据库管理系统

3. 作为数据库管理系统（DBMS）功能的一部分，_____被用来描述数据及其联系。

A. 数据定义语言　　　　　　　　　B. 自含语言

C. 数据操作语言　　　　　　　　　D. 过程化语言

4. 常见的3种数据模型是_____。

A. 链状模型、关系模型、层次模型

B. 关系模型、环状模型、结构模型

C. 层次模型、网状模型、关系模型

D. 链表模型、结构模型、网状模型

5. 数据库系统的特点不包括_____。

A. 数据共享　　　　　　　　　　　B. 加强了对数据安全性和完整性的保护

C. 完全没有数据冗余　　　　　　　D. 具有较高的数据独立性

6. 在SQL中，SELECT语句执行的结果是_____。

A. 属性　　　　　　B. 表　　　　　　　C. 元组　　　　　　D. 数据库

7. 关系模型中，一个关系就是一个_____。

A. 一维数组　　　　B. 一维表　　　　　C. 二维表　　　　　D. 记录

8. 在数据库系统中，对于现实世界"实体"术语是_____。

A. 实际存在的东西

B. 有生命的东西

C. 独立存在的东西

D. 一切东西，甚至可以是概念性的东西

9. 数据库的3个模式中，真正存储数据的是_____。

A. 内模式　　　　　　　　　　　　B. 模式

C. 外模式　　　　　　　　　　　　D. 三者皆存储数据

10. 在数据库的3个模式中_____。

A. 内模式只有一个，而模式和外模式可以有多个

B. 模式只有一个，而内模式和外模式可以有多个

C. 模式和内模式只有一个，而外模式可以有多个

D. 均只有一个

11. Access数据库管理系统采用的是_____模型。

A. 链状　　　　　　B. 网状　　　　　　C. 层次　　　　　　D. 关系

第7章

算法与程序设计

计算思维已渗透到各学科，成为各学科发展的主要动力，运用计算机思维求解问题是每一个大学生都应具备的素质。大家通过前几章的学习已经知道，计算机之所以能够处理复杂的问题全依靠程序的运行，而高质量的程序是基于优秀的算法的。

7.1 问题求解

在日常的生活、工作中，人们总是会遇到并且解决各种各样的问题，科学技术的发展史也可以说是一部发现问题、提出问题、解决问题的历史。面对各种各样的问题，各个学科既遵循或运用一般科学方法，又采用一整套本学科独有的专门方法。在现代计算机发明之前，人们在长期的科学研究、社会实践中，已经发现许多问题，可以采用计算方法来求解，如大家熟知的黎曼积分法求积分、牛顿迭代法求方程的根，不过由于受到计算工具、计算速度的限制，许多问题无法通过计算来求解，例如气象预测，核弹爆炸模拟等，因而计算方法没有成为一般科学方法。20 世纪 40 年代计算机发明以后，因其速度快、精度高、逻辑运算能力强、自动化程度高等特点，使许多问题通过计算机轻而易举地得到了解决，计算机为各学科的问题求解提供了新的手段和方法。运用计算方法求解问题的思维活动，被称为计算思维，计算思维成为推动科学技术发展和人类文明进步的三大科学思维之一。

用计算机如何求解问题？或者说，问题是多种多样、千差万别的，抛开具体的问题，从方法论的角度去看，计算思维求解问题的过程或模型是什么？2006 年，周以真教授提出了计算思维的本质是抽象和自动化，也就是说，从本质上来说，求解问题的过程大致可以分为两步，一是问题抽象，完全超越物理的时空观，用符号来表示；二是自动化，机械地一步一步自动执行，即编写程序。

1. 抽象

抽象是一种古已有之的方法，其本义也是从众多的事物中抽取出共同的、本质性的特征，而舍弃其非本质的特征，如哥尼斯堡七桥问题抽象成图论问题。在计算机科学中，抽象是简化复杂的现实问题的最佳途径。抽象的具体形式是多种多样的，但是离不开两个要素，即形式化和数学建模。

（1）形式化

形式化是指在计算机科学中，采用严格的数学语言，具有精确的数学语义的方法。形式化是基于数学的方法，运用数学语言描述清楚问题的条件、目标，达到目标的过程是问题求解的前提和基础。不同的形式化方法的数学基础是不同的，例如，有的以集合论和递归函数为基础，有的以图论为基础。

（2）数学建模

数学建模就是通过计算得到的结果来解释实际问题，并接受实际的检验，来建立数学模型的全过程。数学模型一般是实际事物的一种数学简化，常常是以某种意义上接近实际事物的抽象形式存在的，但与真实的事物有着本质的区别，例如龙卷风模型、潮汐模型等。

形式化和数学建模都是基于数学的方法。从某种意义上来说，数学建模就是一种形式化方法，形式化方法当面向模型时是通过建立一个数学模型来求解问题和说明系统行为的。

2. 自动化

抽象以后就是自动化，抽象是自动化的前提和基础。计算机通过程序实现自动化，而程序的核心是算法。因此，对于常见的简单问题，自动化分两步：设计算法和编写程序。

下面通过计算机破案实例，说明计算思维中，求解简单问题的一般过程。

【例 7-1】 利用计算机破案。某天晚上，张强的家中被盗，侦查过程中发现 A、B、C、D 4 人到过现场。下面是讯问他们时各人的回答。

A 说："我没有盗窃。"

B 说："C 是盗窃者。"

C 说："盗窃者是 D。"

D 说："C 在冤枉好人。"

侦查员经过判断发现，4 人中有 3 人说的是真话，一人说的是假话，4 人中有且只有一人是盗窃者，盗窃者到底是谁？

（1）抽象

假设 0 表示不是盗窃者，1 表示盗窃者，则每个人的取值范围是[0,1]。4 人说的话和关系表达式如表 7-1 所示，侦查员的判断和逻辑表达式如表 7-2 所示。

表 7-1　4 人说的话和表达式表示

4 人	说的话	关系表达式表示
A	我没有盗窃	A=0
B	C 是盗窃者	C=1
C	盗窃者是 D	D=1
D	C 在冤枉好人	D=0

表 7-2　侦查员的判断和逻辑表达式

侦查员的判断	逻辑表达式表示
4 人中有 3 人说的是真话	$(A=0)+(C=1)+(D=1)+(D=0)=3$
4 人中有且只有一人是盗窃者	$A+B+C+D=1$

（2）自动化

设计算法和编写程序。

① 设计算法。在每个人的取值范围[0，1]的所有可能中进行搜索，如果表 7-2 所示的组合条件同时满足，即为盗窃者。

② 编写程序。Visual Basic 程序代码如下。

```
Dim A%, B%, C%, D%
  For A=0 to 1
   For B=0 to 1
    For C=0 to 1
    For D=0 to 1
        If (A=0)+(C=1)+(D=1)+(D=0) = -3 and A + B + C + D = 1 then
          Print A,B,C,D
        End if
    Next
    Next
```

```
    Next
  Next
```

注意： 在 Visual Basic 程序设计中表达式成立时其值为-1，因此(A=0)+(C=1)+(D=1)+(D=0)= -3。
C 程序代码如下。

```
#include<stdio.h>
int main()
{
  int A,B,C,D;
  for(A=0;A<=1;A++)
    for(B=0;B<=1;B++)
      for(C=0;C<=1;C++)
        for(D=0;D<=1;D++)
          if(((A==0)+(C==1)+(D==1)+(D==0)==3)&&(A+B+C+D==1))
            printf("%d %d %d %d",A,B,C,D);
  return 0;
}
```

从上述例子可以看出，计算机求解问题的过程可以大致分为两步：抽象和自动化。需要读者注
意的是，上述例子是简单的初等问题，问题求解思路非常清晰，但当面对复杂的问题时，求解的形
式极其复杂，但是抽象和自动化是不会变的。

7.2 算法

计算机系统能完成各种工作的核心是程序，人们常说"软件的主体是程序，程序的核心是算法"。
计算机中的算法就是指解决问题的方法与步骤。

1. 算法的定义

所谓算法，简单地说，就是为解决一个特定问题而采取的确定的、有限的步骤，解决问题的过
程就是算法实现的过程。

求圆周率值的详尽解题过程描述就是算法，但并不是只有计算的问题才有算法，手工书上对一
个帆船折迭的图示描述也是一个算法，因为按照图示的方法和步骤能完成一个帆船的制作（解决了
一个特定问题）。

在计算机学科中，算法是指令的有限序列，是一个可终止的、有序的、无歧义的、可执行的
指令的集合。其中每条指令表示一个或多个操作。一个可终止的计算机程序的执行部分就是一个
算法。

2. 算法设计举例

【例7-2】 对一个大于或等于3的正整数，判断它是不是一个素数。

所谓素数，是指除了 1 和本身外，不能被其他任何整数整除的数。例如，5 是素数，因为它除
了能被 1 和 5 整除外，不能被其他任何整数整除。

在判断某数 n 是不是素数时，可分别将大于等于 2，且小于等于 n-1 的所有整数作为除数与 n
相除，如果都不能整除，则 n 为素数。

该问题的求解过程描述如下。

① 给出某一整数 n 的值。

② 令 i=2。

③ 让 n/i，得余数 r。

④ 若 r=0，则表示 n 不是素数，算法结束，否则执行⑤。

⑤ 将 i+1 的值再次赋给 i，若这次 i 的值等于 n，则表示 n 是素数，算法结束，否则回到③重新

开始。

3. 算法的特性

按照算法的定义，一个算法必须具备下列 5 个特性。

（1）确定性

确定性也称无二义性。算法中的每一步操作必须有确切的含义，即每一步操作必须是清楚明确的，有确切含义，而不是模棱两可的。

（2）有穷性

一个算法对于任何合法的操作对象必须在执行了有限步骤的操作后终止。设计算法时应该关注算法结束的条件。

（3）能行性

算法中有待实现的操作都是可执行的，即在计算机的能力范围之内，且在有限的时间内能够得到确定的结果。

（4）输入

一个算法有零个或多个输入。一般情况下，输入的是算法的操作对象。算法的操作对象可以在编写算法时直接给出，也可以在执行算法时输入。

（5）输出

一个算法至少产生一个输出。这些输出是算法对输入的操作对象执行操作后，合乎逻辑的操作结果。

4. 算法的表示

算法的结构只有通过合适的表述才能被很好地阅读与理解，好的表述可使程序员清楚地了解其中的逻辑关系，进而提高程序设计的效果。算法可用多种方法描述，经常使用的有自然语言、流程图、N-S 图、PAD、伪代码等。不同的描述方法各有其优缺点。

（1）自然语言

自然语言即人们日常生活中使用的语言。使用自然语言描述算法，通俗易懂；但描述文字显得冗长，表达不够严谨，容易出现理解歧义性。自然语言一般适用于简单算法的表示。

（2）流程图

流程图是一种使用很广的算法描述方法，它用一些图框和流程线来表示各种操作，流程图方法形象直观、易于理解，当算法出现错误时容易发现，并可直观地将算法转化为程序。美国国家标准化协会规定了一些常用的流程图符号，如表 7-3 所示。图 7-1 所示为用流程图表示例 7-2。

表 7-3　常用的流程图符号

符号名称	图形	功能
起止框		表示算法的开始和结束
输入/输出框		表示算法的输入/输出操作
处理框		表示算法中的各种处理操作
判断框		表示算法中的条件判断操作
流程线		表示算法的执行方向
连接点		表示流程图的延续

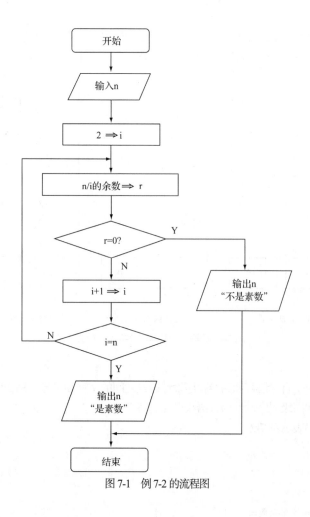

图 7-1 例 7-2 的流程图

（3）N-S 图

随着结构化程序设计方法的出现，1973 年美国学者提出了一种新的流程图形式。这种流程图中完全去掉了流程线，算法的每一步都用一个矩形框来描述，把一个个矩形框按执行的次序连接起来就是一个完整的算法描述。这种流程图用两位学者名字的第一个英文字母命名，称为 N-S 图。

【例 7-3】 用 N-S 图表示例 7-2，如图 7-2 所示。

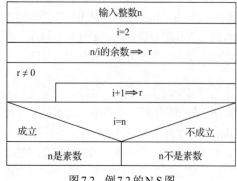

图 7-2 例 7-2 的 N-S 图

（4）PAD

问题分析图（Problem Analysis Diagram，PAD）也是一种算法描述的图形工具。PAD 中没有流程线，图中有规则地安排了二维关系：从上到下表示执行顺序，从左到右表示层次关系。图 7-3 所示为用 PAD 描述算法的 3 种基本控制结构（顺序结构、选择结构、重复结构）。

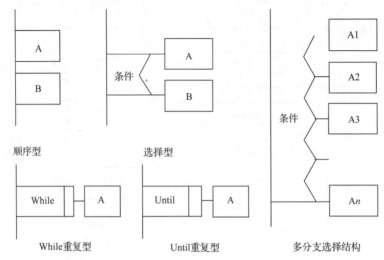

图 7-3　程序 3 种基本控制结构的 PAD 图

（5）伪代码

伪代码是一种介于自然语言和高级程序设计语言之间的文字和符号。用伪代码描述算法兼有自然语言的通俗易懂和高级程序设计语言语法严谨的特点。

以下为用伪代码表示例 7-2。

```
输入整数 n 的值；
2⇒i；
n/i 的余数⇒r；
while（r≠0）
 do（i+1⇒i；n/i 的余数⇒r；）
 if（i<n）then（输出 n 不是素数）
 else（输出 n 是素数）
```

7.3　算法设计的基本方法

要使计算机能完成人们预订的工作，首先必须为如何完成预订的工作设计一个算法，再根据算法来编写程序。人们在长期的研究开发工作中已经总结出一些基本的算法。通常求解一个问题可能会有很多算法可供选择，选择的主要标准是算法的正确性和可靠性、简单性和易理解性，算法所需要的执行效率和存储空间是考虑的重点。下面列举几种常用的算法。

7.3.1　枚举法

"枚举法"也称为"穷举法"或"试凑法"。它的基本思想是采用搜索的方法，根据题目的部分条件确定答案的大致搜索范围，然后在此范围内对所有可能的情况逐一验证，直到验证完所有情况。若某个情况符合题目的条件，则为本题的一个答案；若验证完全部情况均不符合题目的条件，则问题无解。枚举法是一种比较耗时的算法，但是利用计算机快速运算的特点，可以解决许多问题。

【例 7-4】百元百鸡问题。设公鸡每只 5 元，母鸡每只 3 元，小鸡 3 只 1 元，问 100 元钱买 100只鸡共有哪些购买方案？

根据题意，我们可以假设公鸡、母鸡、小鸡各为 x、y、z 只，列出方程为

$$x+y+z=100$$
$$5x+3y+z/3=100$$

3 个未知数，两个方程，这明显是一个不定方程问题，采用"枚举法"很容易解决此类问题。可以利用三重循环控制鸡的只数（0-100），内循环同时判断满足 100 只鸡和 100 元钱的要求，用伪代码表示该算法如下。

```
For x = 0 To 100
  For y = 0 To 100
    For z = 0 To 100
    {  If 5 * x + 3 * y + z / 3 = 100 And x + y + z = 100        //要同时满足
        Print x,y,z                    //输出满足条件公鸡、母鸡、小鸡的数量
    }
```

枚举法的特点就是要将可能的情况一一列举，三重循环中循环变量 x、y、z 的上限都是 100，是假设 100 只鸡分别都是公鸡、母鸡或小鸡的情况。实际上这个算法是可以改进的，可以采用二重循环，循环变量 x 的上限可修改为 20，是 100 元最多可购买的公鸡数；y 的上限是 33，是 100 元最多可购买的母鸡数，z 的值由 x 和 y 的值来确定。

```
For x = 0 To 20
  For y = 0 To 33
  {    z = 100-x-y
    If 5 * x + 3 * y + z / 3 = 100          //要满足的条件
      Print x,y,z                    //输出满足条件公鸡、母鸡、小鸡的数量
  }
```

注意： 用枚举法解决问题的效率不高，因此，为提高效率，可根据解决问题的实际情况，尽量减少内循环层数或每层循环次数。

7.3.2 迭代法

"迭代法"也称为"递推法"，是利用问题本身所具有的某种递推关系求解问题的一种方法。其基本思想是从初值出发，归纳新值和旧值间直到最后值为止存在的关系，从而把一个复杂的计算过程转化为简单过程的多次重复，每次重复都从旧值的基础上递推出新值，并用新值代替旧值。

【例 7-5】 猴子吃桃子问题。小猴一天摘了若干个桃子，当天吃掉一半多一个；第二天接着吃了剩下桃子的一半多一个；以后每天都吃尚存桃子的一半多一个，到第 7 天早上要吃的时候只剩下一个桃子。问小猴最初共摘下了多少个桃子？

根据题意，假设第 i 天的桃子为 x_i 个，我们可以得出下面的式子：

$$x_2=x_1/2-1 \qquad\qquad x_1=(x_2+1)*2$$
$$x_3=x_2/2-1 \qquad\qquad x_2=(x_3+1)*2$$
$$x_4=x_3/2-1 \qquad\qquad x_3=(x_4+1)*2$$
$$x_5=x_4/2-1 \qquad\qquad x_4=(x_5+1)*2$$
$$x_6=x_5/2-1 \qquad\qquad x_5=(x_6+1)*2$$
$$x_7=1 \qquad\qquad x_6=(x_7+1)*2$$

即找到递推关系：$x_{n-1}=(x_n+1)*2$。

已知第 7 天的桃子数 x_7 为 1，则第 6 天的桃子数由上面的递推公式得出是 4 个。依此类推，可求得第 1 天摘得的桃子数。

用伪代码表示该算法如下。

```
x ← 1                      //第 7 天的桃子数
For i = 6 To 1
      x ← (x + 1) * 2      //第 i 天的桃子数
Print 第 1 天的桃子数为：x 只
```

流程图如图7-4所示。

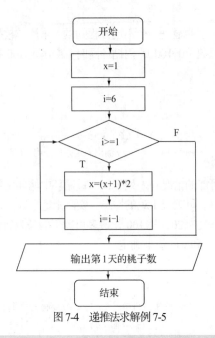

图7-4 递推法求解例7-5

7.3.3 排序

在日常生活和工作中，许多问题的处理过程依赖于数据的有序性，例如考试成绩的高到低，按姓氏笔画低到高的有序等。因此，需要把无序数据整理成有序数据，这就是排序，排序是计算机程序中经常用到的基本算法。常用的排序算法有选择排序、冒泡排序等。

在数学中对一批同类数据常用 a_0, a_1, a_2, …, a_{n-1} 来表示，在计算机中可存放在数组 $a[n]$ 中，每个元素分别为 $a[0]$, $a[1]$, $a[2]$, …, $a[n-1]$，下标 0, 1, 2, …, $n-1$ 用来标识数组中每个不同的数。

【例7-6】 数组 a 中的原始数据为 8，6，9，3，2，7，要求按递减或递增的顺序进行排列。

1. 选择排序

选择排序（以递减为例）的基本思想是每次从无序数中找到最大数的下标，然后和无序数中的第1个数交换，具体如下。

① 从 n 个数中找出最大数的下标，最大数与第1个数交换位置。

② 在余下的 $n-1$ 个数中按步骤①的方法找出最大数的下标，最大数与第2个数交换位置。

③ 依此类推，重复步骤②ñ-1 轮。

具体如下。

	$a[0]$	$a[1]$	$a[2]$	$a[3]$	$a[4]$	$a[5]$
原始数据	8	6	9	3	2	7
第1轮比较	⑨	6	8	3	2	7
第2轮比较	⑨	⑧	6	3	2	7
第3轮比较	⑨	⑧	⑦	3	2	6
第4轮比较	⑨	⑧	⑦	⑥	2	3
第5轮比较	⑨	⑧	⑦	⑥	③	2

设原始数据 8，6，9，3，2，7 已存入数组 $a[0]$~$a[5]$中，第1轮比较，即找 $a[0]$~$a[5]$中的最

大值与第 1 个数交换。找最大值的方法类似于摆擂台，取 $a[0]$ 中的数为最大值（擂主）的初值，然后将这一组数中的每一个数与最大值比较，若该数大于最大值，将该数替换为最大值。最大值与第 1 个数交换，要求在求最大值元素的同时还要保留最大值元素的下标，最后再交换。第 2 轮比较，即找 $a[1]\sim a[5]$ 中的最大值与第 2 个数交换，第 3 轮比较，即找 $a[2]\sim a[5]$ 中的最大值与第 3 个数交换，……依此类推，n 个数经过 n-1 轮比较后就按从大到小的顺序排好了。

用伪代码表示该算法如下。

```
For i=0 To n-2                      //n个数进行n-1轮比较
{
    imax←i
    For j=i+1 To n-1
        if a[j]>a[imax] imax←j      //下一个元素值最大，替换imax
    a[i]元素与a[imax]元素交换         //一轮结束，最大的元素放在a[i]位置
}
```

2. 冒泡排序

冒泡排序（以递增为例）的基本思想是在每一轮排序时将相邻两个元素进行比较，小数上浮，大数下沉，具体如下。

① 相邻两数比较，大数向后移。

② 重复 n-1 次步骤①，最大数移至最后。

③ 重复步骤①、②n-1 轮。

具体如下。

	$a[0]$	$a[1]$	$a[2]$	$a[3]$	$a[4]$	$a[5]$
原始数据	8	6	9	3	2	7
第 1 轮比较	6	8	3	2	7	⑨
第 2 轮比较	6	3	2	7	⑧	⑨
第 3 轮比较	3	2	6	⑦	⑧	⑨
第 4 轮比较	2	3	⑥	⑦	⑧	⑨
第 5 轮比较	2	③	⑥	⑦	⑧	⑨

设原始数据 8，6，9，3，2，7 已存入数组 $a[0]$ 到 $a[5]$，第 1 轮比较开始，$a[0]$ 与 $a[1]$ 比较，若为逆序，则 $a[0]$ 与 $a[1]$ 交换，然后 $a[1]$ 与 $a[2]$ 比较，……，直到 $a[n-2]$ 与 $a[n-1]$ 比较，这时一轮比较完毕，一个最大的数"沉底"，成为数组中最大的元素 $a[n-1]$，一些较小的数如同气泡一样"上浮"一个位置。然后对 $a[0]\sim a[n-2]$ 的 n-1 个数进行上述相同操作，次最大数放入 $a[n-2]$，完成第 2 轮排序，依此类推，进行 n-1 轮排序后，所有数均有序。

用伪代码表示该算法如下。

```
For i=0 To n-2                      //n个数进行n-1轮比较
    For j=0 To n-2-i                //每一轮内
        If a[j]>a[j+1]              //若相邻两个次序不对
            a[j]与a[j+1]元素交换      //则交换位置，小数上浮，大数下沉
```

7.3.4 查找

查找在日常生活中经常遇到，利用计算机快速运算的特点，可方便地实现查找。查找的方法很多，对不同的数据结构有对应的方法，例如对无序数据用顺序查找，对有序数据采用折半查找等。下面介绍顺序查找和折半查找。

1. 顺序查找

顺序查找较为简单，根据指定关键字 key 在数组中逐一比较，找到则返回关键字 key 在数组中

的下标，找不到则返回查找不成功的信息。顺序查找算法对数组中的数据不要求有序，查找效率比较低。

假设数组 a 中有 n 个数组元素，要查找的关键字为 key，则顺序查找的伪代码如下。

```
For i=0 To n-1
    If a[i]=key    Print 找到，输出 i
If i>n-1    Print 找不到
```

【例 7-7】 若有一数组 a（n=10），要查找的 key 为 23，查找过程如图 7-5 所示。

图 7-5　顺序查找求解例 7-7

2. 折半查找

折半查找是在数据量很大时采用的一种高效查找算法,采用该算法查找要求数据必须是有序的。折半查找又名二分查找，基本思想就是将所要查找的数组中间位置的数据与所要查找的关键字进行比较，然后根据不同的情况来不断缩小查找区间从而达到最终的目的。

假设数组是递增有序的，要查找的关键字为 key，查找区间的下界为 low、上界为 high，具体算法如下。

① 初始查找区间为[low,high],low=0,high=N-1，其中 N 为数组中元素的个数。

② 在满足 low<=high 的条件下，取中间元素的下标 mid=(low+high)/2，key 与 a[mid]做比较。

③ 若关键字 key=a[mid]，则查找成功；若 key<a[mid]，则应该在左半区间继续查找，修改查找区间的上界 high=mid-1；若 key>a[mid]，则应该在右半区间继续查找，修改查找区间的下界 low=mid+1。

④ 重复步骤②、③，直到找到 key 或 low>high 则意味着找不到。

【例 7-8】 若有一组有序数（N=11），要查找的 key 为 21，查找过程如图 7-6 所示。

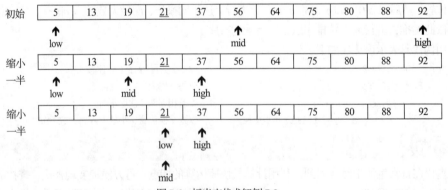

图 7-6　折半查找求解例 7-8

伪代码如下。

```
low←0,high←N-1
```

```
f←0                                          //标志变量 f 初值为 0
While low≤high And f=0
{
        mid=(low+high)/2                     //取中间值
        If key=a[mid]  f=1                   //找到，标志变量 f 设置为 1
        Else If key<a[mid]  high=mid-1       //查找区间缩小至左半区间
              Else low=mid+1                 //查找区间缩小至右半区间
}
If f=0 Print 找不到
Else Print 找到，输出 mid
```

说明： 其中 f 为标志变量，初值为 0，只有找到 key 才会将 f 设置为 1，因此可以通过 f 的值来给出相应的结论。

7.4 程序设计语言

程序设计语言是一组用来定义计算机程序的语法规则。它是一种被标准化的交流技巧，用来向计算机发出指令。程序设计语言让程序员能够准确地定义计算机所需要使用的数据，并精确地定义在不同情况下所应当采取的行动。

7.4.1 程序设计语言分类

20 世纪 60 年代以来，世界上公布的程序设计语言已有上千种之多，但是只有很小一部分得到了广泛的应用。

1. 机器语言

机器语言是用二进制代码 0，1 表示的，是计算机中唯一不经过翻译直接识别和执行的指令集合。对于不同型号的计算机，其机器语言是不相通的。机器语言直接针对计算机硬件，所占空间少，执行效率高。

机器语言中的每一条语句实际上都是一条二进制形式的指令代码，指令格式如下。

操作码	操作数

操作码指出应该进行的操作，操作数给出参与操作的数字本身或它在内存中的地址。

【例 7-9】 计算 A=10+10。

```
10110000 00001010        ：将 10 放入累加器 A 中
00101100 00001010        ：10 与累加器 A 中的值相加，结果仍放入 A
11110100                 ：结束
```

机器语言编写的程序难以阅读和理解，书写、辨认冗长的二进制代码会消耗程序员大部分的精力和时间，而且编写出来的程序只能在某一特定类型的计算机上运行，可移植性差，局限性很大。

2. 汇编语言

汇编语言克服了机器语言的缺点，采用助记码和符号地址来表示机器指令，因此也称作符号语言，如用 ADD 表示加法，SUB 表示减法，MOV 表示传送数据等。例如，计算 A=10+10 的汇编语言程序如下。

```
MOV  A , 10    ：将 10 放入累加器 A
ADD  A , 10    ：10 与累加器 A 中的值相加，结果仍放入 A
HLT            ：结束
```

汇编语言在一定程度上克服了机器语言难读、难改的缺点，保持了其编程质量高、占存储空间少、执行速度快的优点。但它是面向机器的语言，与具体的计算机硬件有着密切关系。用汇编语言编写的程序通用性差、不具有可移植性，必须翻译成机器语言才能被计算机执行。

3. 高级语言

为了克服汇编语言的缺陷，提高编写程序和维护程序的效率，一种接近人们自然语言的程序设计语言应运而生了，这就是高级语言。

例如，将计算 A=10+10 用 C 语言实现的程序如下。

```
# include <stdio.h>
main()
{int a;
  a=10+10;
  printf("a=%d\n", a);
}
```

高级语言之所以高级，最主要是指它独立于计算机硬件结构，即所编写的程序与该程序在什么型号的计算机上运行是完全无关的。在一种计算机上运行的高级语言程序，可以不经改动地移植到另一种计算机上运行，从而大大提高了程序的可移植性。

使用高级语言编写的程序称为源程序。由于计算机只能识别二进制代码，所以源程序是不能直接运行的，而是必须翻译成机器语言。

4. 常见的高级语言

高级语言的种类很多，没有明显的优劣之分，只是各种语言应用范围的侧重各有不同。1954 年第一门高级语言——Fortran 语言诞生，它是一种适用于数值计算的面向过程的程序设计语言。高级语言不但是软件开发的工具，也成为一种人与人之间、不同的计算机之间交流的工具。随着计算机技术应用的发展，又出现了如下几种常见的高级语言。

- ALGOL：适用于科学与工程计算的语言，但不如 Fortran 应用广泛。
- LISP：符号处理语言，专为人工智能开发。
- COBOL：主要用于商业数据处理领域。
- BASIC：适用于初学者的计算机语言。
- Pascal：结构化的程序设计语言，适用于科学与教学。
- C：具有高级数据结构和控制结构，适用于底层开发系统软件、应用软件。
- C++：扩展的 C 语言，具有了面向对象的特性。
- Java：纯面向对象语言，适用于开发网络软件。
- Visual Basic：BASIC 语言的扩展，Microsoft 公司设计开发的可视化开发工具。
- C#：适合于开发 Windows 应用程序和 Web 应用程序，是.net 平台受欢迎的语言之一。
- Python：近年来流行的一种面向对象的程序设计语言。具有丰富和强大的类库，能够轻松地把用其他语言制作的各种模块连接起来，特别适用于快速应用程序开发。

7.4.2 程序设计语言处理系统

在所有的程序设计语言中，除了用机器语言编写的程序能够被计算机直接执行外，其他程序都必须翻译成机器语言，实现这个翻译过程的工具是语言处理程序，即翻译程序。被翻译的语言和程序分别称为源语言和源程序，而翻译生成的语言和程序分别称为目标语言和目标程序。针对不同的程序设计语言编写出的程序，它们有各自的翻译程序，互相不通用。

1. 汇编程序

汇编程序是将汇编语言编制的程序（源程序）翻译成机器语言程序（目标程序）的工具，它们的相互关系如图 7-7 所示。

2. 高级语言翻译程序

高级语言翻译程序是将高级语言编写的源程序翻译成目标程序的工具。按照不同的翻译处理方法，翻译程序可分为解释程序和编译程序两类。

（1）解释程序

解释程序对源程序的语句从头到尾逐句扫描、逐句翻译，并且翻译一句执行一句，并不形成机器语言形式的目标程序。图 7-8 所示为边解释边执行的方式，特别适合于人机对话，对初学者有利，因为便于查找错误行和修改。LISP、BASIC、Viaual Basic、Java 等语言采用解释方式。

图 7-7　汇编程序　　　　　　　　　　　　　　　　图 7-8　解释程序

（2）编译程序

编译程序的执行过程，要对源程序扫描一遍或几遍，最终形成一个可在具体计算机上执行的目标程序，把它保存在磁盘上，以备多次执行。因此，编译程序更适合于翻译规模大、结构复杂、运行时间长的大型应用程序。图 7-9 所示为用 C/C++编写的源程序编译方式的大致工作过程。

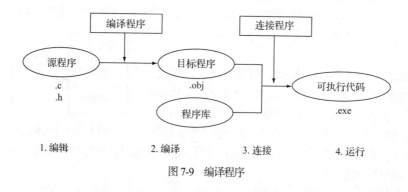

图 7-9　编译程序

7.5　程序设计与工程管理

编写程序解决问题的过程一般包括分析问题，确定数学模型，算法设计，程序编写、编辑、编译和连接，运行和测试几个步骤。

7.5.1　程序设计方法

程序设计方法在很大程度上影响到程序设计的成败及程序的质量。目前常用的是结构化程序设计方法和面向对象程序设计方法。无论哪种方法，程序的可靠性、易读性、易理解性、高效性等都是衡量程序质量的重要特性。

（1）结构化程序设计方法

结构化程序设计方法是面向过程的，其核心方法是以算法为核心。其基本思想为：自顶向下、逐步求精的模块化程序设计原则，少用或限制使用 goto 语句。结构化程序设计方法有效地将复杂的程序系统设计任务分解成许多易于控制和处理的子模块，如图 7-10 所示。每个子模块都由基本的控制结构组成，确保程序结构流畅，从而使程序易于阅读与理解，便于程序的开发、测试与维护。

结构化程序设计的 3 种基本结构程序流程图如图 7-11 所示。

① 顺序结构：按照程序语句行的自然顺序，一条语句一条语句地执行程序。

② 选择结构：包括简单选择和多分支选择判断执行哪一条分支语句序列。

③ 循环结构：也称为重复结构，根据给定条件判断是否需要重复执行某一相同的或类似的程序段。

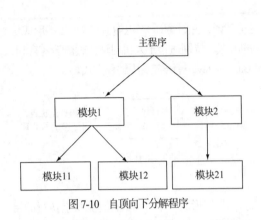

图 7-10　自顶向下分解程序

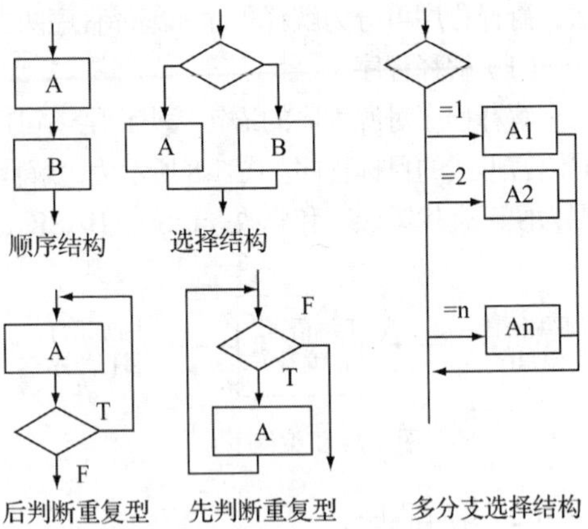

图 7-11　3 种基本结构程序流程图

（2）面向对象程序设计方法

结构化程序设计方法虽已得到广泛应用，但它难以适应大型软件的开发，程序可重用性差。由于以上原因，种种全新的软件开发技术应运而生，即面向对象程序设计（Object Oriented Programming，OOP）。面向对象的程序设计是面向对象的，以对象为核心。

面向对象程序设计方法采用的是"对象+消息"的模式，如图 7-12 所示。面向对象程序设计方法并不是要完全抛弃结构化程序设计方法，当所解决的问题被分解为低级代码模块时，仍需要结构化编程的方法和技巧。但从编程的角度来看，

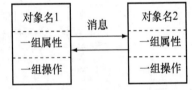

图 7-12　面向对象程序设计模式图

问题分解时采取的思路是不同的，结构化的分析强调代码的功能及如何实现，而面向对象强调的是真实世界与抽象对象的关系。

面向对象程序设计方法的基本概念如下。

① 对象：客观世界中的实体，它可以是有形的（如一本书），也可以是无形的（如一项计划）。它由一组表示其静态特征的属性和可执行的一组操作组成。

② 类：是具有共同属性、共同方法的对象的集合。类是对象的抽象，对象是对应类的一个实例。例如，学生是一个类的名称，而"张峰"一个具体的学生则是对象。

③ 消息：是一个对象与另一个对象之间传递的信息，消息的使用类似于函数的调用。

面向对象程序设计方法具有如下 4 个基本特征。

① 抽象性：是指把众多事物进行归纳、分类。

② 封装性：是指把对象的属性和行为结合成一个独立的单位，并尽可能隐藏对象的内部细节。信息屏蔽可以确保每一个模块的独立性，对象的信息屏蔽是通过对象的封装性来实现的。

③ 继承性：是指能够直接获得已有的性质和特征，而不必重新定义它们，继承具有传递性。一个类直接继承其父类的描述（数据和操作）或特性，子类自动地共享基类中定义的数据和方法。

④ 多态性：是指同样的消息被不同的对象接受时可导致完全不同的行动的现象。

7.5.2　程序设计风格

程序设计风格是指编写程序时所表现的特点、习惯和逻辑思路。随着软件规模的不断增大，复杂性的增加，程序员在软件生存期需要经常阅读程序，特别是在软件测试阶段和维护阶段，编写程序的人员与参与测试、维护的人员都要反复阅读程序。因此，程序员在编写程序时要形成良好的程序设计风格，这将大大地减少人们读程序的时间。良好的程序设计风格是指"清晰第一，效率第二"。

要形成良好的程序设计风格应注重以下几点。

（1）源程序内部文档

① 符号名的命名。符号名的命名应具有一定的实际意义。

② 程序注释。序言性注释通常置于每个程序模块的开头部分，它应当给出程序的整体说明。功能性注释嵌在源程序体中，用以描述其后的语句或程序段是在做什么工作，或是执行了下面的语句会怎么样。

③ 视觉组织。可利用空格、空行、缩进等技巧使程序层次清晰。

（2）数据说明的方法

① 数据说明的次序规范化，使数据属性容易查找，也有利于测试、排错和维护。

② 当多个变量名在一个语句说明时，应当按字母顺序排列这些变量。

③ 使用注释来说明复杂数据的结构。

（3）语句的结构

程序应该简单易懂，语句构造应该简单直接，不应该为提高效率而把语句复杂化。

（4）输入和输出

输入和输出应做到方便用户使用。

7.5.3 软件工程管理

1. 软件工程基本概念

（1）软件定义

计算机软件是包括程序、数据及相关文档的完整集合。程序是软件开发人员根据用户需求开发的、用程序设计语言描述的、适合计算机执行的指令（语句）集合。数据是使程序能正常操纵信息的数据结构。

（2）软件工程

计算机软件开发在早期形成的错误开发方式，严重阻碍了计算机软件的开发，更为严重的是开发出的软件几乎无法维护，这导致了 20 世纪 60 年代软件危机的发生。软件危机的出现，促使人们努力探索软件开发的新思想、新方法、新技术，计算机科学家提出借鉴工程界严密完整的工程设计思想来指导软件的开发与维护，从而在计算机领域形成了一门新的学科，称为软件工程。

软件工程包括 3 个要素，即方法、工具和过程。方法是完成软件工程项目的技术手段，工具是支持软件的开发、管理、文档生成，过程是支持软件开发的各个环节的控制、管理。软件工程包括以下 4 步。

① P（Plan）：软件规格说明，规定软件的功能及其运行时的限制。

② D（Do）：软件开发，产生满足规格说明的软件。

③ C（Check）：软件确认，确认软件能够满足客户提出的要求。

④ A（Action）：软件演进，为满足客户变更要求，软件必须在使用的过程中演进。

（3）软件生命周期

软件生命周期是指软件产品从提出、实现、使用维护到停止使用、退役的过程，包括可行性研究与计划制订、需求分析（逻辑模型）、软件设计（物理模型）、软件实施（编码）、软件测试、运行与维护。

2. 模块化

模块化就是将整个软件划分成若干易于处理的较小部分，每个部分单独命名并可独立访问，称为模块。正是依靠这种模块化的分解，大型软件系统才可能实现。

有效的模块化设计要求模块具有功能独立性，即每个模块只涉及软件要求的具体的子功能，而和软件系统中其他模块的接口是简单的。一般模块的独立程序可以由两个定性标准度量，即模块间的耦合性和模块内的内聚性。

（1）耦合性

通常模块之间总是相互关联的，因为完全独立的模块无法构成系统，关键是连接的程度和复杂度。耦合性就是模块之间的相对独立性的度量。

（2）内聚性

内聚性是一个模块内各元素彼此结合的紧密程度的度量。

模块之间的连接越紧密，耦合性就越高，而其模块独立性就越弱。一个模块内部各个元素之间的联系越紧密，内聚性越高，它与其他模块之间的耦合性就会降低，模块独立性就越强。因此，模块独立性比较强的模块就是高内聚低耦合的模块。

3. 软件测试

软件测试是软件质量保证的关键因素。统计资料表明，测试的工作量约占整个项目开发工作量的40%，对于关系到人身安全的软件（如飞机飞行控制），测试工作量还要成倍增加。软件测试是根据软件开发各阶段的规格说明和程序的内部结构精心设计的一批测试用例（即输入数据及其预期的输出结果），是为了发现错误而执行程序的过程。对于软件测试主要有两种方法：白盒测试和黑盒测试。

（1）白盒测试

白盒测试也称为结构测试或逻辑驱动测试，是在程序内部进行的，主要用于完成软件内部操作的验证，检查程序逻辑结构得出测试数据。

白盒测试的基本原则如下。

① 保证所测模块中每一独立路径至少执行一次。

② 保证所测模块所有判断的每一分支至少执行一次。

③ 保证所测模块每一循环都在边界条件和一般条件下至少各执行一次。

④ 验证所有内部数据结构的有效性。

白盒测试的主要方法如下。

① 逻辑覆盖测试：语句覆盖、路径覆盖、判断覆盖、条件覆盖、判断—条件覆盖。

② 基本路径测试：基本路径数=环路复杂度=判断框个数+1。

（2）黑盒测试

黑盒测试也称为功能测试或数据驱动测试。

黑盒测试的基本原则是：主要诊断功能有误或遗漏、界面错误、数据结构或外部数据库访问错误、性能错误、初始化和终止条件错误。

黑盒测试的主要方法有：等价类划分法、边界值分析法、错误推测法。

（3）软件测试的实施步骤

① 单元测试：对软件设计的最小单位（模块）进行正确性检验测试。

② 集成测试：是测试和组装软件的过程。

③ 确认测试：验证软件的功能和性能及其他特性是否满足需求规格说明中的要求，以及软件配置是否完全、正确。

习题

一、填空题

1. 计算机科学家沃思提出一个经典公式：程序=数据结构+_____。

2. 算法的 3 种基本结构是：顺序结构、选择结构和_____。

3. 在使用计算机处理大量数据的过程中，往往需要对数据进行排序，所谓排序就是把杂乱无章的数据变为_____的数据。

4. 公安人员在侦破某刑事案件时采用"地毯"排查，实际上是类似于计算机中的_____算法。

5. 对象之间的相互作用是通过_____来实现的。

6. 在面向对象方法中，对象的信息屏蔽是通过对象的_____性来实现的。

7. 在面向对象方法中，_____描述的是具有相似属性与操作的一组对象。

8. 类是一个支持集成的抽象数据类型，而对象是类的_____。

9. 按照软件测试的一般步骤，集成测试应在_____测试之后进行。

10. 在软件测试两种基本测试方法中，_____测试的原则之一是保证所测模板中每一个独立路径至少要执行一次。

二、选择题

1. 下列关于程序设计语言的说法中，正确的是_____。

   A. 高级语言程序的执行速度比低级语言程序快

   B. 高级语言就是人们日常使用的自然语言

   C. 高级语言与 CPU 的逻辑结构无关

   D. 无须经过翻译或转换，计算机就可以直接执行用高级语言编写的程序

2. 用高级语言和机器语言编写具有相同功能的程序时，下列说法中错误的是_____。

   A. 前者比后者可移植性强   B. 前者比后者执行速度快

   C. 前者比后者容易编写   D. 前者比后者容易修改

3. 下列选项中不属于结构化程序设计方法的是_____。

   A. 自顶向下   B. 逐步求精   C. 模块化   D. 可复用

4. 算法的有穷性是指_____。

   A. 算法程序的运行时间是有限的   B. 算法程序所处理的数据量是有限的

   C. 算法程序的长度是有限的   D. 算法只能被有限的用户使用

5. 下列叙述中，不符合良好程序设计风格要求的是_____。

   A. 程序的效率第一，清晰第二   B. 程序的可读性好

   C. 程序中要有必要的注释   D. 输入数据前要有提示信息

6. 下列选项中不属于软件生命周期开发阶段任务的是_____。

   A. 软件测试   B. 概要设计   C. 软件维护   D. 详细设计

7. 在程序测试中，下列说法错误的是_____。

   A. 测试是为了发现程序中的错误而执行程序的过程

   B. 测试是为了表明程序的正确性

   C. 好的测试方案是极有可能发现迄今为止尚未发现的错误的测试方案

   D. 成功的测试是发现了迄今为止尚未发现的错误的测试

8. 下述各描述中不属于白盒测试法概念的是_____。

   A. 至少执行一次模块中的所有独立路径   B. 执行边界条件下的所有循环

   C. 所有判断的每一分支至少执行一次   D. 执行边界条件下的所有接口

9. 模块独立性是软件模块化所提出的要求，衡量模块独立性的标准是模块的_____。

   A. 抽象和信息隐蔽   B. 局部化和封装化

   C. 内聚性和耦合性   D. 激活机制和控制方法

10. 下列叙述中正确的是_____。

    A. 接口复杂的模块，其耦合程度一定低

B. 耦合程度弱的模块，其内聚程度一定高

C. 耦合程度弱的模块，其内聚程度一定低

D. 上述 3 种说法都不对

11. 在结构化程序方法中，软件开发功能分解属于下列软件开发中的_____阶段。

    A. 详细设计   B. 需求分析   C. 总体设计   D. 编程测度

12. 下面不是软件设计基本原理的是_____。

    A. 抽象   B. 完备性   C. 模块化   D. 信息隐蔽

13. 语言处理程序的作用是把高级语言程序转换成可在计算机上直接执行的程序。下面不属于语言处理程序的是_____。

    A. 汇编程序   B. 解释程序   C. 编译程序   D. 监控程序

14. 下列_____语言内置面向对象的机制，支持数据抽象，已成为当前面向对象程序设计的主流语言之一。

    A. LISP   B. ALGOL   C. C   D. C++

15. 对算法描述正确的是_____。

    A. 算法是解决问题的有序步骤

    B. 算法必须在计算机上用某种语言实现

    C. 一个问题对应的算法只有一种

    D. 常见的算法描述方法只能用自然语言或流程图法

16. "物不知其数，三三数之剩二、五五数之剩三，七七数之剩二，问物几何?"该问题应采用_____算法来求解。

    A. 迭代法   B. 递归法   C. 穷举法   D. 查找法

17. 著名的汉诺（Haoi）塔问题通常用_____方法解决。

    A. 迭代法   B. 查找法   C. 穷举法   D. 递归法

18. _____特性不属于算法的特性。

    A. 输入输出   B. 有穷性   C. 可行性、确定性   D. 连续性

19. 图书管理系统对图书管理是按图书编码从小到大进行管理的，若要查找一本已知编码的数，则能快速查找的算法是_____。

    A. 顺序查找   B. 随机查找   C. 二分查找   D. 以上都不对

20. 可以用多种不同的方法描述算法，_____组属于算法描述的方法。

    A. 流程图、自然语言、选择结构、伪代码

    B. 流程图、自然语言、循环结构、伪代码

    C. 计算机语言、流程图、自然语言、伪代码

    D. 计算机语言、顺序结构、自然语言、伪代码

第二部分

实验篇

操作系统基础实验

一、 Windows 7 的基本使用

（一）实验目的

（1）掌握桌面的设置。

（2）掌握"控制面板"的使用。

（3）掌握任务栏和"开始"菜单的使用。

（4）掌握"任务管理器"的使用。

（5）掌握帮助和支持的使用。

（二）实验内容

1. 桌面的个性化设置

（1）设置"自然"为桌面主题，并将桌面背景更改图片时间间隔设置为 10s。

提示：在桌面上单击鼠标右键，在弹出的快捷菜单中选择"个性化"命令。

（2）设置"彩带"为屏幕保护程序，等待时间为 1min。

2. 查看屏幕的分辨率、颜色和刷新频率

（1）当前计算机屏幕的分辨率是_____。

提示：在桌面上单击鼠标右键，在弹出的快捷菜单中选择"屏幕分辨率"命令。

（2）当前计算机屏幕的颜色是_____。

提示：在"屏幕分辨率"对话框中单击"高级设置"按钮，再选择"监视器"选项卡。

（3）当前计算机屏幕的刷新频率是_____。

3. "控制面板"的使用

（1）查看计算机的基本信息。

① Windows 版本。

② CPU 型号。

③ 内存容量。

④ 计算机名。

⑤ 工作组。

提示：使用"控制面板"中的"系统"工具（或通过"我的电脑"属性窗口）。

（2）查看系统中磁盘的分区信息。

将查看结果填入实验表 1-1。

实验表 1-1　磁盘分区信息

存储器		盘符	文件系统类型	容量
磁盘 0	主分区 1			
	主分区 2			
	扩展分区			

提示：使用"控制面板"中的"系统和安全"，然后选择"管理工具"中的"计算机管理"，在"计算机管理"窗口左边选择"磁盘管理"。

（3）输入法的设置。

① 添加"微软拼音-简捷 2010"输入法。

提示：在"控制面板"中选择"区域和语言"中的"更改键盘或其他输入法"，单击"更改键盘"，在"常规"标签中单击"添加"按钮，选择合适的输入法。

② 删除不用的输入法。

提示：在"控制面板"中选择"区域和语言"中的"更改键盘或其他输入法"，单击"更改键盘"，在"常规"标签中选中要删除的输入法，单击"删除"按钮。

4．"开始"菜单和任务栏的使用

（1）分别将"记事本"和"计算器"程序添加到"开始"菜单的程序列表中。

提示：在"附件"中找到"记事本"和"计算器"，然后分别单击鼠标右键，在弹出的快捷菜单中选择"附到开始菜单"命令。

（2）将"计算器"程序从"开始"菜单中解除。

提示：在"开始"菜单中找到"计算器"，然后单击鼠标右键，在弹出的快捷菜单中选择"从开始菜单解除"命令。

（3）将"写字板"程序锁定到任务栏。

提示：用鼠标右键单击"附件"中的"写字板"，在弹出的快捷菜单中选择"锁到任务栏"命令。

（4）分别在启动"写字板"和"记事本"程序，对这两个窗口进行层叠窗口、堆叠显示窗口、并排显示窗口等操作。

提示：用鼠标右键单击"任务栏"，在弹出的快捷菜单中进行选择。

5．"任务管理器"的使用

（1）启动"画图"程序，制作一张风景画，并将该图片设置为桌面背景。

（2）启动任务管理器，查看有关信息。

① CPU 的使用率。

② 内存的使用率。

③ 系统的进程数。

④ "画图"的线程数。

（3）通过"任务管理器"关闭"画图"程序。

提示：在"任务栏"单击鼠标右键，在弹出的快捷菜单中选择"启动任务管理器"命令。

6．库的使用

（1）创建"我的文件"库，让其包含 2 个文件夹。

提示：库是 Windows 7 的新增功能，用于管理文档、音乐、图片、视频和其他文件的位置。它和文件夹十分相似，区别是库可以收集存储在多个位置中的文件。启动"Windows 资源管理器"，然后单击"库"，在"库"的工具栏上单击"新建库"，输入库名"我的文件"。双击"我的文件"库，再双击"包含一个文件夹"，可选择 1 个相应的文件夹。再单击右边窗口上方的"我的文件库"，其中包括"1个位置",选择"添加",可添加第2个文件夹。

（2）从库中删除文件夹。

提示：要从库中删除文件夹，选择文件夹，然后单击鼠标右键，在弹出的快捷菜单中选择"从库中删除位置"命令。

二、 文件和文件夹的管理

（一）实验目的

（1）掌握文件夹的建立和删除操作。

（2）掌握文件和文件夹的属性设置。

（3）掌握文件的复制、移动、删除和重命名操作。

（4）掌握文件和文件夹的查找方法。

（5）掌握文件和文件夹的压缩和解压缩方法。

（二）实验内容

将名为 Win1 的文件夹复制到 D 盘，并进行如下的操作。

（1）在 D 盘的 Win1 文件夹中创建一个名为 txt 的文件夹。

提示：在 D 盘的 Win1 文件夹中单击鼠标右键，在弹出的快捷菜单中选择"新建文件夹"命令。

（2）在 D 盘的 Win1 文件夹中新创建的文件夹 txt 中创建一个名为 filex.txt 的文本文件，其内容为：计算机应用基础要以上机练习为主！

提示：在 txt 文件夹中单击鼠标右键，在弹出的快捷菜单中选择"新建文本文档"命令，将文件更名为 filex.txt，双击 filex.txt 文件，输入其内容。

（3）将 D 盘的 Win1 文件夹下 SEEE 文件夹中第 2 个字符为 e 的所有文件复制到 KING 文件夹中。

提示：在 SEEE 文件夹的查找框中输入"?e*.*"，选中查找到的文件，将其复制到 KING 文件夹中。其中，?表示 1 个任意字符，*表示多个任意字符。

（4）将 D 盘 Win1 文件夹下 QUEN 文件夹中的 XINGMINGtxt 文件移动到 D 盘 Win1 文件夹下的 WANG 文件夹中，并改名为 SUL.doc。

提示：移动后源文件消失，复制后源文件还在。

（5）将 D 盘 Win1 文件夹下 WATER 文件夹中的 BAT.bas 文件复制到考生文件夹下 KING 文件夹中，并设置其属性为隐藏并取消存档属性。

提示：选中文件，单击鼠标右键，在弹出的快捷菜单中选择"属性"命令。

（6）将 D 盘 Win1 文件夹下 KING 文件夹中的 THINK.txt 文件删除，再利用回收站将 THINK.txt 文件完全删除。

（7）在 D 盘 Win1 文件夹下为 DENG 文件夹中的 ME.xls 文件建立名为 MEKJFC 的快捷方式。

提示：选中文件，单击鼠标右键，在弹出的快捷菜单中选择"创建快捷方式"命令。

（8）对 D 盘中的 Win1 文件夹进行压缩，并用自己的"学号+姓名"进行命名。

文字处理

一、 Word 2010 的基本操作及文档的排版

（一）实验目的

（1）熟悉 Word 2010 各功能区的作用。

（2）掌握 Word 2010 的启动、退出以及文档的建立、保存操作。

（3）掌握 Word 2010 的页面设置，字体、字号以及段落设置。

（4）掌握 Word 2010 的图片插入、艺术字设置。

（5）掌握 Word 2010 的查找、替换设置。

（6）掌握 Word 2010 的分栏、首字下沉、项目符号的设置。

（7）掌握 Word 2010 的页眉、页脚设置，以及插入脚注、尾注等的方法。

（二）实验内容

参考实验图 2-1 样张按照要求完成如下操作。

实验图 2-1　样张

（1）打开素材\WD1\WD1.docx 文件，在文件末尾插入\WD1\WD2.docx 文件的内容，并以文件名"学号+姓名 1.docx"另存该文件，如 01 小明 1.docx。

方法一：打开 WD1.docx 文件，将鼠标指针置于 WD1.docx 文档的末尾，然后单击"插入"选项卡中"文本"组中的"对象"下拉按钮，选中"文件中的文字"，最后通过"插入文件"对话框选中 WD2.docx 文件，完成内容的插入。

方法二：分别打开 WD1.docx、WD2.docx，选中 WD2.docx 的全部内容，选择"开始"选项卡中"剪贴板"组的"复制"命令，再将鼠标指针置于 WD1.docx 文档的末尾，选择"粘贴"命令即可。

（2）设置页面

设置上、下页边距为 2cm，左、右页边距为 3cm，设置每行 42 个字符，每页 45 行。

提示： 单击"页面布局"选项卡中"页面设置"组右下角的"显示页面设置对话框"按钮（见实验图 2-2），在打开的"页面设置对话框"中进行相应的设置。

实验图 2-2　页面设置组各功能按钮

（3）为文档添加标题"美丽的九寨"，设置字体为华文行楷，红色，一号字，居中显示。

（4）调换段落"叠瀑……流连忘返。"和"翠海……如幻如真。"的位置。

（5）设置正文所有字体为宋体，字号为小四，设置正文各段首行缩进 2 字符，段前间距 0.5 行，行距为固定值 18 磅。

提示： ① 字体设置。在"开始"选项卡的"字体"组中进行相应设置。

② 段落格式设置。单击"开始"选项卡中"段落"组右下角的"显示段落对话框"按钮，打开"段落"对话框进行相应设置。

（6）设置"翠海""叠瀑""彩林""蓝冰""雪峰""藏情"6 个小标题的字体为黑体，字号为四号，加粗，字体颜色为蓝色，加浅蓝色 1 磅边框。

提示： 选中"翠海"，设置好相应字体、字号及字体颜色，然后单击"开始"选项卡中"段落"组中"下框线"右侧的下拉按钮（见实验图 2-3），再单击其中的"边框和底纹"选项，打开"边框和底纹"对话框，进行相应的设置（见实验图 2-4）。

实验图 2-3　段落组各功能按钮

实验图 2-4　"边框和底纹"对话框

完成对"翠海"的设置后，单击"开始"选项卡"剪贴板"组中的"格式刷" ✔格式刷 ，鼠标会变成刷子样式，去刷其他小标题即可。

（7）设置正文中所有的"九寨沟"为橙色，加粗，加波浪下画线。

提示： 单击"开始"选项卡中最右边"编辑"组中的"替换"按钮，打开"查找和替换"对话框（见实验图 2-5）。在"查找内容"中输入"九寨沟"，"替换为"中也输入"九寨沟"，将鼠标指针置于"替换为"框中，再单击"格式"按钮进行相应设置。最后单击"全部替换"按钮。

实验图 2-5 "查找和替换"对话框

（8）为正文第 2 段"水，是九寨沟的精灵……如幻如真。"分栏，分两栏，栏间距为 4 字符，栏间加分隔线。

提示： 单击"页面布局"选项卡中"页面设置"组中的"分栏"下拉按钮，选择"更多分栏"以打开"分栏"对话框，进行相应设置（见实验图 2-6）。

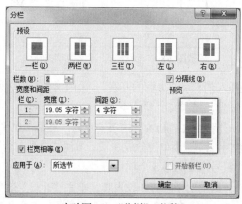

实验图 2-6 "分栏"对话框

（9）为正文第 3 段"九寨沟是水的世界……流连忘返。"适当位置插入图片，图片文件为素材\WD1\DP.jpg 文件。设置图片大小缩小为 55%，图片效果设置为柔化边缘 5 磅，发光（蓝色，5pt 发光，强调文字颜色 1），设置环绕方式为四周型。

提示： ① 将鼠标指针置于第 3 段中，单击"插入"选项卡中"插图"组中的"图片"按钮，打开"插入图片"对话框，选择相应图片即可。

② 单击图片，此时会显示"图片工具"选项卡，单击"格式"按钮，显示图片功能的所有功能按钮（见实验图 2-7），即可进行相应设置。

实验图 2-7　图片工具各功能

（10）为正文第 4 段"这被誉为九寨六绝之三的彩林，……都犹如天然的巨幅油画。"设置底纹颜色为自定义 RGB 模式={255，188，125}，加黄色阴影边框。

提示：① 单击"开始"选项卡中"段落"组中"下框线"右侧的下拉按钮，再单击其中的"边框和底纹"选项，打开"边框和底纹"对话框，进行相应的设置。

② 底纹自定义颜色设置：选择"边框和底纹"对话框中的"底纹"选项卡，然后单击"填充"下拉按钮，选择"其他颜色"打开"颜色"对话框，选择"自定义"选项卡后进行设置。

（11）为正文第 5 段"威"设置首字下沉，下沉 3 行，距正文 0.5cm，颜色为自定义 RGB 颜色模式={51，153，102}。

提示："首字下沉"功能按钮在"插入"选项卡中的"文本"组中。

（12）在正文第 7 段适当位置添加一竖排文本框，文字为"梦幻九寨"，字体为华文彩云，一号字，颜色为深红，边框采用方点虚线，线型为 3 磅，颜色为绿色。

提示：① 单击"插入"选项卡中"文本"组中的"文本框"下拉按钮，选择其中的"绘制竖排文本框"。然后到文档中相应位置拖曳鼠标即生成一文本框，输入相应文字，设置字体、字号、颜色。

② 单击文本框，此时会显示"绘图工具"选项卡，单击"格式"按钮，显示绘图工具所有功能按钮，选择"形状样式"组中的"形状轮廓"，即可进行相应设置（见实验图 2-8）。

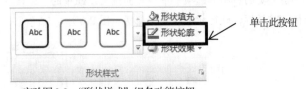

实验图 2-8　"形状样式"组各功能按钮

（13）在正文最后一段插入艺术字"美丽的九寨"，采用第 3 行第 2 列的艺术字样式，并设置文本效果为发光，紫色，8pt 发光，强调文字颜色 4。

提示："插入艺术字"功能按钮在"插入"选项卡中的"文本"组中。

（14）把正文最后一段文字以句子为单位分成 3 段。取消这 3 段首行缩进的特殊格式，并为其加上项目符号，符号选用项目符号库中的第 5 个项目符号。

提示：项目符号的添加：选中刚分好的 3 段内容，单击"开始"选项卡中"段落"组中的"项目符号库"功能按钮，在"项目符号"列表中选择需要的符号（见实验图 2-9）。

（15）为正文最后一段文字"两项殊荣"添加波浪下画线，并为其添加脚注为"《世界自然文化遗产名录》和'人与生物圈'保护网络。"，字体为宋体，字号为小 5 号。

提示：选中文字"两项殊荣"，单击"引用"选项卡中"脚注"组中的"插入脚注"按钮（见实验图 2-10），然后输入相应文字完成脚注的设置。

（16）设置奇数页页眉为"我爱九寨"，宋体，5 号字，靠左显示，偶数页页眉为"梦里仙境"，宋体，5 号字，靠右显示。设置页脚为页码，样式为"第? 页"，宋体，5 号字，居中显示。

提示：单击"插入"选项卡中"页眉和页脚"组中的"页眉"下拉按钮，选择"编辑页眉"（见实验图2-11），弹出"页眉和页脚工具"设计栏，选择相应的工具按钮进行设置即可。

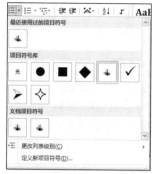

实验图2-9 "项目符号"列表

实验图2-10 "脚注"组功能按钮

实验图2-11 "页眉和页脚"功能按钮

（17）将编辑完成的文档以文件名"学号+姓名1.docx"保存。

二、 表格、公式、流程图的编辑

（一）实验目的

（1）掌握Word 2010的表格建立、编辑及格式化方法。

（2）掌握Word 2010利用公式或函数对表格中的数据进行计算的方法。

（3）掌握利用公式编辑器来编辑复杂公式的方法。

（4）掌握Word 2010的流程图绘制方法。

（二）实验内容

1. 制作课程表

新建一文档，建立课程表（见实验图2-12），并以文件名"学号+姓名2.docx"保存。

课程表

时间＼星期		周一	周二	周三	周四	周五
上午	第一节课	语文	数学	英语	体育	物理
	第二节课	数学	物理	政治	语文	英语
	第三节课	物理	英语	历史	数学	语文
	第四节课	英语	语文	语文	英语	数学
下午	第五节课	体育	生物	数学	物理	政治
	第六节课	劳动	地理	物理	历史	体育

实验图2-12 课程表样章

提示：（1）创建表格

① 创建规则表格。单击"插入"选项卡中"表格"组中的"表格"按钮，然后拖曳鼠标生成相应表格；或单击"插入"选项卡中"表格"组中的"表格"按钮，然后选择"插入表格"项，弹出"插入表格"对话框，输入行、列即生成相应表格。

② 创建不规则表格。单击"插入"选项卡中"表格"组中的"表格"按钮，然后选择"绘制表格"项，利用画笔进行表格的绘制。

③ 创建表格的一般方法。先创建一个规则表格，然后利用"绘制表格"做特殊的不规则处理。

（2）编辑表格

① 插入表格标题"课程表"，设置字体为隶书，字号为小一号，加粗显示。

② 先插入一个7行7列的规则表格，然后选择"表格工具"选项卡中的"设计"按钮，显示所有表格设计的工具按钮，利用"绘图边框"组中的"绘制表格"按钮画斜线，利用"擦除"按钮擦去多余的线条（见实验图2-13）。注：单击一下"绘制表格"按钮，则图标变成画笔，再单击一下此按钮，则回到文档编辑状态；"擦除"按钮也是如此。

实验图2-13 "绘图边框"组功能按钮

③ 按照样章在表格中输入相应文字，字体为宋体，字号为五号字。除了第一个单元格外其余单元格均采用"水平居中"，"水平居中"按钮需单击"表格工具"选项卡中的"布局"按钮才会出现在工具栏。第一个单元格中的标题"星期"和"时间"的输入：输入"星期"之后按回车键，再输入"时间"。

（3）表格的格式化

设置表格外框线为3磅单实线，内框线为0.75磅单实线，标题行与第二行之间采用3磅上细下粗双实线，设置上午和下午之间的线型采用0.75磅细双线，参考样章完成设置。

① 选中表格，然后单击"表格工具"选项卡中的"设计"按钮，利用"绘图边框"组中的"笔样式""笔画粗细"来选择相应的线型及粗细；最后选择"表格样式"组中的"边框"下拉按钮，为需要加框线的部分添加边框线。

② 可以用鼠标右键单击表格，在弹出的快捷菜单中选择"边框和底纹"命令，打开"边框和底纹"对话框，然后设置线型、粗细甚至还可以选择线条颜色，然后再为表格添加框线（见实验图2-14）。

实验图2-14 "边框和底纹"对话框

2. 编辑表格内的公式函数

在课程表的文档末尾，插入\WD2\CJB.docx 文件的内容，如实验图 2-15 所示，利用公式、函数完善成绩表。

成绩表

课程 姓名	语文	数学	英语	总分	平均分
张三	88	85	77	250	83.33
李四	67	78	80	225	75
周五	71	50	65	186	62
赵六	69	62	69	200	66.67
钱七	90	95	98	283	94.33

实验图2-15 成绩表样张

提示：（1）预备知识

单元格名称：表格中的每一个格叫作单元格，每个单元格都有名字。表格中的第1列为A列，第2列为B列，以此类推；表格中的第1行为1行，第2行为2行，以此类推。单元格的名称就是列+行的组合，如第1个单元格的名称就是A1，第2行第4列的单元格名称就是D2。

（2）利用公式进行计算

① 求总分。将鼠标指针置于E2单元格，选择"表格工具"选项卡中的"布局"命令，然后单击"数据"组中的"公式"按钮（见实验图2-16），弹出"公式"对话框（见实验图2-17），在公式框中输入=B2+C2+D2，单击"确认"按钮就计算出张三的总分。

实验图2-16 "数据"组功能按钮

实验图2-17 "公式"对话框

② 求平均分。将鼠标指针置于F2单元格，选择"表格工具"选项卡中的"布局"命令，然后单击"数据"组中的"公式"按钮，弹出"公式"对话框，在公式框中输入=（B2+C2+D2）/3，单击"确认"按钮就计算出张三的平均分。

注意：在"公式"对话框中输入公式时一定要先输入"="号，否则公式无效。

（3）利用函数进行计算

① 求总分。将鼠标指针置于E3单元格，基本步骤如上，只是在"公式"对话框中通过输入函数完成计算。打开"公式"对话框时，"公式"对话框中已自动显示"=SUM(ABOVE)"，"SUM"函数就是一个求和函数，只是参数"ABOVE"是对当前单元格上面所有的单元格求和。所以只需把"ABOVE"改成"LEFT"即可。然后单击"确认"按钮就计算出李四的总分。在"公式"框中还可以输入"=SUM(B3,C3,D3)"，这表示对B3、C3、D3这3个单元格求和；也可以输入"=SUM(B3：D3)"，这表示对从B3单元格到D3单元格这一矩形区域求和。

② 求平均分。将鼠标指针置于F3单元格，基本步骤如上，打开"公式"对话框，删除"公式"框中的内容，输入"="，然后单击"粘贴函数"下拉按钮，选中求平均值的"AVERAGE"函数，此时公式框中显示："=AVERAGE()"，只需在小括号中输入要求平均值的单元格名即可，如"=AVERAGE(B3：D3)"，然后单击"确认"按钮就计算出李四的平均分。

③ 常用函数介绍。

ABS：求绝对值函数，其格式为=ABS(单元格名称)。

AVERAGE：求平均值函数，其格式为=AVERAGE(单元格区域)。

COUNT：统计单元格数量，其格式为=COUNT(单元格区域)。

IF：条件判断函数，其格式为=IF(判断条件，满足条件的值，不满足条件的值)。

INT：取整函数，其格式为INT(单元格名称)。

MAX：求最大值函数，其格式为=MAX(单元格区域)。

MIN：求最小值函数，其格式为=MIN(单元格区域)。

MOD：求余数的函数，其格式为MOD(被除数的单元格名称，除数的单元格名称)。

SUM函数：其格式为=SUM(单元格区域)。

上述公式、函数中可以用单元格名称参与运算，也可以直接使用常数进行运算。如前例"=SUM(B3：D3)"，也可以是=SUM(67,78,80)。

（4）利用公式或函数把表格填完整

3. 编辑下列公式

$$\int a^x \mathrm{d}x = \frac{1}{\ln a} a^x + c(a > 0, a \neq 1)$$

$$\sqrt{\int_{\alpha}^{\beta} x^2 f(x)\mathrm{d}x + \lim_{n \to \infty} \sum_{k=0}^{n-1} f(x_k) \cdot \Delta x \frac{x}{\theta}}$$

提示：单击"插入"选项卡下"符号"组中的"公式"下拉按钮，在下拉列表中选择"插入新公式"，此时就会弹出公式编辑框 在此处键入公式。，相应的工具栏也显示"公式工具"下的所有公式工具（见实验图2-18）。将鼠标指针置于 在此处键入公式。 中，选择公式工具中的相应工具即可完成公式的编辑。

实验图 2-18　所有的公式工具

4. 绘制流程图

流程图样张如实验图 2-19 所示。

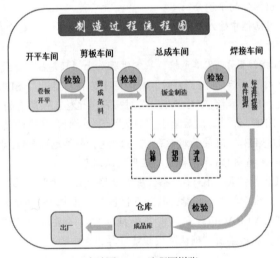

实验图 2-19　流程图样张

提示：① 插入形状。单击"插入"选项卡中"插图"组件中的"形状"按钮，在下拉列表中选择需要的形状，然后在文档中适当位置拖曳鼠标，即画出相应图形，此时工具栏会自动显示"绘图工具"选项卡中"格式"的所有功能工具（见实验图2-20）。

实验图 2-20　绘图工具中的格式工具栏

② 更改形状样式。形状中的颜色更改，通过选择"形状填充"下拉按钮来选择相应颜色。形状边框的更改，通过选择"形状轮廓"下拉按钮来选择相应线型、粗细、颜色做相应更改。

③ 形状中插入文字。

方法一：用鼠标右键单击形状，在弹出的快捷菜单中选择"添加文字"命令，然后输入相应文字即可。

方法二：插入一文本框，在文本框中输入相应文字，设置文本框样式"形状填充"为"无填充颜色"，"形状轮廓"为"无轮廓"，然后把文本框叠加在相应形状上。

5. 保存文档

将编辑完成的文档以文件名"学号+姓名 2.docx"保存。完成的文档样式参看该文档样张（见实验图 2-21）。

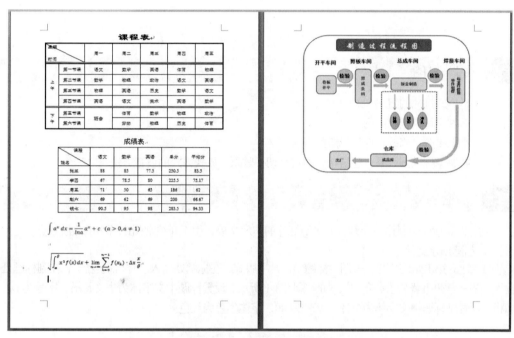

实验图 2-21 实验主题二文档样张

实验主题三

演示文稿的制作

一、 实验目的

（1）掌握幻灯片的组织和编辑方法。
（2）掌握设计模板的应用。
（3）掌握更改、修改幻灯片母版的方法。
（4）熟练掌握动画效果、超链接、幻灯片切换效果、放映方式的设置方法。

二、 实验内容

利用 PowerPoint 制作一个具有 8 张幻灯片的演示文稿，用于介绍常州市著名的旅游景点。

1. 创建演示文稿

（1）建立第 1 张幻灯片，采用"标题幻灯片"版式，在标题处输入"常州欢迎您"，在副标题处输入"——常州市著名景点介绍"，如实验图 3-1 所示。设置标题中文字体为华文行楷，字号为 66，加粗；设置副标题中文字体为楷体，字号为 40，字体颜色为红色。

常州欢迎您

——常州市著名景点介绍

实验图 3-1　标题幻灯片

提示：单击 PowerPoint "开始"选择项卡中"幻灯片"功能区中的"新建幻灯片"按钮，单击"标题幻灯片"建立第 1 张幻灯片（单击"版式"，也可选择"标题幻灯片"）。

（2）建立第 2 张幻灯片，采用"两栏内容"版式，按实验图 3-2 的样式输入文字；并设置标题行中的文字的字体为宋体，字号为 48；设置分栏中的字体为华文隶书，字号为 36，加菱形的项目符号，并设置行间距为双倍行距。

提示： 在"开始"选项卡中，单击"段落"功能区中的"项目符号"按钮，选择相应的项目符号。

（3）建立第 3 张幻灯片，采用"标题和内容"版式，如实验图 3-3 所示。在标题栏输入"常州恐龙园"，并设置标题行中文字的字体为华文隶书，字号为 44；正文中的文字，可利用所提供实验素材文件夹下 ppt 文件夹中的 pptsc.doc 文件中的内容，设置其字体为楷体，字号为 28，字体样式加粗。在文字的下方插入 2 张图片，分别为 ppt 文件夹中的 kly1.jpg 和 kly2.jpg，并调整到适当位置。

实验图 3-2　第 2 张版式

实验图 3-3　第 3 张版式

提示： 选择内容区，单击"开始"选项卡中的"段落"功能区的项目符号按钮，可以去掉系统默认的项目符号。

（4）建立第 4～8 张幻灯片，分别如实验图 3-4～实验图 3-8 所示。标题字体设置为华文隶书，字号为 44；正文中的文字，可使用 ppt 文件夹中的 pptsc.doc 文件中的内容，按图示进行设置。幻灯片中的图片，分别为 ppt 文件夹中的 pic1.jpg、pic2.jpg、pic3.jpg、pic4.jpg、pic5.jpg、pic6.jpg、pic7.jpg，图片大小和位置根据图示进行调整。

实验图 3-4　第 4 张版式

实验图 3-5　第 5 张版式

实验图 3-6　第 6 张版式

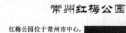

实验图 3-7　第 7 张版式

实验主题三　演示文稿的制作

实验图 3-8　第 8 张版式

2．对幻灯片进行格式化设置

（1）将演示文稿加入日期、幻灯片编号和页脚，其中标题幻灯片中不显示。日期格式为"××××年××月××日"，并自动更新；页脚内容为"江苏理工学院"。

提示：单击"插入"选项卡中的"文本"功能区的"页眉和页脚"按钮，可设置页眉页脚内容。

（2）利用幻灯片母版在所有幻灯片的右上角放上一个小图片，图片的文件名为 tp.bmp，文件存放在 ppt 文件夹下。利用母版将所有幻灯片的页脚内容"江苏理工学院"的字体设置为红色。

提示：单击"视图"选项卡中的"母版视图"功能区的"幻灯片母版"按钮，在幻灯片母版的右上角插入图片，并设置页脚的字体为红色。完成后，单击"关闭母版视图"按钮。

3．为第 1 张和第 3 张幻灯片设置动画效果并为幻灯片设置切换方式

（1）将第 1 张幻灯片中的标题部分动画设置为"进入_飞入""自右侧"，副标题部分动画设置为"进入_切入""自顶部"。

提示：选中文本，然后单击"动画"选项卡右侧的"添加动画"按钮，选择"进入"或"更多进入效果"选择相应的动画，单击"动画"选项卡右侧的"效果选项"按钮，设置"飞入"或"切入"的方向。

（2）将第 3 张幻灯片中的所有图片动画设置为"进入_弹跳"，弹跳时间设置为 5s，并伴有鼓掌声。

提示：选中图片，然后单击"动画"选项卡右侧的"添加动画"按钮，选择"弹跳"动画效果。单击"动画网格"按钮，在动画网格中选中动画项，单击鼠标右键，在弹出的快捷菜单中选择"计时"命令，设置计时期间"非常慢（5 秒）"；选择"效果选项"命令，设置增强声音为"鼓掌"。

（3）为所有幻灯片设置切换方式。将所有幻灯片的切换方式设置为"百叶窗"，效果为垂直。

提示：单击"切换"选项卡，选择"百叶窗"切换效果，然后再单击"全部应用"按钮。

所谓切换方式，就是幻灯片播放或进入下一张幻灯片时的一种效果。一组幻灯片可以有一种切换方式，也可有多种切换方式，多种时需要一张一张地设置。

4．为第 2 张幻灯片建立超链接并设置幻灯片的动作按钮

（1）将第 2 张幻灯片中的"常州恐龙园""常州春秋淹城""常州嬉戏谷""常州西太湖""常州红梅公园"和"常州天目湖"建立超链接，分别链接到第 3、4、5、6、7、8 张幻灯片。

提示：选择第 2 张幻灯片"常州恐龙园"，单击鼠标右键，在弹出的快捷菜单中选择"超链接"命令，在"插入超链接"对话框中选择链接到"本文档中的位置（A）"，在"请选择文档中的位置（C）"中选择幻灯片标题"常州恐龙园"，单击"确定"按钮。依次类推，进行"常州春秋淹城""常州嬉戏谷""常州西太湖""常州红梅公园""常州天目湖"的设置。

（2）分别在第 3、4、5、6、7、8 张幻灯片的右下角插入"自定义"动作按钮，并输入文本"返回"，当单击"返回"按钮时，则返回到第 2 张幻灯片。

提示：选中第3张幻灯片，单击"插入"选项卡中的"形状"按钮，选择动作按钮中的"自定义"按钮，在第3张幻灯片的右下角按住鼠标左键拖动鼠标，在"动作设置"对话框中，选择"超链接到"中的"幻灯片"，选择幻灯片标题"常州著名景点"，然后单击"确定"按钮。将鼠标指针指向"自定义"动作按钮，单击鼠标右键，在弹出的快捷菜单中选择"编辑文字"命令。依次类推，分别设置第4、5、6、7、8张幻灯片的动作按钮。

5. 设置幻灯片的主题和背景

（1）使用"波形"主题模板修饰全文。

提示：单击"设计"选项卡，在"主题"功能区中单击"波形"图标（将鼠标指针放在图标上，会自动显示主题名称）。

（2）将第1张幻灯片的背景预设为"红日西斜"，类型为"矩形"；将其余幻灯片的背景预设为"茵茵绿原"。

提示：在任意一张幻灯片的空白处单击鼠标右键，在弹出的快捷菜单中选择"设置背景格式"命令，在"设置背景格式"对话框中选择"填充"项中的"渐变填充"，然后单击"预设颜色"右边的向下箭头，选择"茵茵绿原"，并单击"全部应用"按钮。再在第1张幻灯片的空白处单击鼠标右键，在弹出的快捷菜单中选择"设置背景格式"命令，在"预设颜色"中选择"红日西斜"，类型选择为"矩形"，并单击"关闭"按钮（不单击"全部应用"按钮）。

6. 设置幻灯片的放映方式

设置放映方式为"观众自行浏览（窗口）"，换片方式为"如果存在排练时间，则使用它"，并从头开始播放。

提示：单击"幻灯片放映"选项卡中的"设置幻灯片放映"按钮，设置放映方式和换片方式。单击"幻灯片放映"选项卡中的"从头开始"按钮，进行幻灯片的播放。

实验主题四

电子表格处理

一、 工作表的基本编辑

（一）实验目的

（1）掌握工作簿、工作表的建立、保存以及各种格式数据的录入方法。

（2）掌握单元格数据的编辑方法。

（3）掌握工作表格式化的方法。

（4）掌握图表的创建方法。

（5）掌握图表格式化的方法。

（二）实验内容

1．建立工作表，输入数据

启动 Excel，在空白工作表中输入以下数据（见实验图 4-1），并以"E1-学号.xlsx"为文件名保存。

	A	B	C	D	E	F	G
1	编号	运动员	篮球	足球	乒乓球	橄榄球	
2	1	王大伟	70	57	66	74	
3	2	李博	74	66	95	80	
4	3	程小霞	58	75	67	72	
5	4	马宏军	67	60	78	89	
6	5	李牧	74	85	85	63	
7	6	丁一平	90	86	88	90	
8	7	张珊珊	85	93	91	86	
9	8	柳亚萍	88	59	78	64	
10	9	张大林	82	66	88	88	
11	10	李进文	53	71	60	58	
12	11	张敏	69	85	80	92	
13	12	李平	80	68	61	89	
14	13	曾志	99	82	95	99	
15	14	李鲁明	71	75	66	85	
16	15	张山	74	68	95	80	
17	16	汪玲	58	65	67	74	
18							

实验图 4-1　工作表数据的输入

提示：输入两个编号后，选中这两个单元格，使用填充柄垂直拖曳到最后一个编号，产生若干个有规律的编号。

2．工作表编辑和格式化

（1）重命名工作表。用鼠标右键单击工作表 Sheet1，在弹出的快捷菜单中选择"重命名"命令，将其改为"成绩表"，如实验图 4-2 所示。

| ► | ►I | 成绩表 | Sheet2 | Sheet3 | ◄ |

实验图 4-2　工作表标签

（2）在成绩表上方插入表标题"运动员成绩表"并做格式化，包括表格标题、列标题、边框线、字体、对齐方式等，效果见样张。

提示：① 在成绩表上方插入新的一行，第 1 行表标题先在 A1 单元格输入，然后选中 A1:F1 单元格区域，单击鼠标右键，通过快捷菜单中的"设置单元格格式"命令，在"对齐"选项卡的"水平对齐"列表框中选择"跨列居中"选项，然后在"文本控制"一栏里选中合并单元格的复选框来实现标题格式化。字体格式设置为楷体，20 号字，红色粗体。

② 将表格内 A~F 各栏列宽设置为 10，表格标题行行高设置为 38。列标题字体设置为宋体，11 号字，白色粗体，对齐方式设为居中、蓝色底纹。数据区表中文字部分居中，数据部分右对齐。

③ 设置边框。设置表格边框外边框为粗实线，内边框为细实线。

（3）条件格式设置。将所有运动员各项大于 95 分的成绩以红色及 25% 灰色底纹显示。

提示：条件格式设置，先选中所有运动项目成绩区域 C3:F18，选中"开始"选项卡的"样式"组，打开"条件格式"下拉列表，如实验图 4-3 所示；选择"其他规则"命令，在实验图 4-4 所示的对话框中输入条件，单击"格式"按钮，在打开的对话框中进行底纹设置，效果见样张。

实验图 4-3　"条件格式"下拉列表

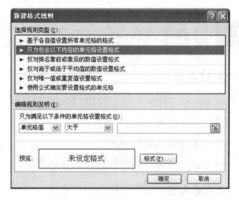

实验图 4-4　设置条件和格式

（4）设置转置。将"成绩表"中"编号"前 5 名的运动员的各项成绩做转置设置，转置后的数据自 A22 单元格开始存放，并对转置数据套用表格格式"表样式浅色 6"。

提示：复制"成绩表"要转置的数据区域 B2:F5，选择 A21 单元格，用鼠标右键单击打开快捷菜单，选择"选择性粘贴"命令，打开实验图 4-5 所示的对话框，选择"转置"复选框，进行转置设置，效果见样张。

实验图 4-5　"选择性粘贴"对话框

3．保存结果

将结果以 E1-学号.xlsx 保存。E1-学号.xlsx 的"成绩表"样张如实验图 4-6 所示。

实验图 4-6 "成绩表"样张

二、 工作表公式和函数的使用

（一）实验目的

（1）熟悉工作表的显示及窗口的操作方法。

（2）掌握输入公式的方法。

（3）掌握常用函数的用法。

（4）掌握用公式和函数进行计算的方法。

（二）实验内容

1．打开工作表文件

打开保存的 E1-学号.xlsx 文件，将"成绩表"中的原始数据以值的形式复制到新建工作簿的 Sheet1 表中以 A1 开始的单元格中，并以"E2-学号.xlsx"为文件名保存（效果见样张），并进行以下各项操作。

提示：复制粘贴工作表时，在新建工作簿的 Sheet1 表中，用鼠标右键单击 A1 单元格，在弹出的快捷菜单中单击"粘贴"下的"值"选项对原始数据进行粘贴，在"运动员"和"篮球"之间插入一列"性别"，并输入值，如实验图 4-7 所示。

	A	B	C	D	E	F	G	H	I	J	K
1	编号	运动员	性别	篮球	足球	乒乓球	橄榄球	总分	总名次	综合成绩	备注
2	1	王大伟	男	70	57	66	74	267			
3	2	李博	男	74	66	95	80	315			
4	3	程小霞	女	58	75	67	72	272			
5	4	马宏军	男	67	60	78	89	294			
6	5	李牧	男	74	85	85	63	307			
7	6	丁一平	男	90	86	88	90	354			
8	7	张珊珊	女	85	93	91	86	355			
9	8	柳亚萍	女	88	59	78	64	289			
10	9	张大林	男	82	66	88	88	324			
11	10	李进文	男	53	71	60	58	242			
12	11	张敏	女	69	85	80	92	326			
13	12	李平	女	80	68	61	89	298			
14	13	臂志	男	99	82	95	99	375			
15	14	李鲁明	男	71	75	66	85	297			
16	15	张山	女	74	68	95	80	317			
17	16	汪玲	女	58	65	67	74	264			
18	最高分										
19	平均分										

实验图 4-7 工作表数据

2．利用公式和函数进行计算

（1）按样张计算每个运动员的总分，并求出各项目的最高分、平均分；利用填充柄提高效率，平均分保留两位小数。

提示：可打开"开始"选项卡"编辑"组的"自动求和"下拉列表，显示常用的函数，如实验图 4-8 所示，也可直接输入公式实现。

实验图 4-8　"自动求和"下拉列表

（2）不变更运动员名字的顺序而排出总名次。将第 1 个运动员的总分放在 H2 单元格，名次结果放在 I2 单元格，通过 RANK 函数来实现排名，如实验图 4-9 所示。排序范围要使用绝对地址，其余学生的排序名次通过填充柄来实现。

I2		f_x	=RANK(H2, \$H\$2:\$H\$17)

实验图 4-9　总分排名示例

（3）嵌套 IF 的使用。根据总分计算"综合成绩"列的内容，总分大于或等于 350 分为"优"，大于或等于 300 分为"良"，大于或等于 280 分为"及格"，小于 280 分为"不及格"，按此划分等级。

提示：在 J2 单元格通过嵌套 IF 语句实现，函数调用如实验图 4-10 所示，效果见工作表 J2:J17 区域。

J2　　　f_x =IF(H2>=350,"优",IF(H2>=300,"良",IF(H2>=280,"及格","不及格")))

	A	B	C	D	E	F	G	H	I	J	K
1	编号	运动员	性别	篮球	足球	乒乓球	橄榄球	总分	总名次	综合成绩	备注
2	1	王大伟	男	70	57	66	74	267	14	不及格	
3	2	李博	男	74	66	95	80	315	7	良	
4	3	程小霞	女	58	75	67	72	272	13	不及格	
5	4	马宏军	男	67	60	78	89	294	11	及格	
6	5	李枚	男	74	85	85	63	307	8	良	
7	6	丁一平	男	90	86	88	90	354	3	优	
8	7	张珊珊	女	85	93	91	86	355	2	优	
9	8	柳亚萍	女	88	59	78	64	289	12	及格	
10	9	张大林	男	82	66	88	88	324	5	良	
11	10	李进文	男	53	71	60	58	242	16	不及格	
12	11	张敏	女	69	85	80	92	326	4	良	
13	12	张平	女	80	68	61	89	298	9	及格	
14	13	曾志	男	99	82	95	99	375	1	优	
15	14	李鲁明	男	71	75	66	85	297	10	及格	
16	15	张山	男	74	68	95	80	317	6	良	
17	16	汪玲	女	58	65	67	74	264	15	不及格	
18	最高分			99	93	95	99				
19	平均分			74.50	72.56	78.75	80.19				

实验图 4-10　嵌套 IF 函数使用示例

（4）统计"综合成绩"各等级的人数，然后算出各等级人数占总人数的百分比值。

提示：在当前工作表自 A21 单元格开始建立实验图 4-11 所示的数据清单，在 B23:E23 区域通过 CountIF 函数统计"综合成绩"列各等级运动员人数，如实验图 4-12 所示；在 B25 单元格通过对 B23:E23 区域自动求和统计总人数；在 B24:E24 区域利用公式计算各等级人数占总人数的百分比，结果保留两位小数，如实验图 4-13 所示，结合利用填充柄。

	A	B	C	D	E	F
17	16 汪玲	女		58	65	67
18	最高分			99	93	95
19	平均分			74.50	72.56	78.75
20						
21		综合成绩	综合成绩	综合成绩	综合成绩	
22		优	良	及格	不及格	
23	各等级人数					
24	各等级百分比					
25	总人数					
26						

实验图 4-11　各等级人数数据清单

B23　　　fx =COUNTIF(J2:J17,"优")

	A	B	C	D	E
18	最高分			99	93
19	平均分			74.50	72.56
20					
21		综合成绩	综合成绩	综合成绩	综合成绩
22		优	良	及格	不及格
23	各等级人数	3			
24	各等级百分比				
25	总人数				

实验图 4-12　CountIF 函数示例

B24　　　fx =B23/$B$25

	A	B	C	D	E	F
17	16 汪玲	女		58	65	67
18	最高分			99	93	95
19	平均分			74.50	72.56	78.75
20						
21		综合成绩	综合成绩	综合成绩	综合成绩	
22		优	良	及格	不及格	
23	各等级人数	3	5	4	4	
24	各等级百分比	18.75%	31.25%	25.00%	25.00%	
25	总人数	16				
26						

实验图 4-13　各等级人数百分比占比公式示例

（5）为每位运动员填写备注信息，对于"篮球"和"足球"成绩均大于等于85分的运动员，备注"有资格"，否则备注"无资格"。

提示：在"自动求和"列表中选择"其他函数"选项，打开"函数参数"对话框，选择逻辑类 IF 函数。本例对第一位运动员的两项成绩存放的 D2 和 E2 单元格的值的判断用 And 函数来实现，备注结果存放在 K2 单元格中，使用的函数和参数如实验图 4-14 所示；其余运动员的备注通过填充柄方式实现。

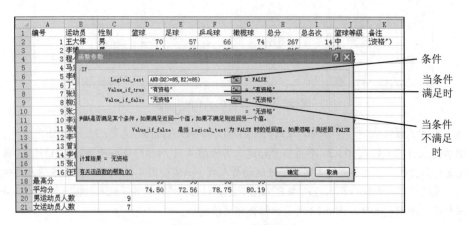

实验图 4-14　IF 函数使用示例

3．保存结果

将结果以"E2-学号.xlsx"保存，E2-学号.xlsx 的 Sheet1 样张如实验图 4-15 所示。

	A	B	C	D	E	F	G	H	I	J	K
1	编号	运动员	性别	篮球	足球	乒乓球	橄榄球	总分	总名次	综合成绩	备注
2	1	王大伟	男	70	57	66	74	267	14	不及格	无资格
3	2	李博	男	74	66	95	80	315	7	良	无资格
4	3	程小霞	女	58	75	67	72	272	13	不及格	无资格
5	4	马宏军	男	67	60	78	89	294	11	及格	无资格
6	5	李枚	男	74	85	85	63	307	8	良	无资格
7	6	丁一平	男	90	86	88	90	354	3	优	有资格
8	7	张珊珊	女	85	93	91	86	355	2	优	有资格
9	8	柳亚萍	女	88	59	78	64	289	12	及格	无资格
10	9	张大林	男	82	66	88	88	324	5	良	无资格
11	10	李进文	男	53	71	60	58	242	16	不及格	无资格
12	11	张敏	女	69	85	80	92	326	4	良	无资格
13	12	李平	女	80	82	61	89	298	9	及格	无资格
14	13	曾志	男	99	82	95	99	375	1	优	无资格
15	14	李鲁明	男	71	75	66	85	297	10	及格	无资格
16	15	张山	女	74	68	95	80	317	6	良	无资格
17	16	汪玲	女	58	65	67	74	264	15	不及格	无资格
18	最高分			99	93	95	99				
19	平均分			74.50	72.56	78.75	80.19				
20											
21		综合成绩	综合成绩	综合成绩	综合成绩						
22		优	良	及格	不及格						
23	各等级人数	3	5	4	4						
24	各等级百分比	18.75%	31.25%	25.00%	25.00%						
25	总人数	16									
26											

实验图 4-15　E2-学号.xlsx 的 Sheet1 样张

三、数据管理

（一）实验目的

（1）掌握图表的制作和格式设置方法。

（2）掌握数据列表的排序、筛选方法。

（3）掌握数据的分类汇总方法。

（4）掌握数据透视表的操作方法。

（二）实验内容

1．打开工作表文件

打开已完成的 E2-学号.xlsx 文件，复制 Sheet1 工作表中 A1:H17 区域的数据，粘贴到新建工作簿的 Sheet1 工作表的 A1 单元格，以"E3-学号.xlsx"为文件名保存，并将 Sheet1 工作表中的数据复制到 Sheet2、Sheet3、Sheet4、Sheet5、Sheet6、Sheet7 工作表，以便后面数据管理使用，所有操作都在 E3-学号.xlsx 文件中进行。

2．按要求对 Sheet2 工作表创建图表，并格式化

（1）选中 Sheet2 工作表中的 B1:B9 以及 D1:E9 区域的数据，在当前工作表 Sheet2 中创建嵌入的"三维簇状柱形图"，图表标题为"运动员成绩表"。

提示：① 对数据进行图表化，首先要识图，即对已知要求的图表，明确要选中工作表中的哪些数据？图表的类型是什么？

选中要绘图的数据后，打开"图表"组对话框启动器，选择绘图的类型和子类型，如实验图 4-16 所示。

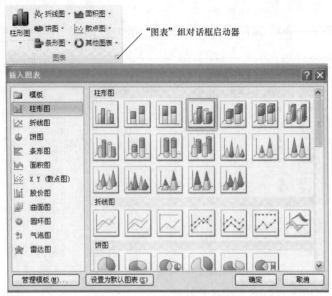

实验图 4-16 "插入图表"对话框

② 要对图表、坐标轴分别加标题，可在"图表工具"活动标签的"布局"选项卡的"标签"组选择要加标题的按钮，如实验图 4-17 所示。

实验图 4-17 "图表工具"活动标签

（2）对 Sheet2 工作表中创建的嵌入图表进行如下编辑操作。

① 将该图表移动、放大到 A19:G34 区域。

② 在图表中将篮球和足球的数据系列次序对调（要求数据系列产生在列）。

提示： 用鼠标右键单击图表中的数据，在弹出的快捷菜单中选择"选择数据"命令，如实验图 4-18 所示；打开"选择数据源"对话框，如实验图 4-19 所示，单击▲或▼按钮进行数据系列的上移或下移。

实验图 4-18 快捷菜单

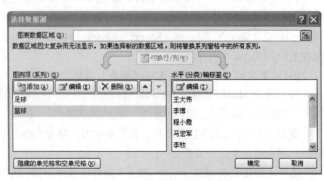

实验图 4-19 "选择数据源"对话框

③ 利用"添加数据标签"命令为图表中"篮球"的数据系列增加以值显示的数据标记。

提示：选中图表中"篮球"数据对应的柱形，单击鼠标右键，在弹出的快捷菜单中选择"添加数据标签"命令即可。

（3）对 Sheet2 工作表中创建的嵌入图表进行如下格式化操作。

① 将图表标题设置为楷体、加粗、20 磅；x 坐标轴标题设置为宋体、12 磅。

② 将图表边框线设置为 5 磅粗、蓝色、三线。

③ 将图例边框设置为 2 磅粗、蓝色边框，并带有外部"右上斜偏移"阴影边框。

④ 将背景墙的区域填充设置为渐变填充，预设颜色为"薄雾浓云"。

提示：以上操作对象不同，菜单不同，最为方便的方法是选中对象单击鼠标右键，在弹出的快捷菜单中选择所需要的命令。

（4）将建立的嵌入图复制到 A36 单元格开始的区域，背景墙的区域设置改为无填充，图表类型改为带数据标记的折线图；为横坐标轴添加主要网格线，纵坐标轴添加次要网格线，删除图例；图表整体样式选择如实验图 4-20 所示。

实验图 4-20 "图表工具"活动标签中"格式"选项卡

提示：图表整体样式设置可在"图表工具"活动标签的"格式"选项卡的"形状样式"组中选择"强烈效果-水绿色，强调颜色 5"样式。

（5）将"乒乓球"项目的部分运动员成绩创建三维饼图。图表标题为"乒乓球成绩"，在饼图上添加数据标签；对最高分插入"形状"中的"椭圆形标注"并添加文字；图表边框为样张中的"形状效果"下拉列表的"发光"中的 蓝色，18 pt 发光，强调文字颜色 1 选项；图例为 10 磅字。将结果对比样张 Sheet2。

3. 对 Sheet3 工作表数据进行排序

数据按性别升序排列，男运动员在上，女运动员在下，性别相同的按总分降序排列。

提示：单击"数据"选项卡"排序和筛选"组中的"排序"按钮，打开"排序"对话框进行排序设置，其中汉字排序按汉字的拼音字母次序排序。对多个字段排序通过单击"添加条件"按钮来实现，如实验图 4-21 所示。

实验图 4-21 "排序"对话框

4. 对 Sheet4 和 Sheet5 工作表分别进行筛选操作

（1）对 Sheet4 工作表使用自动筛选功能，筛选出总分小于 250 分或大于 300 分的男运动员记录。

提示：单击"筛选"按钮，数据标题出现下拉箭头，表示处于筛选状态；单击要筛选的字段下方的箭头，选择"数字筛选"子菜单中的"自定义筛选"命令，如实验图4-22所示，打开"自定义自动筛选方式"对话框，根据条件进行相应的设置，如实验图4-23所示。再对性别进行筛选。

实验图4-22 "数字筛选"子菜单

实验图4-23 "自定义自动筛选方式"对话框

要去除筛选，单击"排序和筛选" 消除 组的按钮。结果对比样张Sheet4。

（2）对Sheet5工作表使用高级筛选的方法抽取优秀运动员记录。以B20:F23为筛选区域，筛选条件为：各项成绩均在85分及以上（包括85分），或者总分在370分以上（包括370分），并且篮球和足球中至少有一项超过90分（包括90分）的运动员。将筛选出的记录存储到以B25单元格为左上角的区域中。

提示：在B20:F23区域设置实验图4-24所示的筛选条件，单击"数据"选项卡"排序和筛选"组中的"高级"按钮，打开"高级筛选"对话框进行高级筛选设置。选中"将筛选结果复制到其他位置"，"列表区域"框选B1:H17数据区域，"条件区域"框选B20:F23数据区域，"复制到"设置为B25单元格，如实验图4-25所示，筛选结果显示自B25单元格开始的数据区域，如实验图4-26所示。

实验图4-24 高级筛选条件设置

实验图4-25 "高级筛选"对话框设置

实验图4-26 高级筛选结果示例

5. 对 Sheet6 工作表进行分类汇总操作

（1）按性别分别求出男运动员和女运动员的各项体育运动平均成绩（不包括总分），平均成绩保留 1 位小数。

提示：① 对分类汇总，首先要对分类的字段进行排序，然后进行分类汇总，否则分类汇总无意义。其次要搞清楚三要素：分类的字段、汇总的字段和汇总的方式。

② 首先打开"排序"对话框按"性别"的升序进行排序设置，然后单击"数据"选项卡"分级显示"组中的"分类汇总"按钮，打开"分类汇总"对话框进行设置：分类字段为"性别"，对 4 项运动的成绩进行汇总，汇总方式为求平均值，如实验图 4-27 所示。

（2）在原有分类汇总的基础上，再汇总出男运动员和女运动员的人数。

提示：在原有分类汇总的基础上再汇总，即嵌套分类汇总。这时只要在原汇总的基础上再进行汇总，然后取消选中"替换当前分类汇总"复选框，如实验图 4-28 所示。

实验图 4-27 "分类汇总"对话框示例 1

实验图 4-28 "分类汇总"对话框示例 2

（3）按样张 Sheet6 所示，分级显示及编辑汇总数据。

6. 对 Sheet7 工作表建立样张 Sheet7 所示的数据透视表

提示：单击"插入"选项卡"表格"组中的"数据透视表"按钮，打开下拉列表，选择"数据透视表"，打开"创建数据透视表"对话框，如实验图 4-29 所示，选中"现有工作表"，单击 A20 单元格作为"位置"值，单击"确定"按钮打开"数据透视表字段列表"对话框；将"性别"字段拖到"行标签"列表框，将"篮球""足球""乒乓球""橄榄球"字段拖到"数值"列表框，然后分别单击"数值"内的列表项，在快捷菜单中选择"值字段设置"选项，打开"值字段设置"对话框，设置"计算类型"，设置结果如实验图 4-30 所示。

实验图 4-29 "创建数据透视表"对话框

Sheet2 样张如实验图 4-31 所示。

实验图 4-30　透视表设置

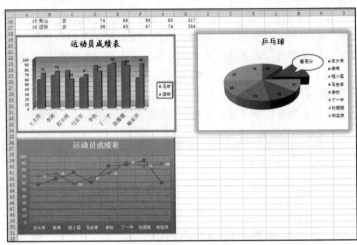

实验图 4-31　Sheet2 样张

Sheet4 样张如实验图 4-32 所示。

	A	B	C	D	E	F	G	H
1	编号	运动员	性别	篮球	足球	乒乓球	橄榄球	总分
3	2	李博	男	74	66	95	80	315
6	5	李牧	男	74	85	85	63	307
7	6	丁一平	男	90	86	88	90	354
10	9	张大林	男	82	66	88	88	324
11	10	李进文	男	53	71	60	58	242
14	13	曾志	男	99	82	95	99	375

实验图 4-32　Sheet4 样张

Sheet6 样张如实验图 4-33 所示。

	A	B	C	D	E	F	G	H
1	编号	运动员	性别	篮球	足球	乒乓球	橄榄球	总分
2	1	王大伟	男	70	57	66	74	267
3	2	李博	男	74	66	95	80	315
4	4	马宏军	男	67	60	78	89	294
5	5	李牧	男	74	85	85	63	307
6	6	丁一平	男	90	86	88	90	354
7	9	张大林	男	82	66	88	88	324
8	10	李进文	男	53	71	60	58	242
9	13	曾志	男	99	82	95	99	375
10	14	李鲁明	男	71	75	66	85	297
11	男 计数		9					
12		男 平均值		75.6	72.0	80.1	80.7	
20	女 计数		7					
21		女 平均值		73.1	73.3	77.0	79.6	
22	总计数		17					
23		总计平均值		74.5	72.6	78.8	80.2	

实验图 4-33　Sheet6 样张

Sheet7 样张如实验图 4-34 所示。

	行标签	平均值项:篮球	最大值项:足球	求和项:乒乓球	方差项:橄榄球
20					
21	男	75.55555556	86	721	179.5
22	女	73.14285714	93	539	102.6190476
23	总计	74.5	93	1260	137.0958333

实验图 4-34　Sheet7 样张

实验主题五

计算机网络基础与应用

一、 网上信息检索

（一）实验目的

（1）掌握计算机网络配置的方法。

（2）掌握浏览器的基本使用方法。

（3）掌握搜索引擎的使用方法。

（4）掌握使用 FTP 下载软件的方法。

（5）掌握电子邮件的使用方法。

（二）实验内容

1. 查看计算机的基本信息

（1）计算机的名称：_____。计算机全名：_____。

（2）工作组名称：_____。

（3）IP 地址获得方式：_____。

（4）IP 地址：_____。

（5）子网掩码：_____。

（6）默认网关：_____。

（7）首选 DNS 服务器：_____。

（8）备用 DNS 服务器：_____。

提示：打开控制面板查看计算机名称等信息，打开"本地连接 属性"对话框选择"Internet 协议版本 4（TCP/IPv4）"，打开"Internet 协议版本 4（TCP/IPv4）属性"对话框查看 IP 地址等信息。

2. IE 的设置和使用

（1）将江苏理工学院首页设置为主页。

（2）访问江苏理工学院主页，将该主页分别以.htm 和.mht 类型保存起来，观察这两种保存形式的区别。

（3）删除浏览历史记录。

提示：打开 Internet 属性对话框，在"常规"选项卡中设置相关内容。

3. 网上信息浏览

（1）访问百度，进入百度搜索网站。

（2）搜索下列网址。

① 清华大学_____。

② 南京大学_____。

③ 江苏省教育考试院_____。

④ 新华网_____。

4. 基于网页的文件下载

（1）访问华军软件园，其主页如实验图 5-1 所示。

实验图 5-1　华军软件园主页

（2）在站内搜索"WinRAR"软件。

（3）选择所需软件，单击"华军本地下载"，在下载区用户根据网络的接入方式和所在城市，选择合适的下载链接进行下载即可，如实验图 5-2 所示。

实验图 5-2　华军软件园下载页面

5．基于 FTP 的文件上传与下载

（1）双击桌面上的"计算机"图标，在地址栏输入微软公司网址，按回车键后进入微软 FTP 网站，如实验图 5-3 所示。进入 bussys、WinSock 等文件夹，可下载其中的文件。

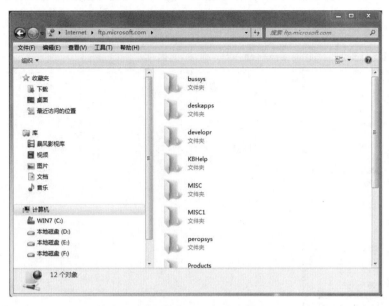

实验图 5-3　微软 FTP 网站

（2）访问 ftp：//192.168.119.12，匿名登录 FTP 服务器 192.168.119.12（可选用机房内其他 FTP 服务器进行实验）。

（3）从"大学计算机基础"文件夹中下载课程电子教案。

（4）将之前保存的江苏理工学院主页压缩后上传到 FTP 上的"大学计算机基础"文件夹中。

6．电子邮件的使用

（1）登录 QQ 邮箱，为自己的电子邮箱创建通讯录，如实验图 5-4 所示。

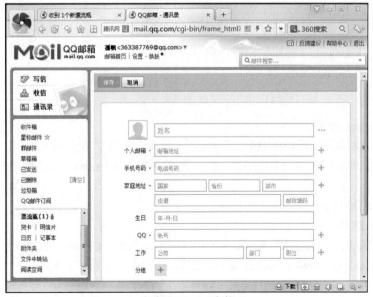

实验图 5-4　QQ 邮箱

（2）将从"大学计算机基础"文件夹中下载的课程电子教案保存到邮箱的文件中转站中，如实验图 5-5 所示。

实验图 5-5　邮箱文件中转站

（3）单击电子邮件管理界面中的"写信"按钮，在"收件人"框中输入收件人的邮件地址，在"主题"框中输入邮件的标题，在"正文"框中输入邮件内容，单击"发送"按钮将该邮件发送出去。

二、　网页设计

（一）实验目的

（1）掌握 Dreamweaver 的基本操作。

（2）掌握设计简单网页的技术。

（二）实验内容

1．建立网站和网页

实验所需素材从 ftp://192.168.119.12 服务器"大学计算机基础"文件夹下载。

创建名为 cjr 的站点，并在其中按如下要求设计简单网页 index.html，如实验图 5-6 所示。

要求如下。

① 网页背景为 tj.gif，标题为"陈景润"。

② 创建 CSS 样式。

S1：Fontfamily(F):Arial, Helvetica, sans-serif、Fongsize(S):36，Color(C):#F00。

S2：Fontfamily(F): Arial, Helvetica, sans-serif, Fongsize(S):18, Color(C):#F0F。

S3：Arial, Helvetica, sans-serif, Fongsize(S):18, Color(C):#00F。

S4：Arial, Helvetica, sans-serif, Fongsize(S):18, Color(C):#000。

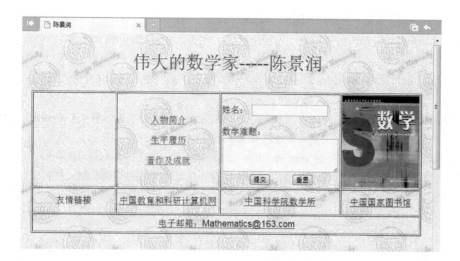

实验图 5-6   index.html 网页

③ 表格第 1 行第 1 列和第 4 列是图片，其中鼠标指针靠近第 1 列图片时将交换为另一图片，第 2 列文字超链接到相应锚记，第 3 列是一个表单，其中姓名字符宽度和最多字符数均为 20 个字符，数学难题字符宽度 30 个字符，行数 4 行，提交按钮动作为提交表单，重置按钮动作为重置表单。

④ 第 2 行 3 个超链接分别链接到中国教育和科研计算机网、中国科学院数学所、中国国家图书馆。

⑤ Mathematics@163.com 超链接到电子邮件地址。

2. 编辑网页

打开站点"Web"，按要求编辑网页 index.html，如实验图 5-7 所示。

① 设置上框架高度为 70 像素，左框架宽度为 340 像素，右框架初始网页为 right.htm。

② 新建上框架网页，插入字幕"美丽古城丽江欢迎您"，方向向右，表现方式为滚动条，设置字幕样式中字体格式为默认、24pt、加粗、红色，设置上框架网页背景色为 RGB=(153,255,102)。

实验图 5-7   index.html 网页

③ 在左框架网页文字下方插入图片 lj01.jpg，当鼠标指针悬停时图片交换成 lj02.jpg，并为该网页中文字"景点介绍"和"民俗特色"创建超链接，分别指向 jdjs.htm 和 msts.htm，目标框架均为网页默认值（main）。

④ 设置 jdjs.htm 和 msts.htm 网页过渡效果均为圆形收缩，进入网页时发生，周期为 2s，利用 IE 浏览器，预览网页过渡效果。

提示：设置网页过渡效果时，在"插入"｜"HTML"｜"文件头标签"｜"meta"中输入相应参数，产生如下类似代码，预览网页过渡效果采用 IE8 浏览器。

（<meta http-equiv="Page-Enter"content="Revealtrans(Duration=10,Transition=2)" />，）

⑤ 将制作好的上框架网页以文件名 Top.htm 保存，其他修改过的网页以原文件名保存，文件均存放于 Web 站点中。

Access 的基本使用

一、 数据库的建立与维护

（一）实验目的

（1）掌握创建 Access 数据库的方法。

（2）掌握利用设计视图建立表结构的方法。

（3）掌握 SQL 中的数据更新命令。

（二）实验内容

1. 创建"学生信息管理. accdb"数据库

提示：创建空数据库的方法参见理论篇 6.4.2 节。

2. 使用设计视图创建数据表

在"学生信息管理.accdb"数据库中创建"学生"表、"院系"表、"奖学金"表、"成绩"表、"报名"表。

提示：创建"学生"表结构的方法参见理论篇 6.4.2 节。

（1）创建"学生"表，表结构和内容如实验表 6-1 和实验表 6-2 所示。

实验表 6-1 "学生"表结构

字段名称	字段类型	字段大小	说明
学号	文本	9	主键
姓名	文本	20	
性别	文本	2	
出生日期	日期/时间		
籍贯	文本	50	
院系代码	文本	3	
专业代码	文本	5	

实验表 6-2 "学生"表

学号	姓名	性别	出生日期	籍贯	院系代码	专业代码
090010151	周文洁	女	1991-3-20	上海	001	00103
090010152	成立	男	1991-2-18	江苏	001	00103
090010153	陈晖	男	1991-2-14	江苏	001	00103

学号	姓名	性别	出生日期	籍贯	院系代码	专业代码
090020201	张友琴	女	1991-11-23	江苏	002	00201
090020202	冯军	男	1991-4-28	江苏	002	00201
090020203	齐海栓	男	1991-1-1	河南	002	00201
090040101	顾海山	男	1991-5-6	江苏	004	00401
090040102	龙发仁	男	1991-5-28	北京	004	00401
090050201	徐玮	男	1991-11-6	江苏	005	00501
090050202	邝辰阳	男	1991-6-30	江苏	005	00501
090050203	王桃生	男	1991-10-5	江苏	005	00501
090050253	梁彬	男	1991-7-23	江苏	005	00502
090060301	章银兰	女	1991-11-28	江苏	006	00601
090060302	周洪彬	男	1991-3-11	江苏	006	00601
090060303	姜立英	女	1991-6-17	北京	006	00601
090070401	王峰婷	女	1991-6-12	江苏	007	00701
090070418	谭朝晖	男	1991-2-13	江苏	007	00701
090070419	李雪莹	女	1991-7-16	江苏	007	00701
090070420	李韵华	女	1991-7-19	北京	007	00701
090080501	庄思瑜	女	1992-1-18	江苏	008	00801
090080502	黄丽美	女	1991-6-1	江苏	008	00801

（2）创建"院系"表，表结构和内容如实验表6-3和实验表6-4所示。

实验表6-3 "院系"表结构

字段名称	字段类型	字段大小	说明
院系代码	文本	3	主键
院系名称	文本	50	

实验表6-4 "院系"表

院系代码	院系名称
001	文学院
002	外文院
003	数科院
004	物科院
005	生科院
006	地科院
007	化科院
008	法学院

（3）创建"奖学金"表，表结构和内容如实验表6-5和实验表6-6所示。

实验表6-5 "奖学金"表结构

字段名称	字段类型	字段大小	说明
学号	文本	9	主键
奖励类别	文本	8	
奖励金额	数字	长整型	

实验表6-6 "奖学金"表

学号	奖励类别	奖励金额
090020202	朱敬文	2500
090080501	朱敬文	2500
090050202	校长奖	6500
090040102	校长奖	6500
090050253	校长奖	6500
090070420	滚动奖	1000
090080502	滚动奖	1000

（4）创建"成绩"表，表结构和内容如实验表6-7和实验表6-8所示。

实验表6-7 "成绩"表结构

字段名称	字段类型	字段大小	说明
学号	文本	9	主键
选择	数字	小数	
word	数字	小数	
excel	数字	小数	
ppt	数字	小数	
access	数字	小数	
成绩	数字	双精度	

实验表6-8 "成绩"表

学号	选择	word	excel	ppt	access	成绩
090010151	28	20	12	10	9	79
090010152	26	18	18	10	9	81
090010153	26	20	16	9	9	80
090020201	25	20	18	9	9	81
090020202	31	16	6	0	3	56
090020203	31	18	19	10	9	87
090040101	26	20	17	10	8	81
090040102	25	17	17	10	9	78
090050201	16	16	4	9	0	45
090050202	27	16	16	6	8	73

续表

学号	选择	word	excel	ppt	access	成绩
090050203	26	17	16	6	8	73
090050253	37	18	15	10	10	90
090060301	26	19	20	10	10	85
090060302	31	13	16	10	9	79
090060303	35	15	17	10	7	84
090070401	28	15	1	3	0	47
090070418	9	14	14	8	0	45
090070419	21	12	9	4	1	47
090070420	25	20	17	8	0	70
090080501	35	20	18	8	10	91
090080502	31	20	20	10	10	91

（5）创建"报名"表，表结构和内容如实验表6-9和实验表6-10所示。

实验表6-9 "报名"表结构

字段名称	字段类型	字段大小	说明
准考证号	文本	10	
学号	文本	9	主键
校区	文本	10	

实验表6-10 "报名"表

准考证号	学号	校区
0110430108	090010151	A校区
0110430109	090010152	A校区
0110430110	090010153	A校区
0110430114	090020201	B校区
0110430115	090020202	B校区
0110430116	090020203	B校区
0110520127	090040101	C校区
0110520128	090040102	C校区
0110520153	090050201	C校区
0110520154	090050202	C校区
0110520207	090060301	B校区
0110520208	090060302	B校区
0110520259	090070419	B校区
0110520260	090070420	B校区
0110430201	090080501	B校区

3. 利用数据表视图修改、删除数据表中的记录

（1）将"学生"表中姓名为"周文洁"的姓名改为"周文杰"。

提示： 单击要修改的单元格，将鼠标指针定位在该单元格内直接修改即可。

（2）将"奖学金"表中奖励类别为"校长奖"的奖励金额改为 5 000 元。

提示： 逐个单击要修改的单元格，使鼠标指针定位在该单元格内直接修改即可。

（3）将"奖学金"表中学号为"090080501"的记录删除。

提示： 选中要删除的记录行，用鼠标右键单击，在弹出的快捷菜单中选择"删除记录"命令即可删除相应记录。

4. 用 SQL 数据更新语句录入、删除和修改数据表中的记录

（1）用 Insert 命令给"学生"表插入一条新记录（'090010101','丁玲','女',#1989/03/24#,'山东','005','00502'）。

提示： ① 在实验图 6-1 所示的数据库窗口，单击"创建"选项卡"查询"组中的"查询设计"按钮，打开查询设计视图，同时会出现"显示表"对话框，如实验图 6-2 所示。

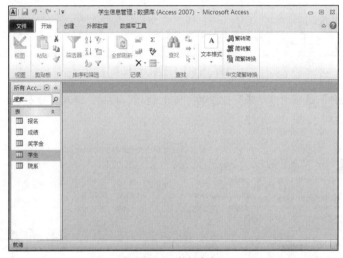

实验图 6-1　数据库窗口

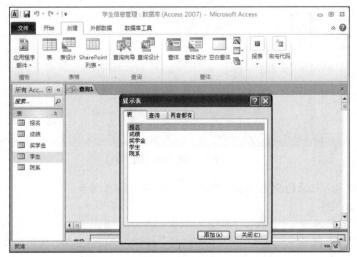

实验图 6-2　查询设计视图和"显示表"对话框

② 在"显示表"对话框中，单击"关闭"按钮，打开查询设计视图，如实验图6-3所示。

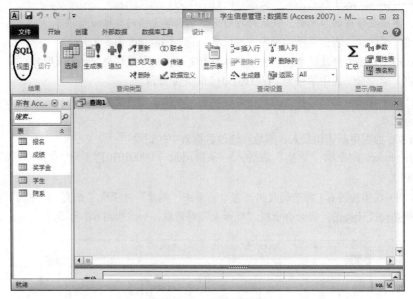

实验图 6-3　查询设计视图

③ 单击"文件"选项卡"结果"组中的"SQL 视图"按钮，进入实验图 6-4 所示的 SQL 视图查询界面。

实验图 6-4　SQL 视图查询界面 1

④ 输入如下插入记录的 SQL 数据更新语句，如实验图 6-5 所示。

```
INSERT INTO 学生
VALUES ('090010102', '丁玲', '女', #1989/03/24#, '山东', '005', '00502');
```

⑤ 单击"文件"选项卡"结果"组中的"运行"按钮，执行该查询，提示正准备追加数据，如实验图 6-6 所示。

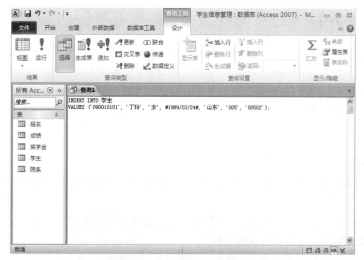

实验图 6-5 SQL 视图查询界面 2

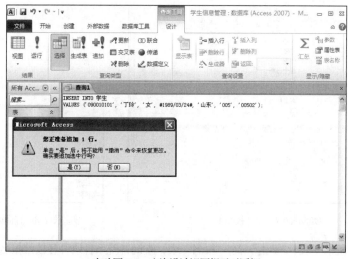

实验图 6-6 查询设计视图提示对话框

⑥ 单击"是"按钮,一条记录就追加到"学生"表中了。

⑦ 关闭数据查询界面,系统提示是否保存,单击"是"按钮。

(2)用 Insert 命令给"学生"表插入一条新记录('090010102','王婷','女','山东','003')。

提示: INSERT INTO 学生(学号,姓名,性别,籍贯,院系代码)
VALUES ('090010103', '王婷', '女', '山东', '003');

(3)用 Delete 命令将"学生"表中姓名为"王婷"的记录删除。

提示: DELETE * FROM 学生 WHERE 姓名='王婷'

(4)用 Delete 命令将"学生"表中籍贯为"山东"且性别为"女"的记录删除。

提示: DELETE * FROM 学生 WHERE 籍贯='山东' and 性别='女';

(5)用 Update 命令将"学生"表中姓名为"王桃生"的性别改为"女"。

提示: UPDATE 学生 SET 性别='女' WHERE 姓名='王桃生';

(6)用 Update 命令将"奖学金"表中所有学生的奖励金额增加 500 元。

提示: UPDATE 奖学金 SET 奖励金额 = 奖励金额+500;

二、 数据库查询

（一）实验目的

（1）掌握利用设计视图查询的方法。

（2）掌握 Select 命令。

（二）实验内容

1. 创建查询

利用设计视图，在数据库"test.accdb"中创建下列查询。创建方法和操作步骤参见理论篇第 6.4.3 节。

（1）基于"院系"表、"学生"表、"成绩"表，查询各院系成绩优秀（选择>=32 并且成绩>=85）的学生人数，要求输出院系名称、优秀人数。

提示： 查询设计视图如实验图 6-7 所示，查询结果如实验图 6-8 所示。

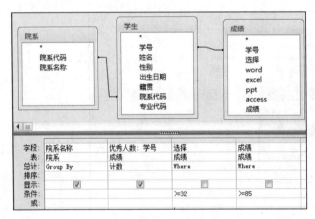

实验图 6-7　设计视图 1　　　　　　实验图 6-8　查询运行的结果 1

（2）基于"院系"表、"学生"表、"报名"表，查询各院系各语种各校区报名人数，只显示报名人数大于等于 25 人的记录，要求输出院系名称、语种代码、校区及人数（准考证号的 4～6 位为语种代码，可使用 MID(准考证号,4,3) 函数获得）。

提示： 查询设计视图如实验图 6-9 所示，查询结果如实验图 6-10 所示。

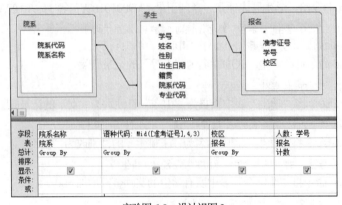

实验图 6-9　设计视图 2

院系名称	语种代码	校区	人数
地科院	052	B校区	34
法学院	043	B校区	49
公管院	043	B校区	46
化科院	052	B校区	28
生科院	052	C校区	54
数科院	052	B校区	26
体科院	043	B校区	40
外文院	043	B校区	35
文学院	043	A校区	55
物科院	052	C校区	26

实验图 6-10　查询运行的结果 2

（3）基于"学生"表、"奖学金"表，查询上海籍学生的获奖情况，要求输出学号、姓名、籍贯、奖励类别及奖励金额。

提示：查询设计视图如实验图 6-11 所示，查询结果如实验图 6-12 所示。

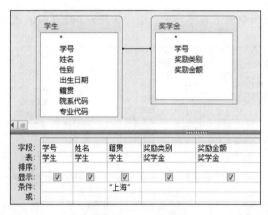

实验图 6-11　设计视图 3

学号	姓名	籍贯	奖励类别	奖励金额
090010145	蔡敏梅	上海	滚动奖	1000
090040118	张源	上海	滚动奖	1000
090050219	张文富	上海	滚动奖	1000

实验图 6-12　查询运行的结果 3

（4）基于"院系"表、"学生"表、"成绩"表，查询各院系学生选择及成绩均分，要求输出院系名称、选择均分及成绩均分。

提示：查询设计视图如实验图 6-13 所示，查询结果如实验图 6-14 所示。

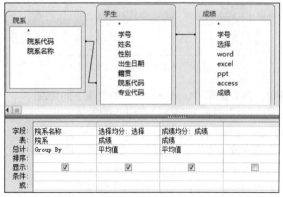

实验图 6-13　设计视图 4

院系名称	选择均分	成绩均分
地科院	26.5588235294117647058824	70.1470588235294
法学院	27.5510204081632653061224	82.6326530612245
公管院	21.9782608695652173913043	67.6086956521739
化科院	25.1071428571428571428571	62.1785714285714
生科院	30.7407407407407407407407	82.7777777777778
数科院	18.0384615384615384615385	54.0769230769231
体科院	25.225	74.25
外文院	22.4	65.4571428571429
文学院	26.6909090909090909090909	76.0363636363636
物科院	26.6923076923076923076923	74.7692307692308

实验图 6-14　查询运行的结果 4

（5）基于"院系"表、"学生"表、"奖学金"表，查询各院系学生获滚动奖的学生人数，要求输出院系名称、获奖人数。

提示：查询设计视图如实验图 6-15 所示，查询结果如实验图 6-16 所示。

实验图 6-15　设计视图 4

院系名称	获奖人数
地科院	2
法学院	3
公管院	2
化科院	3
生科院	5
数科院	2
体科院	2
外文院	4
文学院	6
物科院	3

实验图 6-16　查询运行的结果 4

2. 利用 Select 语句，在数据库"test.accdb"中创建下列查询
（1）基于"成绩"表查询"选择"成绩>32 的学生的学号。

提示：SELECT 学号 FROM 成绩 WHERE 选择>32；

（2）基于"成绩"表查询成绩合格（"选择">=24 或者"成绩">=60）的学生的学号。

提示：SELECT 学号 FROM 成绩 WHERE 选择>=24 AND 成绩>=60；

（3）基于"成绩"表查询成绩在 70～100 分的学生的学号。

提示：SELECT 学号 FROM 成绩 WHERE 成绩 BETWEEN 70 AND 100；

（4）基于"学生"表查询上海籍和江苏籍的学生信息。

提示： SELECT * FROM 学生 WHERE 籍贯 IN ('上海', '江苏');

（5）基于"学生"表查询所有姓张的学生信息。

提示： SELECT * FROM 学生 WHERE 姓名 LIKE '张*';

（6）基于"学生"表查询姓王且全名为3个汉字的学生信息。

提示： SELECT * FROM 学生 WHERE 姓名 LIKE '王?? ';

（7）基于"成绩"表查询 Excel 缓考的学生的学号。

提示： SELECT 学号 FROM 成绩 WHERE excel IS NULL;

（8）基于"成绩"表查询成绩优秀（"选择"＞=36 并且"成绩"＞=90）的学生成绩记录，成绩按降序排序。

提示： SELECT * FROM 成绩 WHERE 选择>=36 AND 成绩>=90 ORDER BY 成绩 DESC;

（9）基于"学生"表查询各地区学生人数，要求输出籍贯、人数。

提示： SELECT 籍贯, Count（学号）AS 人数 FROM 学生 GROUP BY 籍贯;

实验主题七

算法设计与实现

一、 枚举法

（一）实验目的

（1）掌握枚举法的基本步骤。

（2）提高利用枚举法解决实际问题的能力。

（二）实验内容

用伪代码描述下列问题的算法。

（1）输出所有的水仙花数，所谓"水仙花数"是指一个 3 位数，其各位数字的立方和等于该数本身。例如，153 是水仙花数，因为 $153=1^3+5^3+3^3$。

（2）有若干只鸡、兔同在一个笼子里，从上面数，有 35 个头，从下面数，有 94 只脚。笼中各有多少只鸡和兔?

二、 迭代法

（一）实验目的

（1）掌握迭代法的基本步骤。

（2）提高利用迭代法解决实际问题的能力。

（二）实验内容

分别用流程图和伪代码描述下列问题的算法。

（1）平面上有 n 条直线，任意 2 条不平行，任意 3 条不共点，这 n 条直线能把该平面划分为多少个部分?

提示：设这 n 条直线把平面划分成 F_n 个部分，如 $F_1=2$，$F_2=4$，$F_3=7$，$F_4=11$，$F_5=16$（见实验图 7-1）。可以从相邻两项找出它们之间的规律，不难发现 $F_2=F_1+2$，$F_3=F_2+3$，$F_4=F_3+4$，$F_4=F_3+4$，……用数学归纳法得到 $F_n=F_{n-1}+n$。

（2）用迭代法求 $x=\sqrt[3]{\alpha}$。

提示：求立方根的迭代公式为 $x_{i+1}=\dfrac{2}{3}x_i+\dfrac{\alpha}{3x_i^2}$，假定 x_0 的初值为 a，根据迭代公式求得 x_1，若 $|x_1-x_0|<\varepsilon=10^{-5}$，则迭代结束，否则用 x_1 代替 x_0 继续迭代。

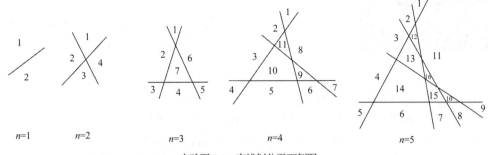

实验图 7-1　直线划分平面例图

三、　排序

（一）实验目的

（1）掌握选择排序、冒泡排序的基本步骤。
（2）理解两种排序算法的执行过程，提高使用排序算法解决实际问题的能力。

（二）实验内容

用流程图描述下列问题的算法。
（1）选择排序
（2）冒泡排序

四、　查找

（一）实验目的

（1）掌握顺序查找、折半查找的基本步骤。
（2）理解两种查找算法的执行过程，提高使用查找算法解决实际问题的能力。

（二）实验内容

流程图描述下列问题的算法。
（1）顺序查找
（2）折半查找

参考文献

[1] 陆汉权. 计算机科学基础[M]. 北京：电子工业出版社，2013.

[2] 龚沛曾，杨志强. 大学计算机（第 7 版）[M]. 北京：高等教育出版社，2017.

[3] 王移芝. 大学计算机（第 4 版）[M]. 北京：高等教育出版社，2013.

[4] 张福炎，孙志辉. 大学计算机信息技术教程[M]. 南京：南京大学出版社，2011.

[5] 陈国良. 计算思维导论[M]. 北京：高等教育出版社，2012.

[6] 战德臣，等. 大学计算机——计算思维导论[M]. 北京：电子工业出版社，2013.

[7] 孟克难，等. 多媒体技术与应用[M]. 北京：清华大学出版社，2013.

[8] 耿国华. 大学计算机应用基础[M]. 北京：清华大学出版社，2010.

[9] 蒋银珍，等. 计算机信息技术案例教程[M]. 北京：清华大学出版社，2012.

[10] 修毅，等. 网页设计与制作[M]. 北京：人民邮电出版社，2013.

[11] 孙良营. 网站制作[M]. 北京：人民邮电出版社，2013.

[12] 林旺. 大学计算机基础[M]. 北京：人民邮电出版社，2012.

[13] 段跃兴，王幸民. 大学计算机基础进阶与实践[M]. 北京：人民邮电出版社，2012.

[14] 张桂杰，等. Access 数据库基础及应用[M]. 北京：清华大学出版社，2013.

[15] 陈薇薇，巫张英. Access 基础与应用教程[M]. 北京：人民邮电出版社，2013.

[16] 张玉洁，等. 数据库与数据处理 Access 2010 实现[M]. 北京：机械工业出版社，2013.

[17] 王珊，萨师煊. 数据库系统概论（第 4 版）[M]. 北京：高等教育出版社，2008.

[18] 孙家启. 新编大学计算机基础教程[M]. 北京：北京理工大学出版社，2011.

[19] 王洪海，蔡文芬. 大学计算机基础[M]. 北京：人民邮电出版社，2011.

[20] 甘勇. 大学计算机基础[M]. 北京：人民邮电出版社，2012.

[21] 吴功宜，等. 物联网工程导论[M]. 北京：机械工业出版社，2012.

[22] 赵欢. 计算机科学概论[M]. 北京：人民邮电出版社，2017.